普通高等教育

机械原理

JIXIE YUANLI

王荣先　主编
吕纯洁　葛述卿　王俊峰　副主编

化学工业出版社
·北京·

内 容 简 介

本书依据高等工科院校"机械原理"课程的教学基本要求以及机械工程专业工程认证需要，结合编者团队多年教学实践经验精心编写而成。全书章节体系严密，逻辑清晰，深入探究机构结构分析、机构运动分析以及机械动力学等方面内容。同时，书中还融入了新技术和新成果，并附有学习目标、知识导图和拓展阅读，力求使教材兼具先进性与工程实用性，为读者带来启发与帮助。

全书共计 12 章，内容包括绪论、机构的结构分析、平面机构的运动分析、平面机构的静力分析、机械的运转及速度波动的调节、回转件的平衡、平面连杆机构及其设计、凸轮机构及其设计、齿轮机构及其设计、齿轮系及其设计、间歇运动机构以及机械运动系统方案设计。

本书可作为高等院校机械类专业教材，也可供其他相关专业的师生及工程技术人员参考。

图书在版编目（CIP）数据

机械原理 / 王荣先主编；吕纯洁，葛述卿，王俊峰副主编. -- 北京 ：化学工业出版社，2025. 7. --（普通高等教育机械类教材）-- ISBN 978-7-122-48074-3

Ⅰ. TH111

中国国家版本馆 CIP 数据核字第 2025CG0508 号

责任编辑：张海丽　　　　　　文字编辑：孙月蓉
责任校对：李玉晴　　　　　　装帧设计：刘丽华

出版发行：化学工业出版社
　　　　　（北京市东城区青年湖南街 13 号　邮政编码 100011）
印　　装：北京云浩印刷有限责任公司
787mm×1092mm　1/16　印张 $13\frac{3}{4}$　字数 322 千字
2025 年 8 月北京第 1 版第 1 次印刷

购书咨询：010-64518888　　　　售后服务：010-64518899
网　　址：http://www.cip.com.cn
凡购买本书，如有缺损质量问题，本社销售中心负责调换。

定　　价：45.00 元　　　　　　　　　版权所有　违者必究

前　言

随着科技的不断进步，机械工程领域正经历着深刻的变革。先进的制造技术、智能化的设计理念以及高效的自动化系统不断涌现，对机械专业人才的知识与技能提出了更高的要求。"机械原理"作为机械学科的核心课程，在机械工程专业课程建设中占据着至关重要的地位。

为了顺应这一发展趋势，我们依据多年的教学与工程实践经验，结合当前专业工程认证教学改革及一流课程建设的要求，精心编撰了这本《机械原理》教材。在编写过程中，我们将理论知识与工程实践案例紧密结合，摒弃晦涩的表述方式，运用简明的图例、生动的案例来讲解复杂的理论；从基础概念逐步拓展至工程实践，层层递进，构建起完整的知识框架。以学习目标、知识导图作为导读，精心挑选例题和习题，并辅以拓展阅读，旨在拓宽读者的视野，为其今后的学习和工作奠定坚实的基础。

本书为新形态教材，配套有机械原理课件、习题参考答案等教学资源，读者可扫描书中二维码获取。

全书共 12 章，由王荣先担任主编，吕纯洁、葛述卿、王俊峰担任副主编。参与本书编写工作的有王荣先（全书统编，第 1、2 章），王俊峰（第 3、4 章），李红涛、贾文沆、（第 5、8、10 章），温广宇、宋亚虎，李彬（第 6、7、11 章），葛述卿（第 9 章），吕纯洁（第 12 章）。

本书在编写过程中参考了许多文献，在参考文献中未能一一列出，在此一并表示诚挚的谢意。

期望本书成为读者打开机械世界大门的钥匙，在探索机械原理的征程上扬帆远航，为机械行业注入新生知识力量，催生更多创新成果。

编者殷切希望广大读者在使用过程中对本书的疏漏和欠妥之处批评指正。对本书的意见及建议请发送至邮箱：wrx@lit.edu.cn。

编者

2024 年 12 月

本书配套资源

目　录

第 8 章　凸轮机构及其设计　/　107

第 9 章　齿轮机构及其设计　/　135

第 1 章 绪论

1.1 机械原理的研究对象及内容

1.1.1 机械原理研究对象

随着科学技术的迅猛发展，机械化生产水平已经成为衡量一个国家技术实力与现代化程度的关键指标之一。"机械原理"作为机械类各专业必修的一门重要技术基础课程，在培养高级工程技术人才的整体布局中占据着至关重要的地位。该课程以机械为研究对象，探讨机械的运动学、动力学分析以及设计的基本理论问题。

机械是机器和机构的总称。机器是执行机械运动的装置，主要用于完成有用的机械功或转换机械能。在生产和日常生活中，利用机器进行生产能够减轻甚至代替人的体力劳动，进而大大提高劳动生产率与产品质量，实现机械化与自动化生产。如图 1-1 所示的内燃机，由大齿轮

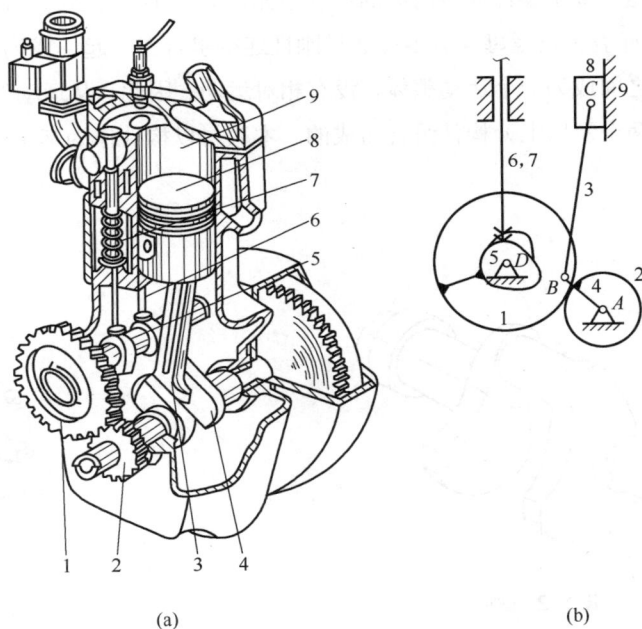

(a)

(b)

图 1-1 内燃机

1、小齿轮 2、连杆 3、曲轴 4、凸轮 5、进气门推杆 6、排气门推杆 7、活塞 8 和气缸 9 等部件共同组成。活塞在气缸中进行往复运动，通过连杆将直线运动转变为曲轴的转动。小齿轮安装于曲轴上，与大齿轮相啮合。大齿轮与凸轮相连接，凸轮驱动推杆来开启和关闭进气门与排气门。当内燃机工作时，以上各部件协同运作，依次完成进气、压缩、做功、排气四个过程，从而将燃气的热能转换为曲轴转动的机械能。

机器的种类繁多，尽管其结构、性能以及用途等各不相同，但均具有以下共同特征。

① 机器都是人为的实物组合体；

② 组成机器的各部分之间具有确定的相对运动；

③ 机器具有确定的功能，能实现能量、物料与信息的转换及传递，用以替代或辅助人类劳动，完成有用的功。

用以完成有用功的机器，称为工作机，例如各种机床、起重机、搅拌机等；将其他形式能量转换为机械能的机器，称为原动机，例如内燃机、蒸汽机、电动机等。工作机和原动机协同应用，有时再配备独立传动装置（如减速器等），合称为机组。

1.1.2 零件和构件

零件是制造的基本单元，同时也是组成机器的不可拆分的单元。依据功能和结构特点，零件可划分为两类：一类为通用零件，如齿轮、轴、螺栓、弹簧等，具有标准参数，可在各类机械中普遍使用；另一类为专用零件，如内燃机的曲轴、谷物收获机的割刀、机床的床身等，这些零件通常具有独特的形状、尺寸和性能要求，仅用于特定的机器中。

构件是机器的运动单元体，具有独立的运动特性。构件既可以是单一的零件，如图 1-2 所示的曲轴；也可以是由多个零件连接而成的运动单元，如图 1-3 所示的连杆。该连杆由连杆体 1、连杆螺栓 2、连杆盖 3 及螺母 4 等零件通过刚性连接组合在一起，成为一个构件。工作时，一个构件的各零件之间成为一个运动整体，没有相对运动。因此，从运动的角度来看，任何机器都是由若干个（两个及以上）构件组合而成的。本教材以构件作为基本研究单元。

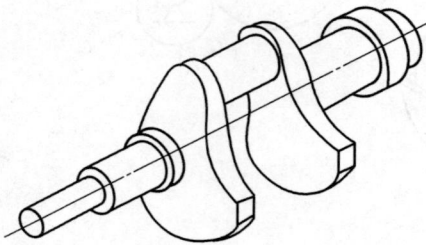

图 1-2　曲轴

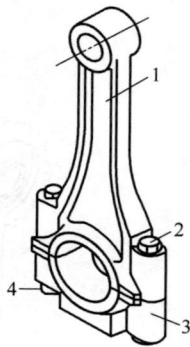

图 1-3　连杆

本身固定不动的构件，或虽相对地球有运动，但在特定坐标参考系内相对静止的构件，被定义为机架。例如，固定在地基上的机座属于前者，而飞机的机体以及车辆的车架则属于后者。研究构件的运动时，通常以机架为基准，即假定机架处于静止状态。除机架外，受驱动力（力矩）作用的构件是原动件，其余构件为从动件。原动件与机架相连，图中常用箭头标注其运动方向。

1.1.3　机构

具有确定相对运动的构件系统称为机构。机构主要用来传递和变换运动，具有以下特征：

① 机构是由若干构件组合而成；

② 各构件之间具有确定的相对运动。

多数机器都包含若干个不同的机构。如图 1-1 所示内燃机中，气缸、活塞、连杆和曲轴组成曲柄滑块机构，该机构能够将活塞的往复运动经由连杆转变为曲轴的连续转动；小齿轮、大齿轮和气缸组成了齿轮机构，该机构使两轴保持一定的转速比并改变转动方向；凸轮、推杆和气缸组成凸轮机构，可将凸轮的连续转动变为推杆有规律的往复移动。各个机构协调运作，燃气推动活塞运动，进、排气门有规律地开启和关闭，从而把燃气热能转化为曲轴旋转的机械能。

机构与机器属于不同的概念。从组成方面进行区分，机构是由构件组成的系统，属于机器的组成部分之一；而机器除了包含构件系统，还包含电气、液压等系统。从功能角度来区分，机构主要功能为传递运动和力，具有机器的前两个特征；而机器除了能够实现运动和力的传递，还具有变换或者传递能量、物料以及信息的功能。

1.1.4　机械原理研究内容

"机械原理"研究内容涵盖以下五个方面。

（1）机构结构分析

首先，研究机构的组成以及机构具有确定运动的条件；其次，研究如何绘制机构运动简图；最后，研究机构的组成原理以及机构的结构分类。

（2）机构运动分析

研究机构运动分析的基本原理和方法，包括图解法和解析法。图解法是借助图形绘制和几何分析的方法，直观地展示机构的运动情况，便于理解与分析；解析法则是通过构建机构运动的数学模型，运用数学公式进行计算，得出较为准确的运动参数。

（3）机械动力学

首先，研究机械在运转过程中各构件的受力情况及做功情况；其次，研究机械在已知外力作用下的运动、机械速度波动的调节和惯性力的平衡问题。

（4）常见机构设计与分析

研究平面连杆机构、凸轮机构、齿轮机构、轮系及间歇运动机构等常见机构的运动特性与设计方法。

（5）机械运动系统的方案设计

研究方案设计的一般流程、机构的选型和组合及机械运动系统方案的评价等问题，初步具备拟订机械系统方案的能力。

1.2 机械原理课程任务、目标与学习方法

1.2.1 机械原理课程任务

"机械原理"是一门研究机械共性问题的主干技术基础课程,以大学物理、机械制图以及理论力学等课程为基础,对机构学、机械动力学及机构设计基本理论等进行探讨,为学生在机械工程领域的学习与发展筑牢坚实基础。本课程的具体任务如下:

① 讲授机械系统基本理论知识。学生需理解机构分析的基本概念,熟练掌握机构结构分析、运动分析以及力分析的理论及方法,掌握平面连杆机构、凸轮机构、齿轮机构、轮系及间歇运动机构等常见机构的运动特点及设计方法。

② 培养实践应用与创新能力。通过对本课程的学习以及实践训练,可激发学生的创新思维,提升学生解决机械工程复杂问题的能力。

③ 提升学生综合素质。在本课程教学中,注重培养学生的责任感、规范意识、人文素养以及家国情怀,使学生成为具备良好综合素质的机械工程专业人才。

1.2.2 机械原理课程目标

"机械原理"课程目标明确指向培养学生多方面的能力与素养,引导学生掌握机构学以及机械动力学的基础理论和知识要点,培养学生独立拟订机械运动方案的思维,使其具备扎实的机构分析与设计能力,为其未来在机械领域深入发展和创新奠定基础。基于"知识掌握、能力提升和创新培养"从低阶到高阶的维度特性,拟定课程目标如下:

① 理解常用机构的特点及分析与设计方法,具备机构识别、分析和判断能力,能对机械工程领域实际问题进行分析、建模与求解;

② 能够应用机构学、动力学分析方法和常见机构的基本理论知识,结合工业应用对机械原理知识的实际需求,分析和解决机械领域复杂工程问题;

③ 能够将典型机构与具体工程案例有机结合,具备机械系统运动整体方案设计的创新意识和发散思维,在设计中自觉履行责任和遵守规范,拥有良好的人文素养、家国情怀和社会责任感。

1.2.3 机械原理课程学习方法

在"机械原理"课程的学习过程中,学生可通过以下方法不断提升自己的专业素养和综合能力:

① 扎实掌握基础理论知识。善于把握"机械原理"课程特点,深入理解基本概念与基本原

理，熟练掌握机构分析和设计的基本方法，扎实筑牢理论根基。

② 注重理论与实际相结合。通过观察生活中的机械装置、查阅文献资料和参与生产实习等方式，分析实际工程机械案例，探究机构工作原理及工程实际问题，培养动手能力与科学探究精神，提升知识运用能力。

③ 着力培养创新思维。通过归纳总结与对比，构建起系统的机构设计知识体系，运用机构特点进行创新设计，培养综合分析、全面思考问题的能力及创新能力。

④ 充分利用网络教学资源。通过精品在线课程、虚拟仿真实验以及机械领域相关论坛等网络资源进行线上学习与交流，拓宽学习视野，充实知识储备。

⑤ 牢固树立工程职业道德。秉持科学严谨的态度、一丝不苟的作风及讲求实效的工程观点，严格遵守行业的法律法规与技术标准，优化设计以减少能源消耗，实现绿色可持续发展。

拓展阅读

机械的发展与人类文明的发展历程息息相关。自城市文明出现的公元前 7000 年至公元 17 世纪末，此阶段属于机械的起源和古代机械发展时期；从 18 世纪至 20 世纪初，为近代机械发展阶段；自 20 世纪初至今，为现代机械发展阶段。伴随科学技术的不断进步以及计算机技术的广泛应用，现代机械正朝着高速、重载、高精度、高效率、超微型化、超大型化、柔性化、集成化、自动化、智能化和数字化等多个方向持续发展。

为适应上述发展要求，现代机械的结构出现了与传统机械显著不同的变化。例如，传感器和控制系统已成为现代机械的关键组成部分，一些被广泛应用的传统机构正逐渐被机械电子机构所取代，机电一体化已成为现代机械的典型特征。现代机械的发展为机械原理赋予了丰富的研究内涵，与此同时，也给相关从业者带来了诸多机遇与挑战。

与现代机械发展相关的学科不断涌现出新理论、新方法和新技术，出现了新的设计理念，如机械优化设计、机械可靠性设计、并行设计、模块化设计、模糊设计、智能化设计、虚拟现实设计和智能交互设计等先进设计方法和研究手段。在设计过程中考虑多变量、多目标、非线性高维、非稳态、时变和强耦合等特性，能够更加真实地反映机械系统的实际情况，进而提高机械产品的研制、开发及更新换代的速度，提高机械产品在国内外市场的竞争力。

近年来，高等院校踊跃投身于教学改革的浪潮之中，将先进教学理念与信息化技术深度融合于"机械原理"课程的教学实践中，建设了一批具有高阶性、创新性和挑战度的一流课程。所谓"高阶性"，就是知识、能力、素质的有机融合，有利于培养学生解决复杂问题的综合能力和高级思维。所谓"创新性"，是指课程内容具有前沿性和时代性，教学形式呈现先进性和互动性，学习结果具有探究性和个性化。所谓"挑战度"，是指课程有一定难度，需要"跳一跳"才能"够得着"，对老师和学生均有较高要求。

国内众多高校的"机械原理"课程教学团队积极行动，在中国大学慕课、智慧树、超星学习通等平台上，精心打造出了一批内容丰富、形式多样的精品在线课程，深受学生青睐。这些课程充分彰显了智慧教学的优势，以立德树人为根本使命，巧妙地将课程思政元素与专业知识体系相融合，有力推动了"机械原理"课程教学改革的进程，为机械专业人才培养筑牢坚实根基。

第 2 章 机构的结构分析

本章知识导图

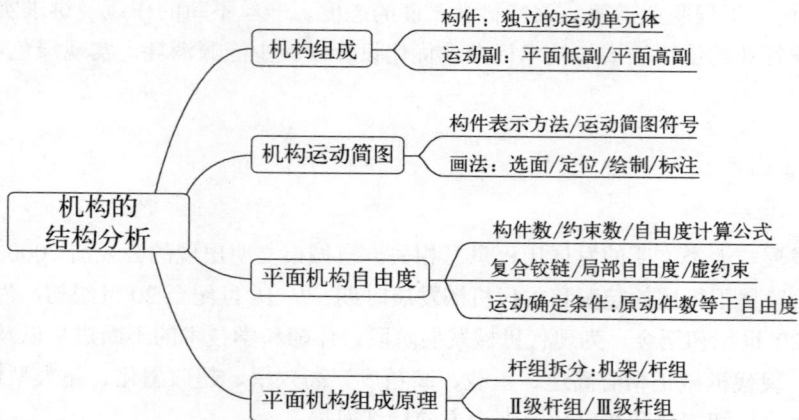

```
                                    构件：独立的运动单元体
                        机构组成
                                    运动副：平面低副/平面高副

                                    构件表示方法/运动简图符号
                        机构运动简图
                                    画法：选面/定位/绘制/标注
          机构的
          结构分析                   构件数/约束数/自由度计算公式
                        平面机构自由度  复合铰链/局部自由度/虚约束
                                    运动确定条件：原动件数等于自由度

                                    杆组拆分：机架/杆组
                        平面机构组成原理
                                    Ⅱ级杆组/Ⅲ级杆组
```

本章学习目标

（1）了解机构的组成、运动副的定义以及运动副的类别；

（2）掌握平面机构运动简图的绘制方法；

（3）掌握平面机构自由度的计算方法，注意复合铰链、局部自由度以及虚约束等问题；

（4）掌握机构具有确定运动的条件；

（5）理解机构的组成原理与结构分析。

机构是机器的主要组成部分，机构学作为研究各种机械中有关机构的结构、运动和受力等共性问题的一门学科，是机械原理的主要分支。机构研究内容分两个方面：其一，对已有机构进行研究，即机构分析（涵盖结构分析、运动分析和力分析）；其二，按照要求设计新的机构，即机构综合（涵盖结构综合、运动综合和力综合）。对机构进行结构分析，研究机构的组成及分析机构具有确定运动的条件是正确进行机械设计的前提。

所有构件都在同一个平面或相互平行的平面内运动的机构称为平面机构，反之则称为空间机构。机械工程中常见的机构大多属于平面机构，因此本章仅对平面机构进行讨论。

2.1 机构的组成及分类

2.1.1 运动副

在机构中，构件需要通过一定的方式连接起来，才能进行相对运动。这种使两构件直接接触并产生一定相对运动的连接称为运动副。两构件上直接接触构成运动副的表面称为运动副元素。例如，图 2-1（a）中的轴 1 与轴承 2 的接触构成了运动副，其运动副元素为圆柱面和圆孔面；图 2-1（b）中的滑块 2 与导轨 1 的接触构成了运动副，其运动副元素为棱槽面和棱柱面；图 2-1（c）中，齿轮 1、2 的啮合构成了运动副，其运动副元素为两齿廓曲面。因此，运动副是组成机构的基本要素。

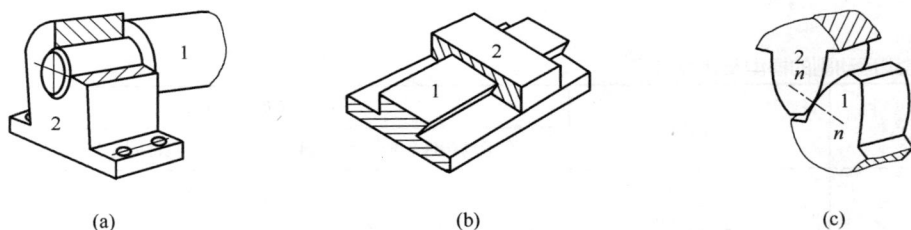

(a)　　　　　(b)　　　　　(c)

图 2-1　运动副

由上述分析可知，运动副元素存在点、线、面三种形式。根据构成运动副的接触形式不同，可将运动副分为低副和高副两大类。

两构件通过面接触构成的运动副称为低副。按照两构件间的相对运动形式，低副又分为转动副和移动副。若组成运动副的两构件仅在一个平面内做相对转动，则该运动副称为转动副或铰链，如门窗合页、折叠椅等连接形式均为转动副。若组成运动副的两构件仅能沿某一直线相对移动，而其余的运动受到约束，则该运动副即为移动副，如推拉门、导轨式抽屉等连接形式均属于移动副。低副的接触面积较大，单位面积压力小，承载能力大，润滑较为便利，不易磨损，工艺性良好，但其相对运动较为单一，适用于载荷较大的场合。

两构件通过点、线接触而构成的运动副称为高副。高副的两构件能进行相对滑动或滚动，或两者并存，如图 2-1（c）中的轮齿 1 与轮齿 2 在其接触处构成高副。高副的表面接触应力较大，润滑不便，较易磨损，制造要求高，适用于运动较为复杂的场合。

由于构成转动副或移动副的两构件之间的相对运动皆为单自由度的简单运动，因此又将这两种运动副称为基本运动副，而其他形式的运动副则可视为由这两种基本运动副组合而成的。

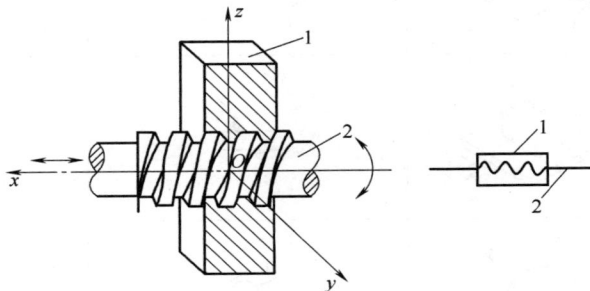

图 2-2　螺旋副

此外，依据构成运动副的两构件之间的相对运动是平面运动还是空间运动，将运动副分为平面运动副和空间运动副两类。如图 2-1 所示的运动副属于平面运动副，而图 2-2 所示的螺旋副则属于空间运动副。本章主要对平面运动副进行研究。

运动副常用简单的图形符号来表示（GB/T 4460—2013），表 2-1 所示为常用运动副模型及代表符号。若两构件之一为机架，则在机架上绘制斜线以表示固定件；若两构件组成高副，则在运动副图上应绘出两构件接触处的实际轮廓曲线。

表 2-1 常用运动副的模型及代表符号

运动副名称		运动副模型	运动副符号	
			两运动构件构成的运动副	一构件固定时构成的运动副
平面运动副	转动副		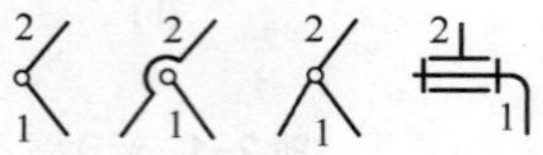	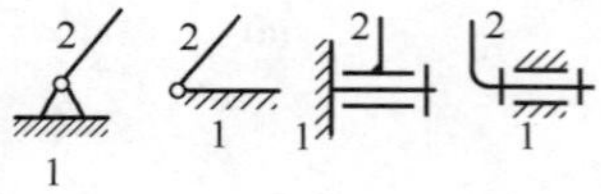
	移动副	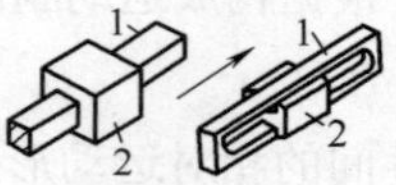	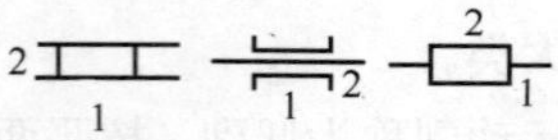	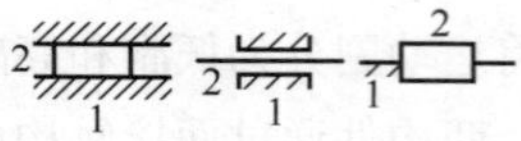
	平面高副	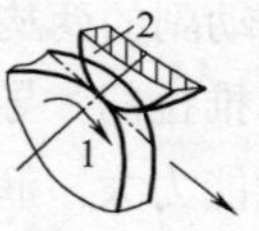	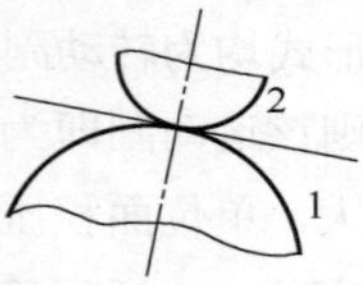	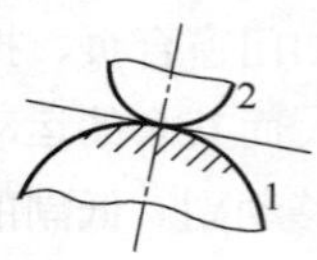
空间运动副	球与平面副	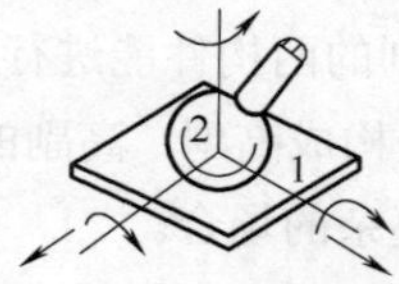	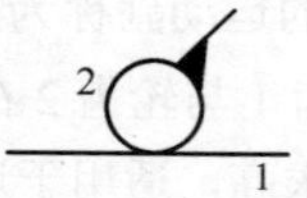	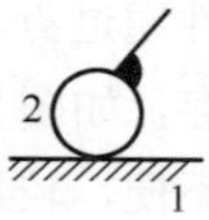
	圆柱与平面副	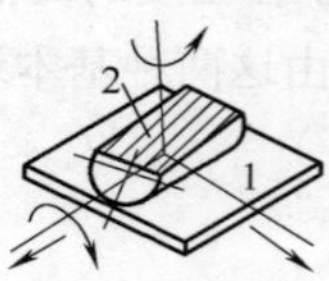	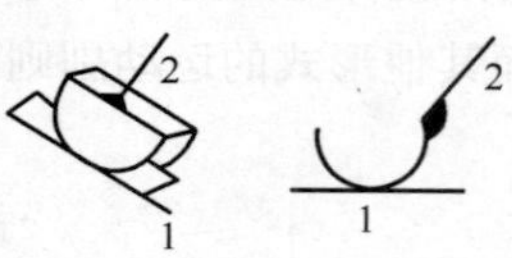	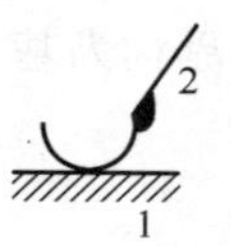
	平面副	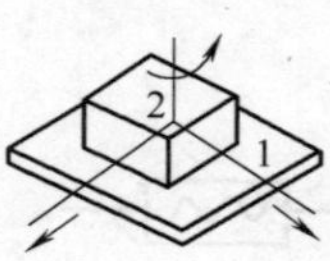		
	球面副	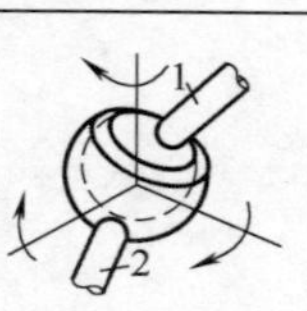		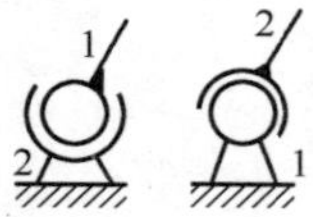

续表

运动副名称		运动副模型	运动副符号	
			两运动构件构成的运动副	一构件固定时构成的运动副
空间运动副	球销副			
	圆柱副			
	螺旋副			

2.1.2　运动链

　　构件经运动副连接所形成的可进行相对运动的系统称为运动链。若组成运动链的各构件形成首末封闭的系统，如图 2-3（a）、（b）所示，称为闭式运动链，简称闭链；若组成运动链的构件未能构成首末封闭的系统，如图 2-3（c）、（d）所示，称为开式运动链，简称开链。一般机械中常采用闭链，开链主要用于机械手。

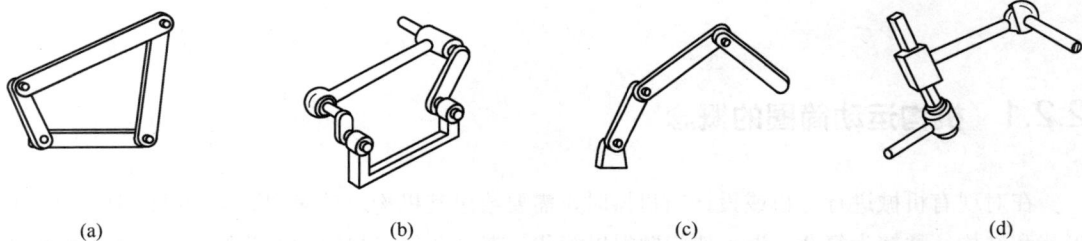

| (a) | (b) | (c) | (d) |

图 2-3　运动链

　　此外，根据运动链中各构件间的相对运动为平面运动还是空间运动，可将运动链分为平面运动链和空间运动链两类。图 2-3（a）、（c）为平面运动链，图 2-3（b）、（d）为空间运动链。

2.1.3　机构的分类

　　在运动链中，若将某一构件固定作为机架，则该运动链便为机构。如图 2-4 所示为铰链四杆机构。

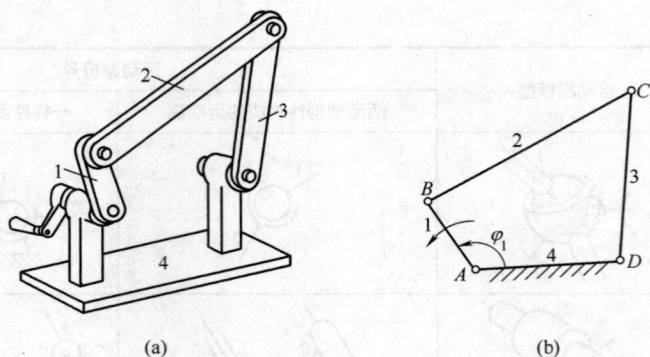

图2-4 铰链四杆机构

机构可从不同的角度或者基于不同的研究目的进行分类。

① 根据机构中运动副的组成情况，将机构分为低副机构和高副机构两大类。

② 根据机构的运动情况，将机构分为平面机构和空间机构两大类，其中平面机构的应用最为广泛。

③ 根据组成机构的构件性质不同，将机构分为刚性机构、柔性机构、挠性机构、气动机构、液压机构以及其他广义机构等，其中刚性机构应用较广泛。

④ 根据组成机构的构件结构以及机构工作原理的差异，将机构分为连杆机构、凸轮机构、齿轮机构、棘轮机构、槽轮机构等类型。本教材将按照这一分类方法，对常用机构的运动特点与设计方法进行介绍。

2.2 机构运动简图

2.2.1 机构运动简图的概念

在对现有机械进行分析或设计新机械时，需要绘出其机构运动简图。实际机械中，构件的形状和结构往往较为复杂。为了使问题得以简化，有必要忽略与运动无关的因素。根据机构的运动尺寸，按一定的比例尺确定各运动副的位置，采用常用构件的表示方法和常用机构运动简图符号，将机构的运动传递情况表示出来。这种能够表明平面机构中各构件之间相对运动关系的简要图形，称为机构运动简图。只是表示机构的组成和运动原理，而未按比例绘制的简图，则称为机构示意图。

2.2.2 构件的表示方法

常用构件的表示方法如表2-2所示。对于凸轮和齿轮构件，需用细实线或点划线画出其全部轮廓和齿轮的节圆。

表 2-2　常用构件的表示方法

名称	符号
同一构件	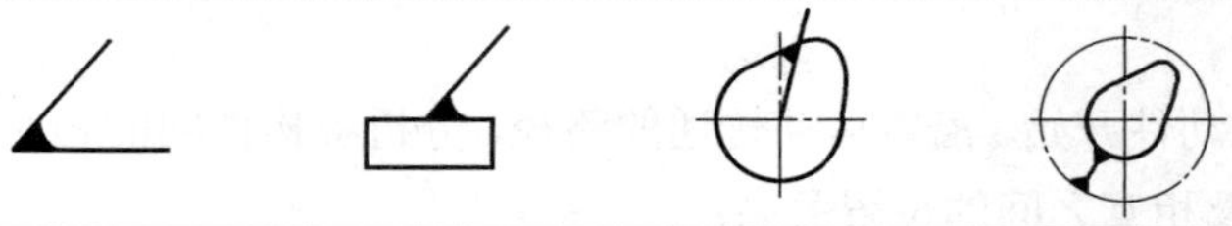
两副构件	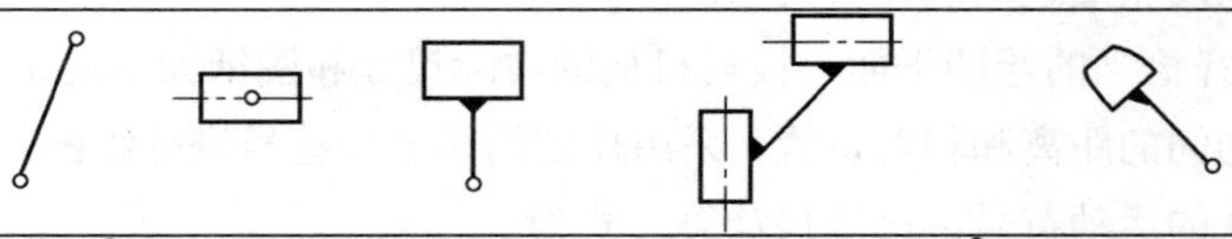
三副构件	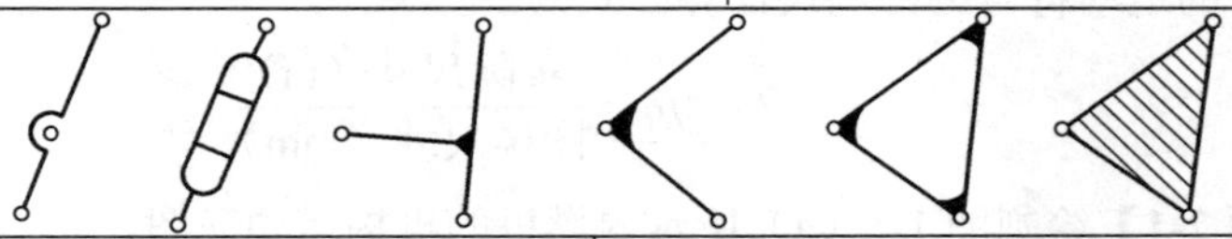
特殊构件  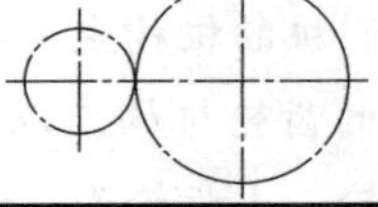	

2.2.3　机构运动简图的绘制

常用机构运动简图符号如表 2-3 所示。

表 2-3　常用机构运动简图符号

名称	符号	名称	符号
直动从动件盘形凸轮机构	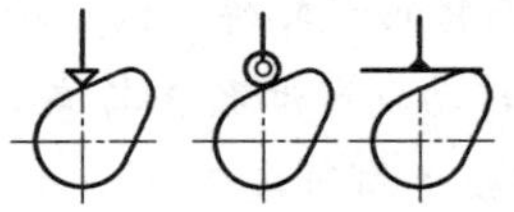	圆柱蜗轮蜗杆机构	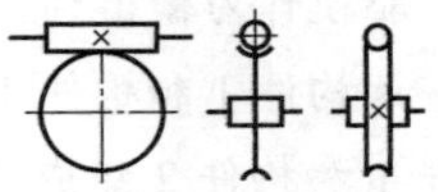
外啮合圆柱齿轮机构	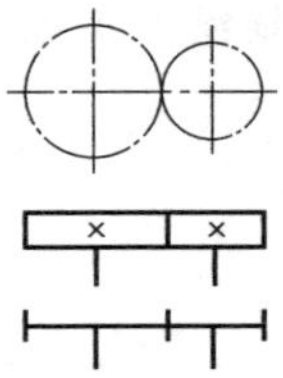	螺旋机构	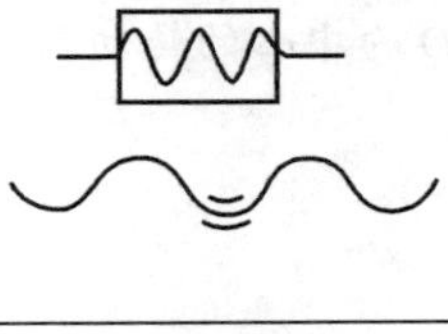
内啮合齿轮机构	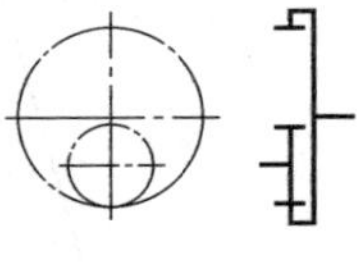	带传动机构（▽表示为 V 带）	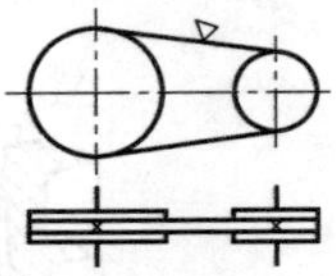
齿轮齿条机构	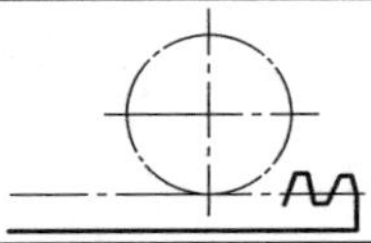	链传动机构（#表示为滚子链）	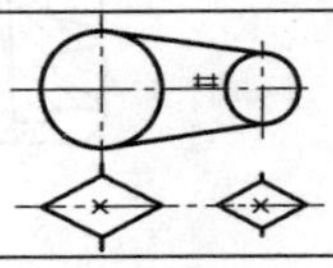
圆锥齿轮机构	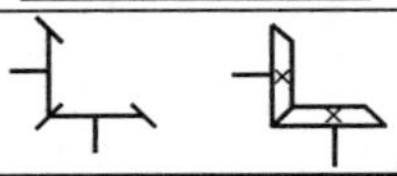	装在支架上的电动机	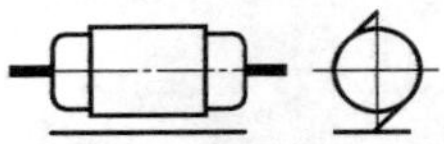

绘制平面机构运动简图的步骤如下：

① 观察机构的运动情况，分析机构的具体组成，明确机架、原动件和从动件，清点构件个数；

② 从原动件开始，沿着运动传递的路径，分析各构件间的相对运动特点，确定运动副的类型、数量以及相互之间的位置关系；

③ 选择恰当的绘图平面，根据机构的实际尺寸和图纸大小确定适当的长度比例尺 μ_l。按照各运动副间的距离和相对位置，采用规定的线条与符号进行绘图，并在图上标出构件的编号以及原动件的运动符号。比例尺计算公式为：

$$\mu_l = \frac{实际尺寸（m）}{图样尺寸（mm）} \tag{2-1}$$

【例题 2-1】 绘制图 1-1（a）所示内燃机的机构运动简图。

解： 内燃机的机构主要包括由气缸、活塞、连杆以及曲轴所组成的连杆机构，由小齿轮与大齿轮组成的齿轮机构，以及由凸轮和推杆组成的凸轮机构等。其中，活塞为原动件，连杆、曲轴、大齿轮、小齿轮为从动件。在燃气压力的作用下，活塞率先运动，然后通过连杆使曲轴输出回转运动。为了控制进气和排气，由曲轴上的小齿轮带动凸轮轴上的大齿轮转动，使凸轮轴回转，凸轮轴上的两个凸轮分别推动进气门推杆和排气门推杆，从而实现对进气和排气的控制。

选定视图平面和比例尺，绘出该机构运动简图，如图 1-1（b）所示。

【例题 2-2】 试绘制图 2-5（a）所示颚式破碎机的机构运动简图。

解： 颚式破碎机主要由偏心轴 1、动颚 2、肘板 3、机架 4、定颚 5 和带轮 6 组成。其中，偏心轴为原动件，动颚和肘板均为从动件。偏心轴在与其固连的带轮的驱动作用下，绕轴线 A 转动，驱使作为输出构件的动颚 2 做平面运动，从而将物料轧碎。偏心轴 1 与机架 4 绕轴线 A 转动，故构件 1 和构件 4 共同组成了以 A 为中心的转动副；动颚 2 与偏心轴 1 绕轴线 B 转动，故构件 1 和构件 2 组成了以 B 为中心的转动副；动颚 2 与肘板 3 绕轴线 C 转动，故构件 2 和构件 3 组成了以 C 为中心的转动副；肘板 3 与机架 4 绕轴线 D 转动，故构件 3 和构件 4 组成了以 D 为中心的转动副。

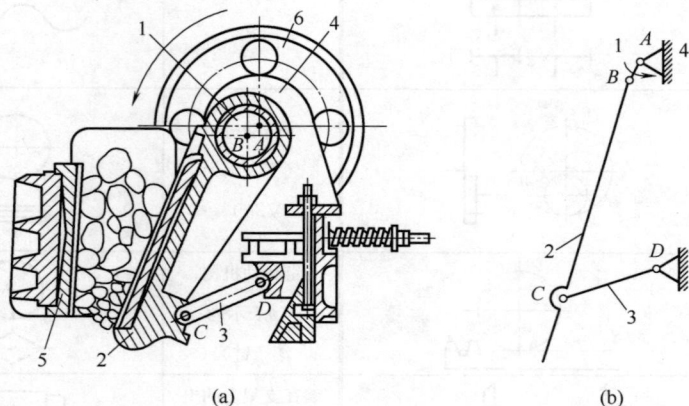

(a)   (b)

图 2-5 颚式破碎机

选定适当的比例尺，根据图 2-5（a）的尺寸定出 A、B、C、D 各点的相对位置，用构件和运动副的规定符号绘制出机构运动简图，如图 2-5（b）所示。最后，在图中的机架部位画上斜线，在原动件上标注出指示运动方向的箭头。

2.3 平面机构的自由度

当机构的原动件按给定的运动规律运动时，该机构的其余构件的运动也应是完全确定的。不能产生相对运动或进行无规则运动的构件难以用来传递运动。为使组合起来的构件能够产生相对运动并具有运动确定性，有必要对机构自由度和机构具有确定运动的条件进行探讨。

2.3.1 自由度和约束

（1）自由度

构件所具有的独立运动的数目称为构件的自由度。一个做平面运动的自由构件有 3 个自由度，如图 2-6 所示。在坐标系 xOy 中，构件 AB 进行平面运动时，可沿 x 轴移动、沿 y 轴移动以及在平面内转动，故一个做平面运动的自由构件具有 3 个自由度，确定其平面位置需 3 个独立参数。而一个做空间运动的自由构件则具有 6 个自由度，分别为沿三维坐标轴 x、y、z 的 3 个平移自由度和绕着三维坐标轴 x、y、z 的 3 个旋转自由度。

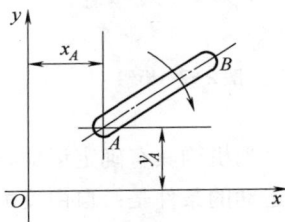

图 2-6 平面运动构件的自由度

（2）约束

当两个构件组成运动副后，其相对运动便受到约束，使得某些独立的相对运动受到限制，即引入了约束。对独立相对运动的限制，称为约束。约束增多，自由度就相应减少，因此，约束数就是自由度减少的数目。由于不同种类的运动副引入的约束不同，所以保留的自由度也各不相同。图 2-1（a）所示的转动副，两个构件只能做相对转动，而不能沿轴向或径向做相对移动。图 2-1（b）所示的移动副，两个构件只能做相对移动，其余的运动受到约束。因此，平面低副引入两个约束，保留 1 个自由度。如图 2-1（c）所示的高副，保留了绕接触点的转动和沿接触点切线方向的移动，而沿公法线 n-n 方向的运动受到限制。所以，平面高副引入一个约束，保留 2 个自由度。

2.3.2 机构具有确定运动的条件

机构要实现预期的运动传递和变换，就必须使运动具有确定性。所谓运动的确定性，是指机构中的所有构件在任意瞬时的运动都是完全确定的。那么，机构应具备什么条件其运动才是确定的呢？下面通过举例进行讨论。

如图 2-7 所示的桁架，由 3 个构件通过 3 个转动副连接而成，显然无法运动，因而不能称为机构。

如图 2-8 所示的四杆机构，由 4 个构件通过 4 个转动副连接而成。构件 1 绕 A 点回转，B 点的轨迹为圆；构件 3 绕 D 点回转，C 点的轨迹为圆弧。由几何关系可知，只要构件 1 的位置确定下来，构件 2 和构件 3 的位置也就随之确定。也就是说，给定一个独立的运动参数（1 个自由度），即给定构件 1 的角位移 $\varphi_1=f_1(t)$，那么构件 2 和构件 3 的运动就会完全确定。

如图 2-9 所示的五杆机构，若将构件 1 作为主动件，当给定 $\varphi_1=f_1(t)$ 时，构件 2、3、4 既可以处在实线位置，也可以处在双点划线位置或者其他位置，即该运动是不确定的。但如果再给定构件 4 的位置参数 $\varphi_4=f_4(t)$，即同时给定两个独立的运动参数（2 个自由度），则构件 2、3、4 的位置便能够确定。也就是说，需要两个原动件，五杆机构才有确定的相对运动。

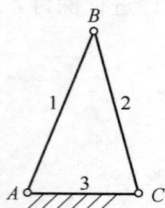

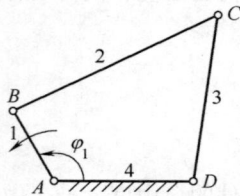

图 2-7 桁架　　图 2-8 铰链四杆机构　　图 2-9 铰链五杆机构

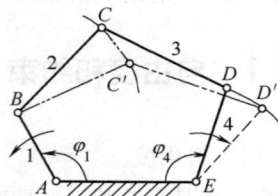

当机构具有确定运动时，必须给定的独立运动参数的数目称为机构的自由度。机构具有确定运动的条件是：自由度大于等于 1 且机构的原动件数等于自由度。

当机构不满足这一条件时，若原动件的数量大于机构的自由度，将会导致机构中最为薄弱的环节受损；若机构的原动件数目小于机构的自由度，机构的运动将无法完全确定，此时机构的运动将遵循最小阻力定律，即优先沿阻力最小的方向运动。如图 2-10 所示的送料机构，其自由度为 2，而原动件仅有一个（曲柄 1）。根据最小阻力定律，该机构将沿阻力最小的方向运动。因此，在推程中，摇杆 3 先沿逆时针方向转动（因转动副中的摩擦力小于移动副中的摩擦力），直到推爪臂 3′碰到挡销 a′为止。这一过程中，推爪向下运动并插入工件的凹槽中。此后，摇杆 3 与滑块 4 成为一个整体，同时向左推送工件。在回程时，摇杆 3 需先沿顺时针方向转动，直到推爪臂 3′碰到挡销 a″为止。这一过程中，推爪向上抬起，脱离工件凹槽。此后，摇杆 3 又与滑块 4 成为一个整体，同时返回。如此循环进行，送料机构便可将工件逐个推送向左。

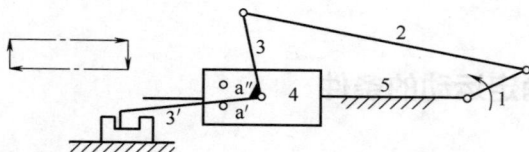

图 2-10 送料机构

2.3.3 平面机构自由度的计算

设一个平面机构由 N 个构件组成，其中必有一个构件为机架，则其活动构件数 n=N-1。这些活动构件未用运动副连接时，单个构件自由度为 3，n 个构件自由度为 $3n$。当用 p_L 个低副和 p_H 个高副将这些活动构件连接成机构时，其运动副提供的约束为 $2p_L + p_H$，故该机构的自由度为：

$$F = 3n - (2p_L + p_H) \tag{2-2}$$

由上式可知，机构自由度取决于活动构件的数目以及运动副的性质和数目。

【例题 2-3】 试计算图 2-5 所示颚式破碎机的机构自由度。

解： 图 2-5 颚式破碎机中，活动件数 $n=3$，低副数 $p_L=4$，高副数 $p_H=0$，由式（2-2）得机构自由度为：

$$F = 3n - (2p_L + p_H) = 3\times3 - (2\times4 + 0) = 1$$

机构的原动件数等于自由度，因此，该机构具有确定运动。

【例题 2-4】 试计算图 2-8 所示铰链四杆机构和图 2-9 所示铰链五杆机构的自由度。

解： 图 2-8 所示铰链四杆机构中，活动件数 $n=3$，低副数 $p_L=4$，高副数 $p_H=0$。该机构自由度为：

$$F = 3n - (2p_L + p_H) = 3\times3 - (2\times4 + 0) = 1$$

图 2-9 所示铰链五杆机构中，活动件数 $n=4$，低副数 $p_L=5$，高副数 $p_H=0$。该机构自由度为：

$$F = 3n - (2p_L + p_H) = 3\times4 - (2\times5 + 0) = 2$$

2.3.4　计算机构自由度时应注意的事项

在计算平面机构自由度时，应注意以下问题。

（1）复合铰链

若两个以上构件在同一处连接成同轴线的 2 个或更多个转动副，则构成了复合铰链。由 m 个构件组成的复合铰链，形成 $(m-1)$ 个转动副。如图 2-11（a）所示机构中，构件 1 为原动件。B 点处是由构件 2、3、4 构成的两个同轴转动副，如图 2-11（b）所示，该处为复合铰链。因此，该机构的活动构件数为 5 个，转动副个数为 6 个，移动副个数为 1 个，机构的自由度为：

$$F = 3n - (2p_L + p_H) = 3\times5 - (2\times7 + 0) = 1$$

由于机构自由度数等于原动件数，所以该机构的运动确定。

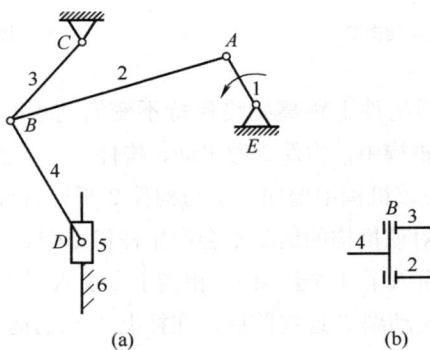

（a）　　　　　（b）

图 2-11　复合铰链

（2）局部自由度

在有些机构中，为了其他一些非运动的原因，设置了附加构件，这种附加构件的运动是完全独立的，对整个机构的运动毫无影响，这种独立运动称为局部自由度。在计算机构自由度时，局部自由度应略去不计。如图2-12（a）所示平面凸轮机构，为了减少高副接触处的磨损，在从动件上安装了一个滚子，使其与凸轮轮廓曲线滚动接触。显然，滚子绕自身轴线转动与否并不影响凸轮与从动件之间的相对运动，因此，滚子绕自身轴线的转动是机构的局部自由度。在计算机构的自由度时，应将转动副 A 除去不计，或如图2-12（b）所示，设想将滚子3与从动件4固连在一起，作为一个构件进行考虑。因此，该凸轮机构的活动构件数 $n=2$，低副数为 $p_L=2$，高副数为 $p_H=1$，机构的自由度为：

$$F = 3n - (2p_L + p_H) = 3 \times 2 - (2 \times 2 + 1) = 1$$

（3）虚约束

机构中与其他约束重复，对机构不产生新的约束作用的约束称为虚约束。虚约束对机构的运动不能发挥独立限制作用，计算机构自由度时应将其除去。

虚约束常在以下场合出现。

① 当转动副连接两构件上运动轨迹重合的点时，会引入一个虚约束。在图2-13所示的椭圆机构中，$\angle CAD=90°$，$\overline{BC}=\overline{BD}$，构件2上的各点运动轨迹均为椭圆。转动副 C 连接构件2上的 C_2 点与构件3上的 C_3 点，这两点的轨迹完全重合，均沿 y 轴进行直线运动，故引入了一个虚约束。若对转动副 D 进行分析，同样可以得出类似的结论。

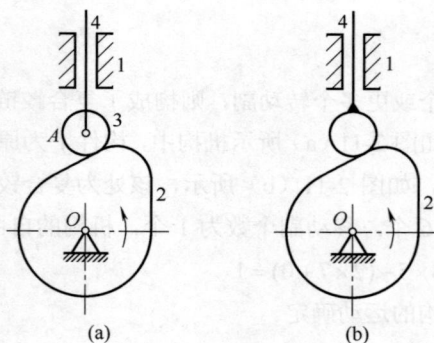

图2-12 局部自由度

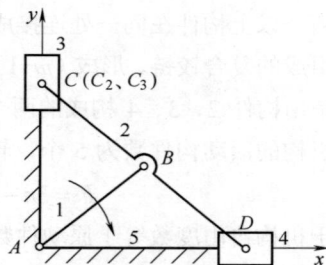

图2-13 椭圆机构

② 当双转动副杆连接两构件上距离始终保持不变的两点时，会引入一个虚约束。在图2-14（a）所示的平行四边形机构中，构件3做平动，构件3上各点的轨迹均为圆心在 AD 线上且半径等于 AB 的圆周。若在该机构中增加一个与构件2平行且等长的构件5以及两个转动副 E、F，并满足 $\overline{BE}=\overline{AF}$，这对该机构的运动不会产生任何影响。增加一个活动构件（引入了3个自由度）和两个转动副（引入了4个约束），相当于多引入了1个约束，而该约束对机构的运动起到重复约束作用（即转动副 E 连接前后，连杆上 E 点的运动轨迹是相同的）。因此，这是一个虚约束，应除去不计。图2-14（b）所示机构的自由度为：

$$F = 3n - (2p_L + p_H) = 3 \times 3 - (2 \times 4 + 0) = 1$$

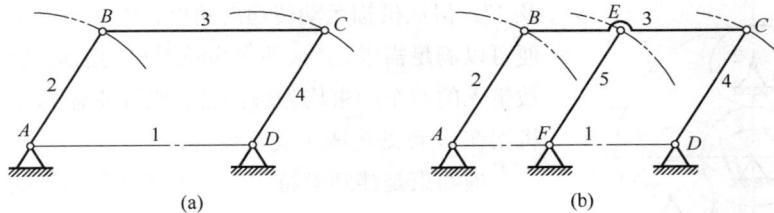

图 2-14 平行四边形机构

③ 当两个构件在多处接触并构成转动副，且转动轴线重合时，会存在虚约束。如图 2-15 所示，构件与机架在两处形成转动副 A 和 A'，仅能算作一个转动副。当两个构件在多处接触而构成移动副，且移动方向彼此平行时，存在虚约束，仅能算作一个转动副。如图 2-16 所示，构件与机架在两处形成转动副 D 和 D'，仅能算作一个移动副。当两构件构成平面高副，且各接触点处的公法线彼此重合时，存在虚约束，仅能算作一个平面高副。如图 2-17 所示，凸轮与推杆在两处形成高副 B 和 B'，仅能算作一个高副。但如果两构件在多处相接触构成平面高副，且各接触点处的公法线方向互不重合，则构成了复合高副。如图 2-18 所示，构件和机架在两处形成高副 A 和 A'，两法线 n_1 和 n_2 不重合，从而构成了复合高副。复合高副相当于一个低副，图 2-18（a）所示相当于转动副，图 2-18（b）所示相当于移动副。

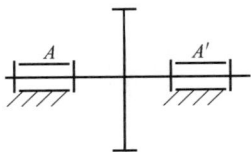

图 2-15 转动副转动轴线重合 **图 2-16** 移动副移动方向平行 **图 2-17** 高副各接触点公法线重合

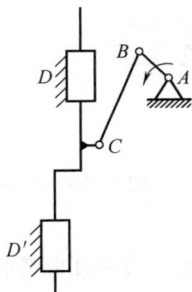

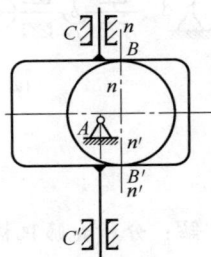

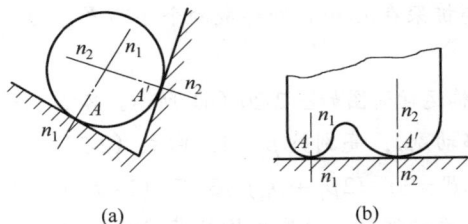

图 2-18 复合高副

④ 在机构中，不影响机构运动传递的重复部分会存在虚约束。如图 2-19 所示的轮系中，为了改善受力情况，在主动齿轮 1 和内齿轮 3 之间有 3 个完全相同的齿轮，分别为齿轮 2、2′

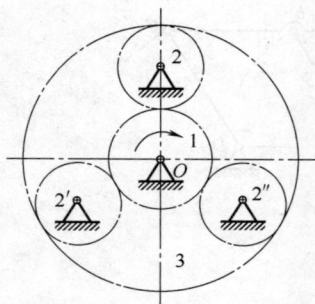

图2-19 轮系

及 2″。但从机构运动传递的角度来看，实际上仅有一个齿轮便可以满足需求，其余两个齿轮对机构的运动传递并无影响，故带入的两个约束均为虚约束。值得注意的是，齿轮1、3 和机架在 O 点处构成了复合铰链。

虚约束是伴随着特定的几何条件而出现的。若因某些原因（例如过大的加工误差或受力变形等）使得这些特定的几何条件无法满足，则所谓的虚约束将会转化为实际约束，进而导致机构无法正常运动。所以，从确保机构运动的顺利以及工艺上的便利性等方面考虑，应尽可能减少机构中的虚约束。然而，从增强构件刚度以及改善机构受力状况等方面考虑，虚约束却是不可或缺的。因此，在实际的机械中，虚约束也屡见不鲜。

综上所述，在计算平面机构自由度时，必须考虑是否存在复合铰链、局部自由度以及虚约束等问题，才能得出正确的结果。

【例题 2-5】计算图 2-20（a）所示大筛机构的自由度。

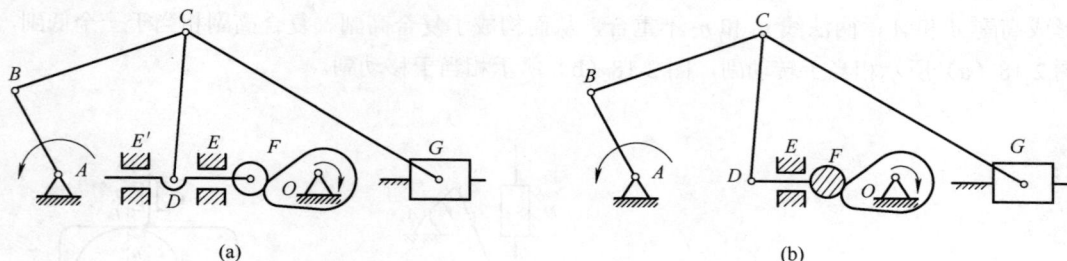

(a)   (b)

图2-20 大筛机构

解： 分析大筛机构中的复合铰链、局部自由度和虚约束。

① 复合铰链。C 处为复合铰链，3 个构件在同一处铰接，形成 2 个转动副。

② 局部自由度。机构中的滚子具有 1 个局部自由度，可将滚子与推杆焊成一体，以消除该局部自由度。

③ 虚约束。凸轮推杆与机架在 E 和 E' 处形成两个导路平行的移动副，其中之一为虚约束，可去掉移动副 E'。

处理后的大筛机构的机构运动简图如图 2-20（b）所示。其中，活动构件数 $n=7$，低副数 $p_L=9$（包含 7 个转动副和 2 个移动副），高副数 $p_H=1$。由式（2-2）得，大筛机构的自由度为：

$$F = 3n - (2p_L + p_H) = 3 \times 7 - (2 \times 9 + 1) = 2$$

该机构的自由度数等于原动件数，满足机构具有确定运动的条件，具有确定运动。

【例题 2-6】试计算图 2-21 所示某包装机送纸机构的自由度，并判断该机构是否具有确定运动。

解： 分析送纸机构中的复合铰链、局部自由度和虚约束。

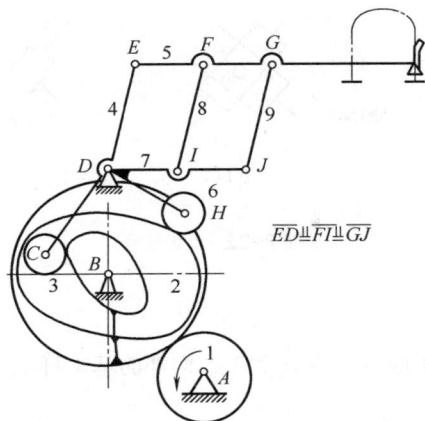

图 2-21　包装机送纸机构

① 复合铰链。在 D 处存在复合铰链，由 3 个构件构成 2 个转动副。

② 局部自由度。C、H 两处滚子的转动为局部自由度。

③ 虚约束。在机构运动的过程中，F、I 两点间的距离始终保持不变，使用双转动副杆 8 连接这两点时，便引入了一个虚约束。

综上所述，该机构活动构件数 $n=6$，低副数 $p_L=7$，高副数 $p_H=3$，由式（2-2）可得包装机送纸机构的自由度为：

$$F = 3n - (2p_L + p_H) = 3 \times 6 - (2 \times 7 + 3) = 1$$

该机构的自由度数等于原动件数，满足机构具有确定运动的条件，具有确定的运动。

2.4　平面机构的组成原理及结构分析

2.4.1　平面机构的组成原理

任何机构均由机架、原动件以及从动件三部分组成。机构具有确定运动的条件为其原动件数等于机构的自由度数。因此，若将机架与原动件从机构中拆分出来，则由其余构件所构成的构件组必然是一个自由度为零的构件组，而这个自由度为零的构件组，有时还可以再拆成更简单的自由度为零的构件组。把自由度为零且不可再拆的从动件系统称为基本杆组，简称杆组。

对于仅含低副的平面机构，设杆组由 n 个构件和 p_L 个低副组成。由于杆组的自由度为零，故有 $3n-2p_L=0$。这里的 n 和 p_L 必须为整数，所以 n 只能取 2 的倍数，p_L 只能取 3 的倍数，如 2 杆 3 副、4 杆 6 副等。依据 n 的取值不同，杆组分为如下类型。

（1）Ⅱ级杆组

由 2 个构件和 3 个低副构成的基本杆组称为Ⅱ级杆组，如图 2-22 所示。Ⅱ级杆组结构简单，应用广泛。

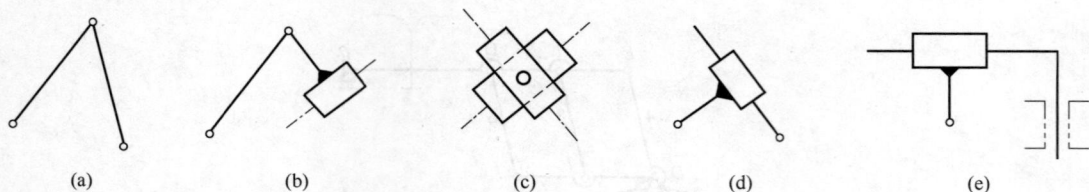

图 2-22　Ⅱ级杆组

（2）Ⅲ级杆组

由 4 个构件和 6 个低副组成且含有一个 3 副构件的基本杆组称为Ⅲ级杆组。常见的Ⅲ级杆组形式如图 2-23 所示。

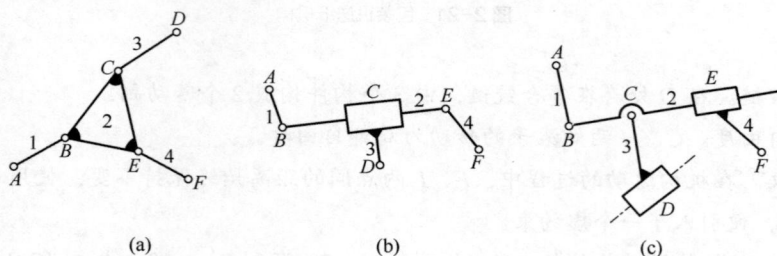

图 2-23　Ⅲ级杆组

比Ⅲ级杆组更高级别的基本杆组因应用较少，在此不再赘述。

任何机构均可看作由若干个自由度为零的基本杆组依次连接至主动件和机架上而成的。如图 2-24 所示，各杆组依次连接，组成了六杆机构。首先，把图 2-24（b）所示的Ⅱ级杆组通过其外接转动副 B、D 连接到图 2-24（a）所示的原动件和机架上，形成四杆机构 $ABCD$。再将图 2-24（c）所示的Ⅱ级杆组 EF 与 $ABCD$ 及机架相连，形成如图 2-24（d）所示的六杆机构。因此，在进行机械方案设计时，可依据机构的组成原理，按照设计要求，通过杆组组合的方式设计出新机构。设计时须遵循一个原则：在满足要求的前提下，机构的结构尽可能简单，杆组的级别越低越好，且构件数和运动副数越少越好。但是必须指出，杆组的各个外接运动副不能全部并接在同一构件上，如图 2-25 所示，因为这种并接会使杆组与被并接件形成桁架，从而起不到添加杆组的作用。

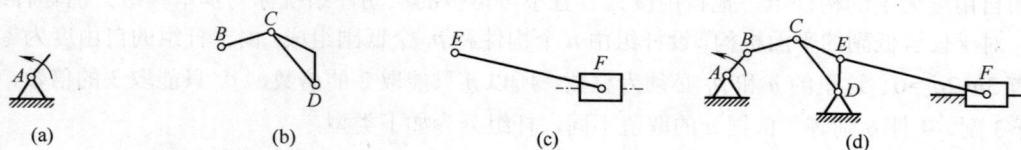

图 2-24　机构的组成过程

组成机构的基本杆组的最高级别即为机构的级别。如图 2-24（d）所示的机构，因其所含基本杆组的最高级别为 II 级，所以该机构为 II 级机构。仅具有原动件和机架而不包含杆组的机构称为 I 级机构。

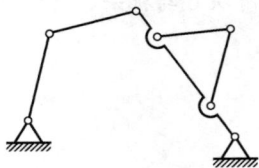

图 2-25　外接运动副并接在同一构件上

2.4.2　平面机构的结构分析

根据上述原理，当对现有机构进行结构分析、运动分析或力分析时，可将机构分解为机架、原动件以及若干个基本杆组，随后对相同的基本杆组采用相同的方法进行分析。机构结构分析的目的是了解机构的组成情况，确定机构的级别，并找到原动件的最佳位置。

进行机构结构分析的一般步骤为：首先，正确计算机构的自由度，注意辨别复合铰链，除去机构中的虚约束和局部自由度，并确定原动件。其次，从远离原动件的构件开始拆基本杆组。先试拆 II 级杆组，若不可行则拆 III 级杆组。每拆出一个杆组后，剩余部分应与原机构自由度相同，持续拆分直至仅剩下原动件和机架。最后，确定机构的级别。

机构因选取的原动件不同，有可能成为不同级别的机构。然而，当机构的原动件确定后，杆组的拆法以及机构的级别便确定下来。

【**例题 2-7**】对图 2-26（a）所示的颚式破碎机进行结构分析。

解：对图 2-26（a）进行分析可知，该机构自由度为 1，构件 1 为原动件，机构具有确定的运动状态。从远离原动件的构件 5 开始进行杆组拆分，可依次拆出构件 5 与 4 组成的 II 级杆组、构件 2 与 3 组成的 II 级杆组，最后剩下原动件 1 和机架 6，如图 2-26（b）所示。由于所拆出的最高级别的杆组是 II 级组，故该机构为 II 级机构。

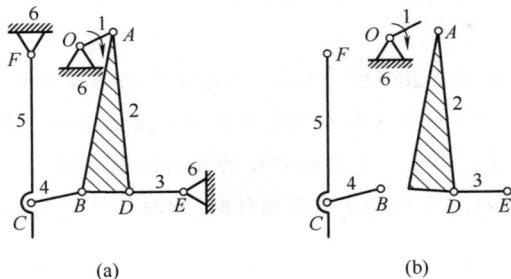

(a)　　　　　　　　　　(b)

图 2-26　颚式破碎机结构分析

【**例题 2-8**】图 2-27 所示为一双缸内燃机的机构运动简图。试计算其自由度，并分析组成该机构的基本杆组。若在该机构中将杆件 4 改为原动件，试分析此时组成该机构的基本杆组，并判断此时机构的级别与杆件 1 为原动件时是否相同。

解：先分析图 2-27 所示内燃机的机构。该机构由杆件 1~5、滑块 6、滑块 7 以及机架共同组成。

再分析各连接构件相对运动的性质。机架与杆件 1、杆件 1 与杆件 2、杆件 2 与滑块 6、杆件 2 与杆件 3、杆件 3 与杆件 4、杆件 4 与机架、杆件 4 与杆件 5、杆件 5 与滑块 7 之间均为转动副；滑块 6 与机架、滑块 7 与机架则分别构成移动副。

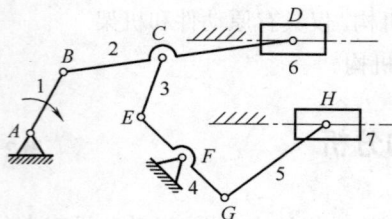

图 2-27 双缸内燃机的机构运动简图

该机构自由度为：

$$F = 3n - (2p_L + p_H) = 3 \times 7 - (2 \times 10 + 0) = 1$$

（1）当杆件 1 为原动件时

运动沿两路传递：一路经由杆件 2 传至滑块 6，带动滑块 6 进行水平运动；另一路经杆件 3 传递给杆件 4，通过杆件 4 带动杆件 5，从而推动滑块 7 进行水平运动。滑块 6 和滑块 7 为执行部分，其余构件则为传动部分。

对该机构进行分解，如图 2-28（a）所示。从距离原动件 1 较远的部分开始试拆分杆组，依次拆除由滑块 7 与杆件 5、杆件 4 与杆件 3、滑块 6 与杆件 2 组成的 3 个 Ⅱ 级杆组，最后剩下原动件 1 和机架。由于所拆出的杆组的最高级别是 Ⅱ 级，故该机构为 Ⅱ 级机构。

（2）当杆件 4 为原动件时

该机构的基本杆组将会发生变化。运动分两路传递：一路经由杆件 5 带动滑块 7 进行水平运动；另一路经杆件 3 传至杆件 2，最终推动滑块 6 进行水平运动。滑块 6 和滑块 7 仍为执行部分，其余构件则为传动部分。

对此机构进行分解，如图 2-28（b）所示。从远离原动件 4 的部分开始试拆杆组，依次拆除由滑块 6、杆件 1、杆件 2、杆件 3 组成的 Ⅲ 级杆组以及由滑块 7 与杆件 5 组成的 Ⅱ 级杆组。最后，剩下原动件 4 和机架。由于所拆出的杆组的最高级别是 Ⅲ 级，故该机构为 Ⅲ 级机构。

由上述分析可知，当该机构中杆件 4 为原动件时，该机构的级别与杆件 1 为原动件时不同。

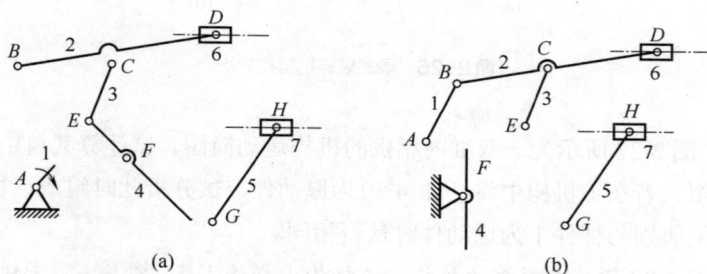

(a)

(b)

图 2-28 内燃机的机构组成

上面所介绍的结构分析方法，适用于机构中的运动副全部为低副的情况。若机构中含有高副，则为了便于分析，可运用高副低代的方法，先将机构中的高副转化为低副，然后再按上述方法进行结构分析和分类。具体内容可查阅参考文献[1]。

本章小结

运动副是组成机构的基本要素，常见的运动副主要分为低副和高副两种类型。采用运动副及一般构件的表示方法和常用机构运动简图的代表符号，按照一定的比例绘制机构运动简图，可简化机构的结构分析和设计。通过计算机构自由度可判断机构是否具有确定的运动。

本章重点：机构运动简图的绘制；机构自由度的计算；机构具有确定运动的条件；机构的组成原理；平面机构的结构分析。

本章难点：在计算机构的自由度时，应注意复合铰链、局部自由度和虚约束等问题。

习题

2-1　何谓运动副及运动副元素？运动副是如何分类的？

2-2　绘制如图 2-29 所示机构的机构运动简图。

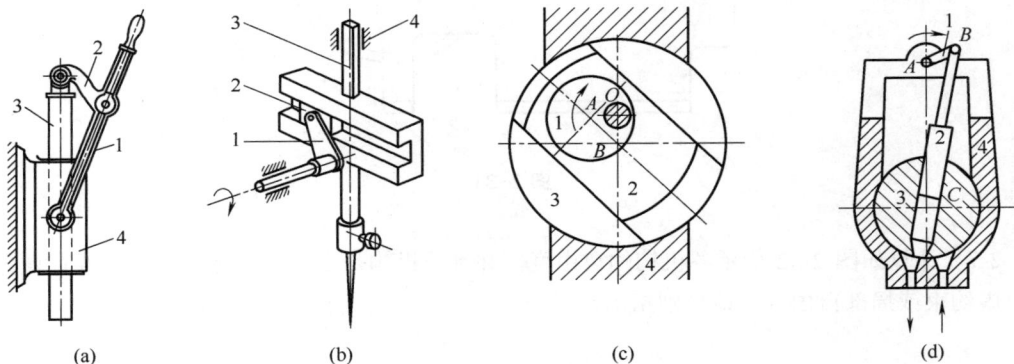

(a)　　　　　　(b)　　　　　　(c)　　　　　　(d)

图 2-29

2-3　机构具有确定运动的条件是什么？

2-4　在计算平面机构的自由度时，应该注意哪些事项？

2-5　如图 2-30 所示为一新型偏心轮滑阀式真空泵。其偏心轮 1 绕固定轴心 A 转动，与外环 2 固连在一起的滑阀 3 在可绕固定轴心 C 转动的圆柱 4 中滑动。当偏心轮 1 按图示方向连续回转时，可将设备中的空气吸入，并将空气从阀 5 中排出，从而形成真空。试绘制其机构运动简图，并计算其自由度。

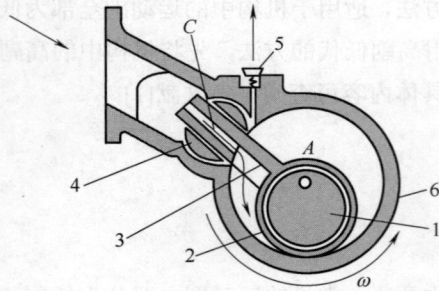

图 2-30

2-6 如图 2-31 所示为一简易冲床的设计方案。设计思路为：动力由齿轮 1 输入，使轴 A 连续回转；固装在轴 A 上的凸轮 2 与杠杆 3 组成的凸轮机构，使冲头 4 上下运动，以达到冲压的目的。试计算其自由度，分析该设计是否合理。若此方案不合理，修改该设计，使其具有确定的运动，并画出修改后的机构运动简图。

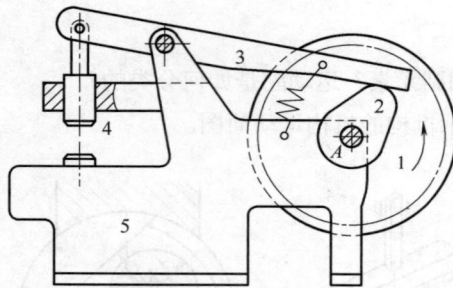

图 2-31

2-7 计算如图 2-32 所示各机构的自由度，并判断机构是否具有确定的运动。若有复合铰链、虚约束或局部自由度，请分别指出。

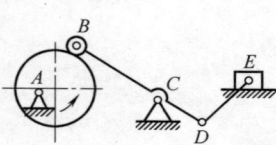

(a)

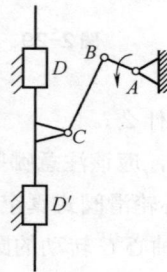

(b)

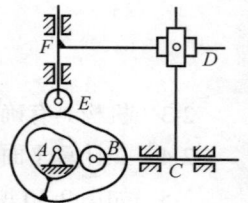

(c)

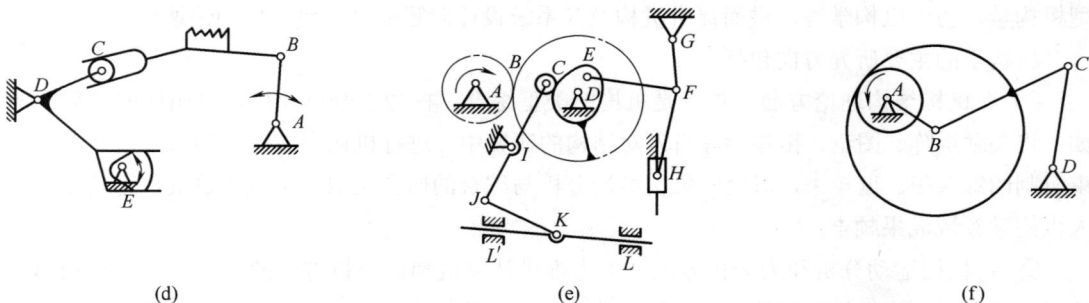

图 2-32

2-8 简述机构的组成原理。如何确定基本杆组的级别及机构的级别？

2-9 计算图 2-33 所示机构的自由度，分析组成该机构的基本杆组，确定机构的级别。

2-10 计算图 2-34 所示机构的自由度，分别取构件 2 和构件 8 为原动件，分析组成该机构的基本杆组，确定机构的级别。

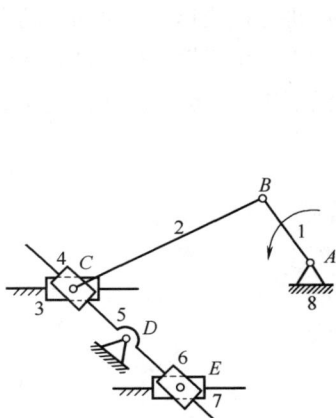

图 2-33

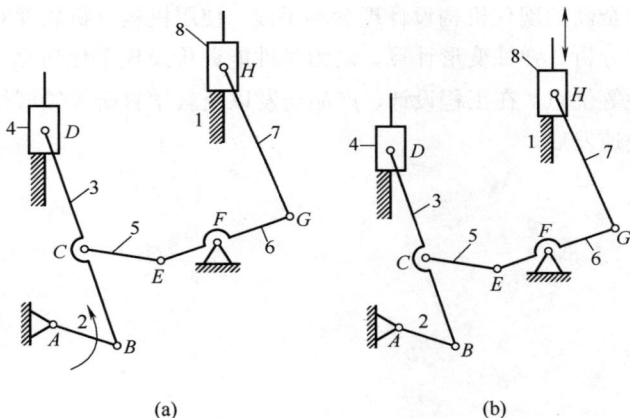

(a)　　(b)

图 2-34

拓展阅读

机构学是一门研究机构的结构原理、运动学以及动力学的学科，其内容涵盖了机构的分析与综合两个方面。现代机器在工作机理、结构组成以及设计思维方式上与传统机器有所不同，促使机构学研究机器新的工作原理、结构组成以及新的设计理论和方法，如对机械系统进行动力学分析、精度分析、效能分析、稳定性分析等，以解决相应的设计方法问题。机械技术与微电子学、计算机科学、控制技术、信息科学、生物科学、材料科学等多学科相互交叉、融汇与综合，推动了机构学众多新分支的出现，如广义机构学、运动弹性动力学、机器人机构学、微型机构学、仿生机构学等，进而促进机构及其系统设计向智能化、自动化和快速化发展。

机构学的主要研究方向包括：

① 在机构结构理论方面，重点是机构的类型综合、杆数综合以及机构自由度的计算。例如，将关联矩阵、图论、拓扑学等引入对结构的研究中，进行机构中虚约束的研究以及无虚约束机制的综合等。近年来，对空间机构结构分析与综合的研究也取得了较大进展，尤其在机器人机构学领域成果颇丰。

② 在机构运动分析和力分析方面，大力推进计算机辅助分析方法的研究。为便于利用计算机进行分析，将机构的结构分析、运动分析、动力分析构建成一个整体系统，建立机构运动分析及力分析的逻辑体系。

③ 在机械动力学方面，大力发展机构弹性动力学的研究，其范围涵盖低副机构和高副机构。开展了对机械中的摩擦、机械效率以及功率传递等问题的研究，同时也推进了对运动副间隙引起的冲击、振动、噪声及疲劳失效等问题的研究。

近年来，随着计算机技术的飞速发展，计算机辅助设计对机构学的发展也产生了非常重要的影响。研究人员利用计算机系统所具有的强大逻辑推理、分析判断、数据处理、二维及三维图形显示等功能，把机构设计理论、方法以及参数选取等进行程序化、智能化处理，形成了一种全新的现代机构设计理念和手段。使用机构分析软件对机械系统进行机构运动学分析、动力学分析、弹性变形计算、动力学性能评价及模型化仿真，具有高效性、精确性、综合性、智能性等优点，在工程设计、产品研发以及教学科研等领域得到了广泛应用，促进了现代机构学的快速发展。

第 3 章 平面机构的运动分析

本章知识导图

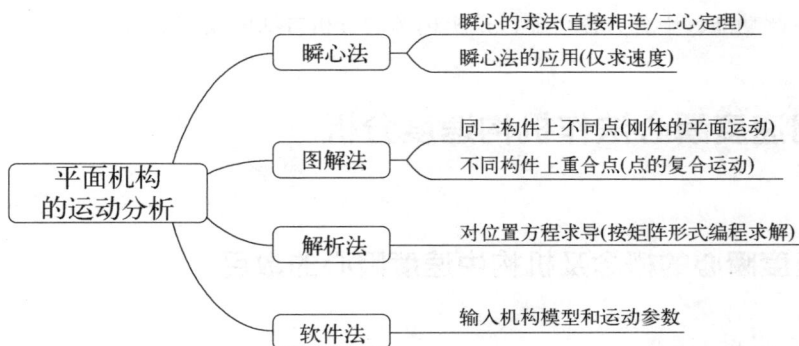

```
                                ┌─ 瞬心的求法(直接相连/三心定理)
                      瞬心法 ────┤
                                └─ 瞬心法的应用(仅求速度)

                                ┌─ 同一构件上不同点(刚体的平面运动)
                      图解法 ────┤
  平面机构 ─────────┤          └─ 不同构件上重合点(点的复合运动)
  的运动分析         │
                      解析法 ───── 对位置方程求导(按矩阵形式编程求解)

                      软件法 ───── 输入机构模型和运动参数
```

本章学习目标

(1) 掌握对平面机构作速度分析的瞬心法;

(2) 掌握对平面机构作速度分析和加速度分析的图解法;

(3) 熟悉对平面机构作速度分析和加速度分析的解析法。

风扇是常见的家用电器,通过运动传递可以将电机的定速转动转化为扇叶的可调节变速转动,同时实现扇头的摇头功能。该机构的设计涉及曲柄摇杆机构和蜗轮蜗杆机构的运动学原理,通过对这些机构进行运动分析,可以了解其是如何协同工作来实现风扇的变速和摇头功能的。

3.1 机构运动分析的目的和方法

机构运动分析的任务是根据机构运动简图及原动件的运动规律,确定机构中其他构件上相关点的轨迹、位移、速度及加速度以及相关构件的位置、角位移、角速度和角加速度等运动参数。运动分析的目的是为机械运动性能和动力性能的研究提供必要依据,是了解和剖析现有机械的理论基础,是优化和综合新型机械的必要环节。

机构运动分析的内容包含位置和轨迹分析、速度分析与加速度分析。位置和轨迹分析是机构运动分析的基础,通过对机构位移和轨迹进行分析,可以考察某构件或构件上某点能否满足预定位置和轨迹的要求,确定适合从动件行程所需的运动空间,判断机构运动中是否产生干涉,确定机器的外壳尺寸,同时为机构设计获取某些特殊轨迹。速度分析是加速度分析及确定机器动能和功率的基础,通过速度分析还可验证从动件速度的变化能否满足工作要求。

在高速机械和重型机械中，构件的惯性力往往较大，对机械的强度、振动和动力性能均有较大影响，为确定惯性力必须对机构进行加速度分析。通过对机构进行加速度分析，可以确定各构件及构件上某些点的加速度。了解机构加速度的变化规律，是计算构件惯性力和研究机械动力性能的必要前提。

机构运动分析的方法较多，主要有图解法、解析法和软件法等。图解法的优点是形象直观、简单方便和易于掌握，分析结果一目了然；缺点是精度不高，不适用于分析一些对精度要求较高的机构。解析法是先获得机构中已知尺寸和运动参数与未知运动参数之间的关系，用数学式表示出来，然后求解，精度很高，但比较抽象和不直观，人工计算比较烦琐，目前多利用计算机编程计算以方便求解。软件法是伴随着计算机应用软件开发迅速发展的新方法，目前有不少建模软件具备此功能，十分方便可靠，是机构运动分析方法的发展趋势之一。

3.2　用速度瞬心法作机构速度分析

3.2.1　速度瞬心的概念及机构中速度瞬心的数目

（1）速度瞬心（瞬心）

如图 3-1 所示，当构件 1 和构件 2 做平面相对运动时，在任一瞬时，都可以认为它们是绕某一重合点做相对转动，该重合点称为瞬时速度中心（速度瞬心），简称瞬心，以 P_{21}（或 P_{12}）表示。显然，瞬心是两构件上瞬时速度相同的重合点，即两构件在该重合点的相对速度为零、绝对速度相等。若重合点绝对速度为零，则为绝对瞬心；若不等于零，则为相对瞬心。两构件 i、j 的瞬心用符号 P_{ij} 或 P_{ji} 表示。

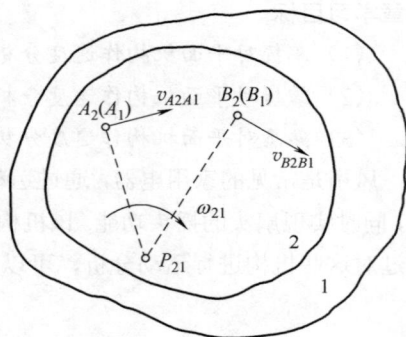

图 3-1　速度瞬心

（2）机构中速度瞬心的数目

产生相对运动的任意两构件之间具有一个瞬心，如果机构由 N 个构件（包含机架）组成，则机构的瞬心总数 K 根据排列组合原理为：

$$K = \frac{N(N-1)}{2} \tag{3-1}$$

显然，平面四杆机构具有 6 个瞬心，一般凸轮机构具有 3 个瞬心，单级齿轮机构具有 3 个瞬心。

3.2.2　速度瞬心的求法

如上所述，机构中每两个构件之间有一个瞬心，如果两个构件是通过运动副直接连接在一起的，那么其瞬心位置根据瞬心定义可以很容易予以确定。如果两构件并非直接连接形成运动副，则其瞬心位置需要用三心定理来确定。分别介绍如下。

（1）两构件组成运动副时瞬心位置的确定

① 如图 3-2（a）所示，构件 1 和构件 2 组成转动副，其瞬心 P_{12} 位于该转动副的中心。

② 如图 3-2（b）所示，构件 1 和构件 2 组成移动副，其瞬心 P_{12} 位于与导路垂直的无穷远处。

③ 如图 3-2（c）所示，构件 1 和构件 2 以高副相连接，且在接触点 M 处两构件做相对纯滚动，则接触点 M 就是它们的瞬心 P_{12}；如图 3-2（d）所示，如果在接触点 M 处两构件有相对滑动，则瞬心 P_{12} 位于过接触点 M 的公法线 n-n 上。

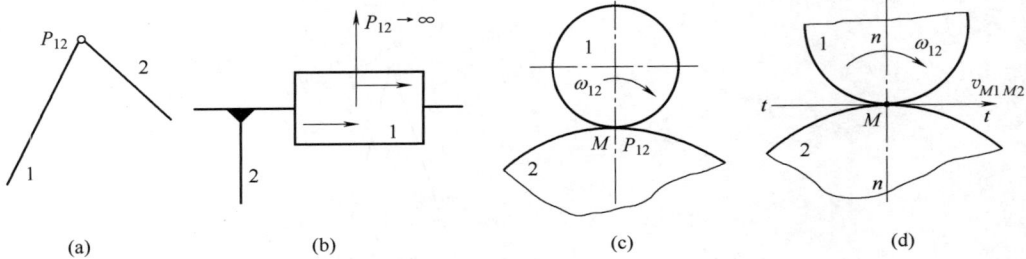

图 3-2　瞬心位置的确定

（2）两构件无运动副直接连接时瞬心位置的确定

当两构件无运动副直接连接时，可应用三心定理来确定其瞬心位置。三心定理表述如下：做相对平面运动的三个构件共有三个瞬心，它们的三个瞬心必位于同一直线上。

如图 3-3 所示，三个做相对平面运动的构件，共有三个瞬心，现已知瞬心 P_{12} 和 P_{13} 分别位于两个转动副的中心，求瞬心 P_{23} 的位置。若瞬心 P_{23} 的位置不在 P_{12} 和 P_{13} 连线上或其延长线上的任意点 K 处，则不可能满足瞬心为同速重合点的条件，因此它们的三个瞬心 P_{12}、P_{13}、P_{23} 必位于同一直线上。

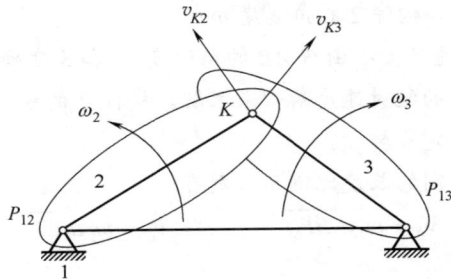

图 3-3　三心定理

3.2.3 速度瞬心在机构速度分析上的应用

对机构进行运动分析时应用速度瞬心法，只能求解机构中构件的角速度、两构件角速度之比（即传动比）和构件上点的速度，无法求解加速度和角加速度相关问题。解题时利用相对瞬心是相关两构件同速点的概念，根据已知条件建立两构件间的速度关系式，求解所需结果。以下举例说明。

【例题 3-1】如图 3-4 所示的铰链四杆机构，已知各构件长度和原动件 1 的角速度 ω_1。确定机构在图示位置所有瞬心，求出 C 点的速度 v_C、构件 2 的角速度 ω_2 以及构件 1 和构件 3 的角速度之比 ω_1/ω_3。

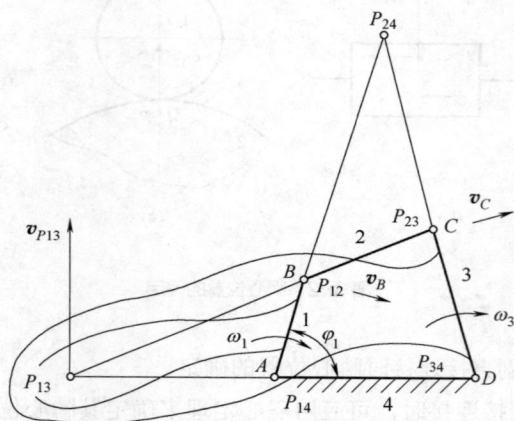

图 3-4 铰链四杆机构中瞬心的位置及速度分析

解：（1）求该机构的全部瞬心

该四杆机构共有 6 个瞬心，即 P_{12}、P_{23}、P_{34}、P_{14}、P_{24} 和 P_{13}，相邻两构件瞬心可直接得出，P_{24} 和 P_{13} 利用三心定理求得。

（2）求 C 点的速度 v_C 和构件 2 的角速度 ω_2

B 点为已知运动点，其速度大小由杆 AB 的角速度 ω_1 和长度确定，与待求运动点 C 位于同一构件 2 上，可利用该构件的绝对速度瞬心来求解。构件 2 的绝对瞬心是 P_{24}，故构件 2 可视为以瞬时角速度 ω_2 绕 P_{24} 做定点转动。

设 μ_l 为绘制机构运动简图的长度比例尺，则有：

$$v_B = \omega_2 \mu_l \overline{BP_{24}} \qquad v_C = \omega_2 \mu_l \overline{CP_{24}}$$

由此可知：

$$\frac{v_C}{v_B} = \frac{\omega_2 \mu_l \overline{CP_{24}}}{\omega_2 \mu_l \overline{BP_{24}}} = \frac{\overline{CP_{24}}}{\overline{BP_{24}}}$$

解得：

$$\omega_2 = \frac{v_B}{\mu_l \overline{BP_{24}}} \qquad v_C = v_B \frac{\overline{CP_{24}}}{\overline{BP_{24}}}$$

v_C 的方向如图 3-4 所示，ω_2 的方向为逆时针。

（3）求构件 1 和构件 3 的角速度之比 ω_1/ω_3

求 ω_1/ω_3 可利用相对瞬心 P_{13}，该点为构件 1 和构件 3 的等速点，可知：

$$\omega_3 = \frac{v_{P_{13}}}{\mu_l \overline{DP_{13}}}$$

解得：

$$\frac{\omega_1}{\omega_3} = \frac{v_{P_{13}} / (\mu_l \overline{AP_{13}})}{v_{P_{13}} / (\mu_l \overline{DP_{13}})} = \frac{\overline{DP_{13}}}{\overline{AP_{13}}}$$

从上述分析可得下列结论。

角速度大小：两构件的角速度之比等于绝对瞬心至相对瞬心之间距离的反比。

角速度方向：当相对瞬心位于两绝对瞬心的同一侧时，两构件角速度方向相同；当相对瞬心位于两绝对瞬心之间时，两构件角速度方向相反。

【例题 3-2】 如图 3-5 所示的平底凸轮机构，已知凸轮的转动角速度 ω_1。确定机构在图示位置的所有瞬心，求出从动件 2 的移动速度 v_2。

解：（1）求该机构的全部瞬心

该凸轮机构共有 3 个瞬心：P_{13} 在构件 1 和机架 3 的转动副处；P_{23} 在垂直于构件 2 和机架 3 组成移动副导路的无穷远处；P_{12} 既要在过接触点的公法线 n-n 上，又要在 P_{13} 和 P_{23} 的连线上，则公法线 n-n 与 P_{13} 和 P_{23} 连线的交点即为 P_{12}。

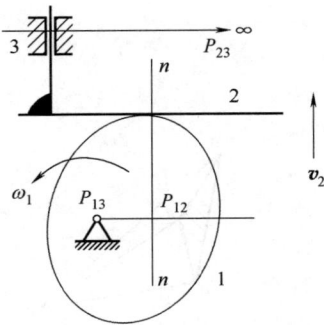

图 3-5 凸轮机构中瞬心的位置及速度分析

（2）求从动件的移动速度 v_2

取长度比例尺为 μ_l，两构件的相对瞬心为 P_{12}，则从动件的移动速度 v_2 为：

$$v_2 = v_{P_{12}} = \omega_1 \mu_l \overline{P_{13}P_{12}}$$

通过上述例子可见，用瞬心法求简单机构的速度是很方便的，但对于构件较多的机构，由于瞬心数目较多，求解就比较复杂（主要是确定瞬心位置困难），而且作图时某些瞬心往往落在图纸范围之外。需要强调的是，瞬心法只能求速度，不能求解加速度，因此具有很大局限性。

3.3 用图解法作机构运动分析

图解法是作平面机构速度和加速度分析的一般方法，没有相关软件时，在工程中应用比较广泛。该方法的基本原理是刚体的平面运动（是随基点的牵连运动和绕基点的相对转动的合成）和点的复合运动（即点的绝对运动是牵连运动和相对运动的合成）。

具体方法是根据上述两个原理列出平面机构的运动矢量方程，用一定的比例尺画出矢量多边形，解出机构的运动参数。用图解法作机构的运动分析，应从已知运动的构件开始，按运动传递顺序依次解出其他构件的运动参数。

根据不同的相对运动情况，机构的运动分析可按以下两类进行讨论。

3.3.1 同一构件上两点间的速度和加速度分析

如图 3-6（a）所示铰链四杆机构，已知构件的位置、尺寸及原动件 1 的角速度 ω_1 和角加速度 α_1，求构件 2、3 的角速度 ω_2、ω_3 和角加速度 α_2、α_3，C 点、E 点的速度 v_C、v_E 和加速度 a_C、a_E。

按已知条件选定适当的长度比例尺 μ，作出该瞬时位置的机构运动简图，再进行机构的速度分析和加速度分析。图 3-6 中，图（a）为瞬时位置，图（b）为速度分析，图（c）为加速度分析。

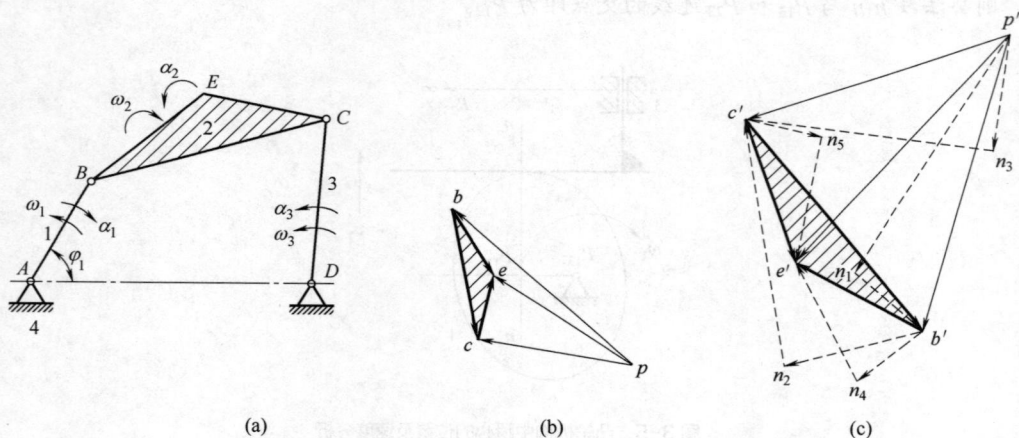

图 3-6 铰链四杆机构的速度和加速度分析

（1）同一构件上两点间的速度分析

构件 2 做平面运动，以 B 点为基点，其上 C 点的速度方程为：

$$v_C = v_B + v_{CB} \tag{3-2}$$

大小　　　? 　　$\omega_1 l_{AB}$ 　　?

方向　　$\perp CD$ 　$\perp AB$ 　$\perp BC$

该矢量方程只含两个未知量，可以求解。

选定适当的速度比例尺 μ_v。在图纸上任选一点 p 为起始点，沿 v_B 的方向线（$\perp AB$）作线段 pb，其大小等于 v_B/μ_v，箭头由 p 指向 b；过点 b 作 v_{CB} 的方向线（$\perp BC$），过点 p 作 v_C 的方向线（$\perp CD$），两线的交点记为 c。则有：

$$v_{CB} = \mu_v \overline{bc} \qquad v_C = \mu_v \overline{pc}$$
$$\omega_2 = \frac{v_{CB}}{l_{CB}} \qquad \omega_3 = \frac{v_C}{l_{CD}}$$

速度单位为 m/s，角速度单位为 rad/s，线段 pb、bc 和 pc 分别代表速度矢量 v_B、v_{CB} 和 v_C。将 v_{CB} 移至 C 点，由线段 bc 的指向（由 b 指向 c）可以判断出 ω_2 为顺时针方向；将 v_C 移至 C 点，由线段 pc 的指向（由 p 指向 c）可以判断出 ω_3 为逆时针方向。

当杆 2 的角速度 ω_2 解出后，点 E 的速度 v_E 可利用下式求解：

$$v_E \;=\; v_B \;+\; v_{EB}$$

大小	?	$\omega_1 l_{AB}$	$\omega_2 l_{BE}$
方向	?	$\perp AB$	$\perp BE$

该矢量方程只含两个未知量，可以求解。

在线段 pb 的基础上，以点 b 为起始点，沿 v_{EB} 的方向线（$\perp BE$）作线段 be，其大小等于 v_{EB}/μ_v，连接 pe。则有：

$$v_E = \mu_v \overline{pe}$$

也可以选择 C 点为基点求解 v_E，方法同上。

从作图过程可知 $\triangle bce$ 的三边分别垂直于构件 2 上 $\triangle BCE$ 的对应边，故 $\triangle bce$ 与 $\triangle BCE$ 相似，且字母绕向相同，$\triangle bce$ 称为构件 2 中 $\triangle BCE$ 的速度影像，p 点称为速度极点。

速度多边形具有下列特性：

① 极点 p 代表该机构上速度为零的点，即构件绝对瞬心的影像点；

② 各点的绝对速度矢量均由极点 p 引出，即连接 p 点和任一点的矢量便代表该点在机构图中同名点的绝对速度，指向是从 p 指向该点；

③ 两绝对速度矢端的连线代表构件上对应点间的相对速度，其指向刚好与速度的下标相反；

④ 同一构件上绝对速度矢端连线而形成的图形称为该构件的速度影像，其特点为速度影像与原构件图形相似，字母排列顺序相同。

⑤ 平面运动构件的角速度可利用构件上任意两点的相对速度来求，方向也由其确定。

⑥ 利用速度影像这一概念求解速度方便快捷，只要已知同一构件上两点的绝对速度，便可利用速度影像与构件图形相似原理求出第三点的绝对速度。

（2）同一构件上两点间的加速度分析

构件 1 和构件 3 做定轴转动，B 点的绝对加速度 a_B 和 C 点的绝对加速度 a_C 均可以分解为切向和法向两部分。构件 2 上 C 点相对于 B 点做转动，相对加速度 a_{CB} 也可以分解为切向和法向两部分。

构件 2 做平面运动，以 B 为基点，其上 C 点的加速度方程为：

$$a_C = a_{Cn} + a_{Ct} = a_{Bn} + a_{Bt} + a_{CBn} + a_{CBt} \tag{3-3}$$

大小 　　$\omega_3^2 l_{CD}$　?　$\omega_1^2 l_{AB}$　$\alpha_1 l_{AB}$　$\omega_2^2 l_{BC}$　?

方向 　　$C{\rightarrow}D$　$\perp CD$　$B{\rightarrow}A$　$\perp AB$　$C{\rightarrow}B$　$\perp BC$

该矢量方程只含两个未知量,可以求解。

选定适当的加速度比例尺 μ_a。在图纸上任选一点 p' 作为起始点,沿 a_{Bn} 的方向($B{\rightarrow}A$)作线段 $p'n_1$,其大小等于 a_{Bn}/μ_a,箭头由 p' 指向 n_1;以点 n_1 为起始点,沿 a_{Bt} 的方向($\perp AB$)作线段 n_1b',其大小等于 a_{Bt}/μ_a,箭头由 n_1 指向 b';以点 b' 为起始点,沿 a_{CBn} 的方向($C{\rightarrow}B$)作线段 $b'n_2$,其大小等于 a_{CBn}/μ_a,箭头由 b' 指向 n_2,以点 p' 为起始点,沿 a_{Cn} 的方向($C{\rightarrow}D$)作线段 $p'n_3$,其大小等于 a_{Cn}/μ_a,箭头由 p' 指向 n_3;过点 n_2 作 a_{CBt} 的方向线($\perp BC$),过点 n_3 作 a_{Ct} 的方向线($\perp CD$),两线的交点记为 c'。则有:

$$a_{CB} = \mu_a \overline{b'c'} \qquad\qquad a_C = \mu_a \overline{p'c'}$$

$$\alpha_2 = \frac{a_{CBt}}{l_{CB}} = \frac{\mu_a \overline{n_2c'}}{l_{CB}} \qquad\qquad \alpha_3 = \frac{a_{Ct}}{l_{CD}} = \frac{\mu_a \overline{n_3c'}}{l_{CD}}$$

加速度单位为 m/s^2,角加速度单位为 rad/s^2,线段 $p'b'$、线段 $b'c'$ 和线段 $p'c'$ 分别代表加速度矢量 a_B、a_{CB} 和 a_C。将 a_{CBt} 移至 C 点,由线段 n_2c' 的指向(由 n_2 指向 c')可以判断出 α_2 为逆时针方向;将 a_{Ct} 移至 C 点,由线段 n_3c' 的指向(由 n_3 指向 c')可以判断出 α_3 为逆时针方向。

当杆 2 的角加速度 α_2 解出后,点 E 的加速度 a_E 可利用下式求解:

$$a_E = a_B + a_{EBn} + a_{EBt}$$

大小 　　?　已知　$\omega_2^2 l_{BE}$　$\alpha_2 l_{BE}$

方向 　　?　已知　$E{\rightarrow}B$　$\perp BE$

该矢量方程只含两个未知量,可以求解。

在线段 $p'b'$ 的基础上,以点 b' 为起始点,沿 a_{EBn} 的方向线($E{\rightarrow}B$)作线段 $b'n_4$,其大小等于 a_{EBn}/μ_a;以点 n_4 为起始点,沿 a_{EBt} 的方向线($\perp BE$)作线段 n_4e',其大小等于 a_{EBt}/μ_a,连接 $p'e'$。则有:

$$a_E = \mu_a \overline{p'e'}$$

也可以选择 C 点为基点求解 a_E,方法同上。

可以证明加速度多边形同样存在影像关系,即 $\triangle b'c'e'$ 与 $\triangle BCE$ 相似,且字母绕向相同,$\triangle b'c'e'$ 称为构件 2 中 $\triangle BCE$ 的加速度影像,p' 点称为加速度极点。加速度多边形同样有下列特性:

① 极点 p' 代表该机构上加速度为零的点;

② 各点的绝对加速度矢量均由极点 p' 引出,即连接 p' 点和任一点的矢量便代表该点在机构图中同名点的绝对加速度,指向是从 p' 指向该点;

③ 两绝对加速度矢端的连线代表构件上对应点间的相对加速度,其指向刚好与加速度的下标相反;

④ 同一构件上绝对加速度矢端连线而形成的图形称为该构件的加速度影像,其特点为加速度影像与原构件图形相似,字母排列顺序相同;

⑤ 平面运动构件的角加速度可利用该构件上任意两点的相对加速度切向分量求得,方向也由其确定;

⑥ 利用加速度影像这一概念求解加速度方便快捷，只要已知同一构件上两点的绝对加速度，便可利用加速度影像与构件图形相似原理求出第三点的绝对加速度；

⑦ 加速度的两个分量应衔接作图不能分开，否则加速度影像的相似性质会被破坏，作图时还应注意箭头的流向衔接。

3.3.2　由移动副连接的两构件重合点间的速度和加速度分析

如图 3-7（a）所示摆动导杆机构，已知其构件尺寸和位置，原动件 1 顺时针转动，其角速度 ω_1 为常数。求构件 3 的角速度 ω_3 和角加速度 α_3。

按已知条件选定适当的长度比例尺 μ，作出该瞬时位置的机构运动简图，再进行机构的速度分析和加速度分析。图 3-7 中，图（a）为瞬时位置，图（b）为速度分析，图（c）为加速度分析。

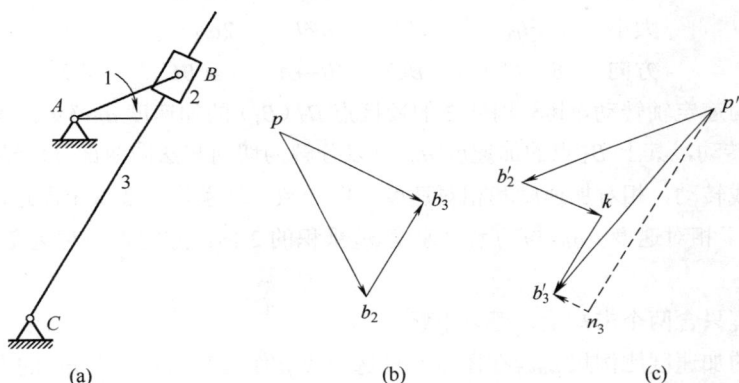

（a）　　　　　　　　（b）　　　　　　　　（c）

图 3-7　导杆机构的速度和加速度分析

（1）不同构件上重合点的速度分析

B 为构件 1 与构件 2 的铰接点，其速度可以由杆件 AB 的运动求得。B 同时为构件 2 和构件 3 的重合点，选构件 2 为动参考系，构件 3 上点 B_3 为动点，动点相对于动系（动参考系）做直线运动。其速度矢量方程为：

$$\boldsymbol{v}_{B3} \quad = \quad \boldsymbol{v}_{B2} \quad + \quad \boldsymbol{v}_{B3B2} \tag{3-4}$$

$$\text{大小} \quad\quad ? \quad\quad\quad \omega_1 l_{AB} \quad\quad ?$$

$$\text{方向} \quad\quad \perp BC \quad\quad \perp AB \quad\quad //BC$$

该矢量方程只含两个未知量，可以求解。

选定适当的速度比例尺 μ_v。在图纸上任选一点 p 为起始点，沿 $\boldsymbol{v}_{B2}$ 的方向线（$\perp AB$）作线段 pb_2，其大小等于 v_{B2}/μ_v，箭头由 p 指向 b_2；过点 b_2 作 $\boldsymbol{v}_{B3B2}$ 的方向线（$//BC$），过点 p 作 $\boldsymbol{v}_{B3}$ 的方向线（$\perp BC$），两线的交点记为 b_3。则有：

$$v_{B3} = \mu_v \overline{pb_3} \quad\quad\quad\quad v_{B3B2} = \mu_v \overline{b_2b_3}$$

$$\omega_3 = \frac{v_{B3}}{l_{BC}} = \frac{\mu_v \overline{pb_3}}{l_{BC}}$$

速度单位为 m/s，角速度单位为 rad/s，线段 pb_2、b_2b_3 和 pb_3 分别代表速度矢量 v_{B2}、v_{B3B2} 和 v_{B3}。由线段 b_2b_3 的指向（由 b_2 指向 b_3）可以判断出构件 3 上重合点相对于构件 2 上行；由线段 pb_3 的指向（由 p 指向 b_3）可以判断出 ω_3 为顺时针方向。构件 2 转动角速度 ω_2 的大小和方向与 ω_3 相同，其与构件 3 之间无相对转动。

注意：相对速度的下标顺序与其线段指向相反，代表前点相对于后点的速度，这里的速度关系不具备影像性。

（2）不同构件上重合点的加速度分析

B 为构件 1 与构件 2 的铰接点，其加速度可以由杆件 AB 的运动求得。B 同时为构件 2 和构件 3 的重合点，选构件 2 为动参考系，构件 3 上点 B_3 为动点，动点相对于动系做直线运动。其加速度矢量方程为：

$$\boldsymbol{a}_{B3} = \boldsymbol{a}_{B3n} + \boldsymbol{a}_{B3t} = \boldsymbol{a}_{B2} + \boldsymbol{a}_{B3B2k} + \boldsymbol{a}_{B3B2r} \qquad (3-5)$$

$$\text{大小} \quad \omega_3^2 l_{BC} \quad ? \quad \omega_1^2 l_{AB} \quad 2\omega_2 v_{B3B2} \quad ?$$

$$\text{方向} \quad B \to C \quad \perp BC \quad B \to A \quad \perp BC \quad /\!/ BC$$

构件 1 做匀速定轴转动，其与构件 2 的铰接点 B_2（B_1）的加速度 $\boldsymbol{a}_{B2}$（$\boldsymbol{a}_{B1}$）只有法向部分。构件 3 做定轴转动，其上 B_3 点的加速度 $\boldsymbol{a}_{B3}$ 可以分解为切向和法向两部分。动点 B_3 相对于动系构件 2 做直线转动，相对加速度和相对速度方向一致。动系构件 2 做平面运动，科氏加速度 $\boldsymbol{a}_{B3B2k}$ 的大小等于相对速度 v_{B3B2} 与动系角速度 ω_2 乘积的 2 倍，方向为相对速度 v_{B3B2} 沿 ω_2 的方向转过 90°。

该矢量方程只含两个未知量，可以求解。

选定适当的加速度比例尺 μ_a。在图纸上任选一点 p' 作为起始点，沿 $\boldsymbol{a}_{B2}$ 的方向（$B \to A$）作线段 $p'b_2'$，其大小等于 a_{B2}/μ_a，箭头由 p' 指向 b_2'；以点 b_2' 为起始点，沿 $\boldsymbol{a}_{B3B2k}$ 的方向（$\perp BC$）作线段 $b_2'k$，其大小等于 a_{B3B2k}/μ_a，箭头由 b_2' 指向 k；以点 p' 为起始点，沿 $\boldsymbol{a}_{B3n}$ 的方向（$B \to C$）作线段 $p'n_3$，其大小等于 a_{B3n}/μ_a，箭头由 p' 指向 n_3；过点 k 作 $\boldsymbol{a}_{B3B2r}$ 的方向线（$/\!/ BC$），过点 n_3 作 $\boldsymbol{a}_{B3t}$ 的方向线（$\perp BC$），两线的交点记为 b_3'。则有：

$$a_{B3} = \mu_a \overline{p'b_3'}$$

$$\alpha_3 = \frac{a_{B3t}}{l_{BC}} = \frac{\mu_a \overline{n_3b_3'}}{l_{BC}}$$

加速度单位为 m/s²，角加速度单位为 rad/s²，线段 $p'b_2'$ 和 $p'b_3'$ 分别代表加速度矢量 $\boldsymbol{a}_{B2}$ 和 $\boldsymbol{a}_{B3}$。由线段 n_3b_3' 的指向（由 n_3 指向 b_3'）可以判断出 α_3 为逆时针。构件 2 转动角加速度 α_2 的大小和方向与 α_3 相同，其与构件 3 间无相对转动。

注意：相对加速度的下标顺序与其线段指向相反，代表前点相对于后点的加速度，这里的加速度关系不具备影像性。

【例题 3-3】如图 3-8（a）所示六杆机构，原动件 1 绕 A 轴逆时针转动，其角速度 ω_1 为常数，各构件的尺寸均已知。求机构在图示位置时，滑块 5 上 E 点的速度 v_E 和加速度 $\boldsymbol{a}_E$、杆 3 的角速度 ω_3 和角加速度 α_3、杆 4 的角速度 ω_4 和角加速度 α_4。

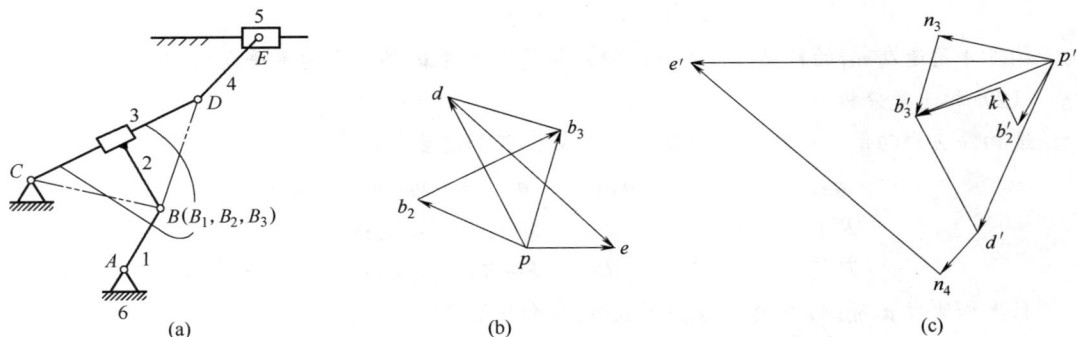

图 3-8　六杆机构的速度和加速度分析

　　解： 从原动件 1 开始，先分析构件 2 和构件 3，再分析构件 4 和构件 5，即先求 B_3 点，再求 D 点，最后求 E 点。将构件 3 扩大至包含构件 2 上的 B 点，构件 2 与构件 3 组成移动副。构件 1 上的 B_1 点和构件 2 上的 B_2 点是相同点，构件 3 上的 B_3 点和构件 2 上的 B_2 点是重合点。图 3-8 中，图（a）为瞬时位置，图（b）为速度分析，图（c）为加速度分析。

　　（1）速度分析

　　选构件 2 为动系，构件 3 上的 B_3 点为动点，其速度矢量方程为：

$$\boldsymbol{v}_{B3} \quad = \quad \boldsymbol{v}_{B2} \quad + \quad \boldsymbol{v}_{B3B2}$$

$$\text{大小} \qquad ? \qquad\quad \omega_1 l_{AB} \qquad\quad ?$$

$$\text{方向} \qquad \perp BC \qquad \perp AB \qquad // CD$$

　　式中有两个未知量，可以用图解法求解。选定适当的速度比例尺 μ_v，按前述方法得速度多边形 pb_2b_3，注意 pb_3 的方向与 BC 垂直。解得：

$$v_{B3}=\mu_v\,\overline{pb_3} \qquad\qquad v_{B3B2}=\mu_v\,\overline{b_2b_3}$$

　　构件 3 做定轴转动，其上点 C 和点 B_3 分别对应速度图上点 p 和点 b_3，按速度影像关系画出和点 D 对应的点 d，即 $\triangle pb_3d$ 和 $\triangle CB_3D$ 相似。解得：

$$v_D=\mu_v\,\overline{pd}$$

$$\omega_3=\frac{v_D}{l_{CD}}=\frac{\mu_v\,\overline{pd}}{l_{CD}}$$

　　构件 3 角速度 ω_3 的转动方向为逆时针。

　　构件 4 做平面运动，其上 E 点的运动可分解为随基点 D 的平动（牵连运动）和绕基点 D 的转动（相对运动），其速度矢量方程为：

$$\boldsymbol{v}_E \quad = \quad \boldsymbol{v}_D \quad + \quad \boldsymbol{v}_{ED}$$

$$\text{大小} \qquad ? \qquad 已知 \qquad ?$$

$$\text{方向} \qquad 水平 \qquad 已知 \qquad \perp DE$$

　　式中有两个未知量，可以用图解法求解。按照选定的速度比例尺 μ_v，按前述方法得速度多边形 pde，注意 de 的方向与 DE 垂直。解得：

$$\omega_4=\frac{v_{ED}}{l_{ED}}=\frac{\mu_v\,\overline{de}}{l_{ED}}$$

$$v_E = \mu_v \overline{pe}$$

构件 4 角速度 ω_4 的转动方向为顺时针，构件 5 速度 v_E 的方向为水平向右。

（2）加速度分析

选构件 2 为动系，构件 3 上的 B_3 点为动点，其加速度矢量方程为：

	a_{B3}	$=$	a_{B3n}	$+$	a_{B3t}	$=$	a_{B2}	$+$	v_{B3B2k}	$+$	a_{B3B2r}
大小			$\omega_3^2 l_{BC}$		?		$\omega_1^2 l_{AB}$		$2\omega_3 v_{B3B2}$		?
方向			$B \to C$		$\perp BC$		$B \to A$		$\perp CD$		$// CD$

科氏加速度 a_{B3B2k} 的方向是 v_{B3B2} 沿 ω_3 的方向转过 $90°$。

式中有两个未知量，可以用图解法求解。选定适当的速度比例尺 μ_a，按前述方法得加速度多边形 $p'b_2'k'b_3'n_3$。注意，线段 $p'b_2'$、$b_2'k'$、$k'b_3'$、$p'n_3$ 和 n_3b_3' 分别代表加速度矢量 a_{B2}、a_{B3B2k}、a_{B3B2r}、a_{B3n} 和 a_{B3t}。解得：

$$a_{B3} = \mu_a \overline{p'b_3'}$$

$$\alpha_3 = \frac{a_{B3t}}{l_{BC}} = \frac{\mu_a \overline{n_3b_3'}}{l_{BC}}$$

构件 3 角加速度 α_3 的转动方向为顺时针。

构件 3 做定轴转动，其上点 C 和点 B_3 分别对应加速度图上点 p' 和点 b_3'，按加速度影像关系画出和点 D 对应的点 d'，$\triangle p'b_3'd'$ 和 $\triangle CB_3D$ 相似。解得：

$$a_D = \mu_a \overline{p'd'}$$

构件 4 做平面运动，其上 E 点的运动可分解为随基点 D 的平动（牵连运动）和绕基点 D 的转动（相对运动），其加速度矢量方程为：

	a_E	$=$	a_D	$+$	a_{EDn}	$+$	a_{EDt}
大小	?		已知		$\omega_4^2 l_{ED}$		?
方向	水平		已知		$E \to D$		$\perp ED$

式中有两个未知量，可以用图解法求解。按照选定的速度比例尺 μ_a，按前述方法得加速度多边形 $p'd'n_4e'$。注意，线段 $p'd'$、$d'n_4$、n_4e' 和 $p'e'$ 分别代表加速度矢量 a_D、a_{EDn}、a_{EDt} 和 a_E。解得：

$$\alpha_4 = \frac{a_{EDt}}{l_{ED}} = \frac{\mu_a \overline{n_4e'}}{l_{ED}}$$

$$a_E = \mu_a \overline{p'e'}$$

构件 4 角加速度 α_4 的转动方向为逆时针，构件 5 速度 v_E 方向为水平向左。

3.4 用解析法作机构运动分析

3.3 节所述的图解法，其精确度已能满足一般工程机械的要求。若要求更精确地对机构进行运动分析，宜采用解析法。解析法的关键在于正确地建立机构位置方程，然后对时间求导数，求得机构的速度方程和加速度方程，从而解出各运动参数。

如图 3-9 所示的铰链四杆机构，设构件 1、2、3 和 4 的长度分别为 l_1、l_2、l_3 和 l_4，原动件 1 以等角速度 ω_1 转动，试求构件 2 与 3 的角位移、角速度和角加速度。

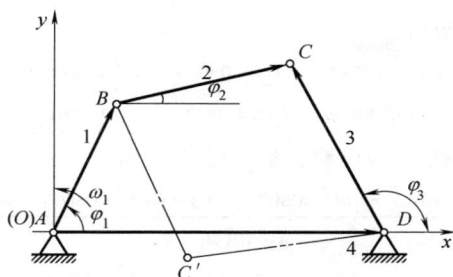

图 3-9 用解析法进行运动分析

（1）建立机构的位置方程，求角位移 φ_2 和 φ_3

选取直角坐标 xOy，使 Ox 轴与机架重合，将各构件长度以矢量形式表示，各矢量形成一封闭的矢量多边形，其矢量方程为：

$$\boldsymbol{l}_1 + \boldsymbol{l}_2 = \boldsymbol{l}_3 + \boldsymbol{l}_4 \tag{3-6}$$

各矢量对横坐标 Ox 轴的角位移分别记为 φ_1、φ_2 和 φ_3，取逆时针方向为正，顺时针方向为负。将以上矢量方程分别向 Ox 轴和 Oy 轴投影得：

$$l_1 \cos\varphi_1 + l_2 \cos\varphi_2 = l_4 + l_3 \cos\varphi_3$$
$$l_1 \sin\varphi_1 + l_2 \sin\varphi_2 = l_3 \sin\varphi_3$$

上式即机构的位置方程，式中只有 φ_2 和 φ_3 为未知量，故可解。整理后可求得：

$$\varphi_2 = \arctan\frac{B + l_3\sin\varphi_3}{A + l_3\cos\varphi_3}$$

$$\varphi_3 = 2\arctan\frac{B \pm \sqrt{A^2 + B^2 - C^2}}{A - C}$$

其中：

$$A = l_4 - l_1\cos\varphi_1 \qquad B = -l_1\sin\varphi_1 \qquad C = \frac{A^2 + B^2 + l_3^2 - l_2^2}{2l_3}$$

式中，根号前的"＋"号适用于图 3-9 中所示机构位置 $ABCD$，"－"号适用于图 3-9 中所示机构位置 $ABC'D$。若根号内的数小于零，则表示机构相应位置无法实现。

（2）求角速度 ω_2 和 ω_3

将位置方程对时间求导数得：

$$l_1\omega_1\sin\varphi_1 + l_2\omega_2\sin\varphi_2 = l_3\omega_3\sin\varphi_3$$
$$l_1\omega_1\cos\varphi_1 + l_2\omega_2\cos\varphi_2 = l_3\omega_3\cos\varphi_3$$

上式即为机构的速度方程，式中只有 ω_2 和 ω_3 为未知量，故可解。整理后可求得：

$$\omega_2 = -\frac{l_1\sin(\varphi_1 - \varphi_3)}{l_2\sin(\varphi_2 - \varphi_3)}\omega_1$$

$$\omega_3 = -\frac{l_1\sin(\varphi_1 - \varphi_2)}{l_3\sin(\varphi_3 - \varphi_2)}\omega_1$$

式中，正号表示逆时针方向，负号表示顺时针方向。

（3）求角加速度 α_2 和 α_3

将速度方程对时间求导数得：

$$l_1\omega_1^2 \cos\varphi_1 + l_2\omega_2^2 \cos\varphi_2 + l_2\alpha_2 \sin\varphi_2 = l_3\omega_3^2 \cos\varphi_3 + l_3\alpha_3 \sin\varphi_3$$

$$-l_1\omega_1^2 \sin\varphi_1 - l_2\omega_2^2 \sin\varphi_2 + l_2\alpha_2 \cos\varphi_2 = -l_3\omega_3^2 \sin\varphi_3 + l_3\alpha_3 \cos\varphi_3$$

式中只有 α_2 和 α_3 为未知量，故可解。整理后可求得：

$$\alpha_2 = \frac{l_3\omega_3^2 - l_1\omega_1^2 \cos(\varphi_1 - \varphi_3) - l_2\omega_2^2 \cos(\varphi_2 - \varphi_3)}{l_2 \sin(\varphi_2 - \varphi_3)}$$

$$\alpha_3 = \frac{l_2\omega_2^2 + l_1\omega_1^2 \cos(\varphi_1 - \varphi_2) - l_3\omega_3^2 \cos(\varphi_3 - \varphi_2)}{l_3 \sin(\varphi_3 - \varphi_2)}$$

α_2、α_3 的方向判断方法与 ω_2、ω_3 的方向判断方法相同。

解析法在计算时相当烦琐，对于较为复杂的方程也可利用矩阵形式表示，然后输入计算机软件进行编程求解。位置方程为非线性方程组，求解难度较大；速度方程和加速度方程为线性方程组，求解比较容易。任何平面机构都可以分解为原动件、基本杆组和机架三个部分，只要分别对单杆构件和常见基本杆组进行运动分析并编制成相应的程序，就可以依次调用，完成对整个机构的运动分析，程序编写将大为简化。

本章小结

平面机构运动分析是根据已知原动件的位置、速度和加速度，确定机构中其他构件上相关点的轨迹、位移、速度及加速度以及相关构件的位置、角位移、角速度和角加速度等运动参数。平面机构运动分析的主要方法是图解法和解析法。

两构件做平面相对运动时，在任一瞬时，速度相同的重合点称为瞬时速度中心。应用速度瞬心法可以较为方便地求解机构中构件的角速度、两构件角速度之比（即传动比）和构件上点的速度，但不能作加速度分析。

本章重点：用图解法解题的要点是根据相对运动原理列出速度（或加速度）矢量方程，分析方程中各矢量的大小和方向。若该矢量方程仅包含两个未知量，即可根据此方程作矢量多边形求解。该方法存在一定的误差。

本章难点：用解析法解题的要点是建立适当的位置关系式，求解未知运动参数。根据机构特性进行分析，建立位置方程，然后将位置方程对时间求导，可进行机构的速度分析和加速度分析。一般采用计算机编程进行计算。

习题

3-1 求图 3-10 所示各机构在给定位置处全部瞬心。

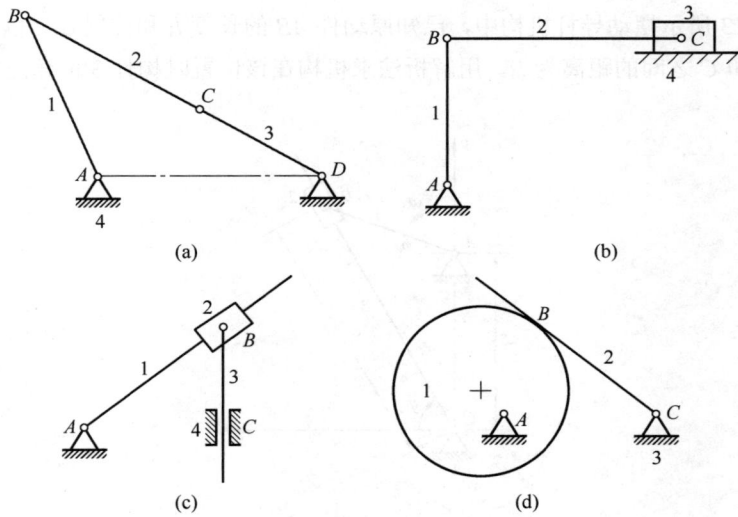

图 3-10

3-2　图 3-11 所示曲柄滑块机构中，已知 $l_{AB}=180\text{mm}$，$l_{BC}=280\text{mm}$，$l_{BD}=450\text{mm}$，$l_{CD}=250\text{mm}$，$l_{AE}=120\text{mm}$，$\varphi=30°$，构件 AB 上点 E 的速度 $v_E=150\text{mm/s}$。求该位置时 C、D 两点的速度和连杆 2 的角速度。

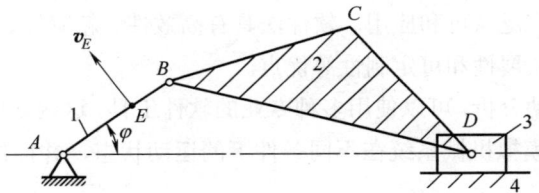

图 3-11

3-3　图 3-12 所示正弦机构中，已知 $l_{AB}=100\text{mm}$，原动件杆 AB 与水平线夹角 $\varphi=30°$，以等角速度 $\omega_1=20\text{rad/s}$ 沿顺时针方向转动。求构件 3 上 D 点的速度和加速度。

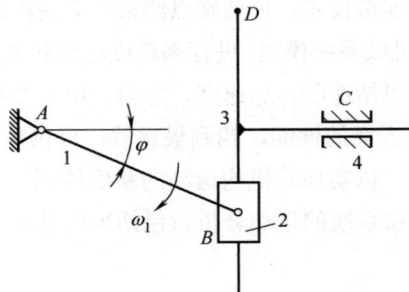

图 3-12

3-4 图 3-13 所示摆动导杆机构中，已知原动件 AB 的长度 l_1 和位置 φ_1，以等角速度 ω_1 转动，铰支座 A 和 C 之间的距离为 l_4。用解析法求机构在该位置时构件 3 的角速度和角加速度。

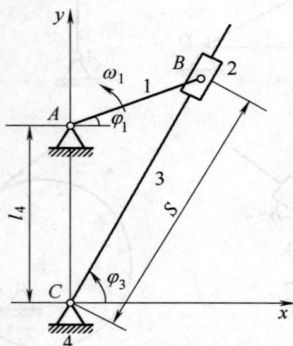

图 3-13

拓展阅读

随着计算机技术的飞速发展，利用软件对机械系统进行运动分析在工程设计、产品研发和教学科研等领域得到了广泛认可和应用。软件法具有高效性、精确性、直观性、互动性、综合性、集成性、智能性、拓展性和可定制性等优点。

进行机械系统的运动分析，可以使用多种专业的软件工具。这些软件通常具备强大的建模、仿真和分析能力，能够模拟机械系统在不同条件下的运动状态，并提供详细的运动分析结果。以下是一些常用的软件。

（1）ADAMS

概述：ADAMS（Automatic Dynamic Analysis of Mechanical Systems，机械系统自动动力学分析）是美国 MSC 公司的一款机械系统运动学与动力学仿真分析软件，是世界上使用范围较广的多体动力学（MBD）软件之一，广泛应用于航天、航空、汽车、兵器、船舶、电子、工程设备和重型机械等行业。

功能特点：支持多种模型连接技术，包括硬点约束、柔性机构和虚拟件等，并可进行多粒度建模；可以轻松构建复杂的机械系统模型，进行高精度运动仿真；内置强大的动力学求解器，可以对机构进行动力学分析，包括速度、加速度、力和力矩等参数的计算；支持基于仿真的优化设计，能快速评估不同设计方案的性能，找到最优解；提供可视化的控制建模和仿真功能，可以轻松创建和测试控制算法，以实现对机构运动的精确控制。

适用场景：适用于各种机械系统的运动分析，包括车辆悬挂系统、发动机、机器人、航空航天器等。

（2）Simulink

概述：Simulink 是美国 MathWorks 公司开发的动态系统仿真软件，主要用于控制系统和信号处理领域的仿真，通过与 Simscape Multibody 等模块的结合，也可进行机构运动分析。

功能特点：支持多域仿真，包括电气、机械和液压等多个领域，可以构建复杂的系统模型；采用图形化编程方式，可以通过拖拽组件来构建系统模型，降低编程难度；支持实时仿真功能，可以与实际硬件进行交互，验证控制算法的有效性。

适用场景：适用于需要综合考虑控制系统和机械系统相互作用的复杂机构运动分析。

（3）SolidWorks Simulation

概述：SolidWorks Simulation 是 Dassault Systèmes 公司开发的有限元分析软件，主要用于结构分析，可以进行简单的运动学分析。

功能特点：与 CAD（计算机辅助设计）软件无缝集成，可以在设计过程中直接进行仿真分析；支持简单的运动学分析功能，如关节运动和凸轮机构等；内置设计工具，可以快速评估不同设计方案的性能，并进行优化设计。

适用场景：适用于设计初期对机构进行初步的运动学分析和优化设计。

（4）AnyLogic

概述：AnyLogic 是由俄罗斯 JetBrains 公司开发的流程仿真软件，主要用于流程系统和复杂系统的仿真分析，也可用于机构运动分析。

功能特点：支持离散事件、系统动力学和基于智能体的仿真方法，可以构建复杂的机构运动模型；提供直观的可视化建模工具，用户可以轻松构建机构模型并进行仿真分析；支持自定义组件和模型，满足特定行业或项目的需求。

适用场景：适用于需要综合考虑多个因素（如人员、物料、设备等）的机构运动分析。

第 4 章 平面机构的静力分析

本章知识导图

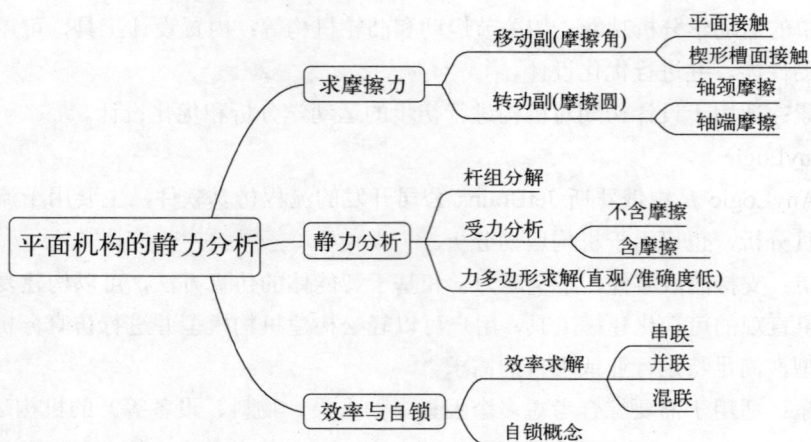

本章学习目标

（1）掌握运动副中摩擦力的计算方法；

（2）掌握平面机构的静力分析方法；

（3）了解机构的效率和自锁。

升降台是一种垂直运送人或物的起重机械，结构复杂且受力情况多变，为保证工作性能和使用安全，力分析是其设计过程中必不可少的重要环节。对机构进行力分析时，需要将其简化为适当的力学模型，并考虑在不同工况下的受力情况，如在升降台升起过程中计算各铰接点的受力情况以及主动推力与提升重力之间的关系。

4.1 机构力分析的目的和方法

4.1.1 作用在构件上的力

在机构运动过程中，组成机构的各个构件都受到力的作用，作用在构件上的力可分为驱动力和阻力两大类。

驱动机构运动的力称为驱动力，如推动内燃机活塞运动的燃气压力。驱动力所做的功为正值，通常称为驱动功或输入功。

凡是阻止机构产生运动的力称为阻力，阻力所做的功为负值，通常称为阻抗功。阻力可分为有效阻力和有害阻力两种。有效阻力又称为工作阻力，是与生产直接相关的阻力，如机床的切削阻力，所做的功称为有效功或输出功。有害阻力是阻力中除有效阻力外的无效部分，如齿轮机构中的摩擦力，所做的功称为损耗功，损耗功对生产无用且有害。

当机构受到外力作用时，在运动副中产生的反作用力称为运动副反力，简称反力，一般分解为沿运动副两元素接触处的法向和切向两个分力。法向反力即正压力，由于其与运动副元素的相对运动方向垂直，是所有力中唯一完全不做功的力。切向反力即摩擦力，是由于正压力的存在而产生的，阻止两运动副间产生相对运动，是有害阻力中的主要部分（其他如介质阻力等一般很小，通常忽略不计）。注意，摩擦力和介质阻力在有些情况下也可以看成有效阻力甚至是驱动力，如在带传动中传动带对从动轮的摩擦力。

作用在构件质心上的地球引力称为重力，当质心下降时是驱动力，当质心上升时是阻力，如果质心在水平线上移动，则既非驱动力也非阻力。因为质心每经过一个运动循环后又回到原来的位置，所以在一个运动循环中重力所做的功为零。机构运动过程中，重力通常比其他各力小，尤其是在高速运动机械中可以忽略不计。

惯性力是虚拟施加在变速运动构件上的力，当构件加速运动时是阻力，当构件减速运动时是驱动力。在机械正常工作的一个运动循环中，惯性力所做的功为零。低速运动机械的惯性力一般较小，可以忽略不计，但高速运动机械的惯性力则很大。

在上述各力中，运动副反力对于整个机构来说是内力，但对于一个构件来说是外力，至于其他力则均为外力。

4.1.2　力分析的目的和方法

机构力分析的目的是确定维持机构给定运动规律所需施加的平衡力或平衡力矩，其理论基础是运动副反力的确定。运动副反力即运动副两元素接触处彼此的作用力，其大小和性质都极为重要，是后续计算的数据基础。根据作用在机构上的已知外力求解与之平衡的未知外力，是确定机械工作时所需驱动功率或能够承受的最大载荷等数据的必需过程。

对机械进行力分析时，低速机械的惯性力由于影响作用不大，可忽略不计，不计惯性力只考虑静载荷条件下对机械进行的力分析称为静力分析。高速及重型机械运动构件的惯性力往往很大，有时甚至大大超过其他静载荷，不能忽略，计入惯性力后对机械进行的力分析称为动力分析。根据理论力学中的达朗伯原理，如将惯性力视为一般外力，虚拟施加于存在该惯性力的构件上，即可将构件视为静力平衡状态，采用静力学的方法进行计算，称为动态静力分析。

在进行机械的动态静力分析时，需要求出各构件的惯性力。如果是新机械设计，各构件的结构尺寸、质量和转动惯量等参数一般都尚未确定，无法确定其惯性力。这种情况下，可以先根据设计条件和经验对机构进行静力分析，初步给出各构件的结构尺寸，确定其质量和转动惯量等参数后再进行动态静力分析；之后对各构件进行强度验算，根据验算结果对构件的结构尺寸进行修正；最后再视需要重复上述动态静力分析、强度验算和尺寸修正过程，直至合理地确定各构件的结构尺寸为止。

在对机械进行动态静力分析时可以假定原动件做等速运动，并且在很多情况下不计重力和摩擦力，以使问题简化。当然这样的假设会产生一定的误差，但对于绝大多数实际问题的解决影响不大，因而是允许的。

本章着重介绍静力分析（动态静力分析可以参看适用于多课时的教材），要求学习者有一定的理论力学（动力学部分）基础，能够熟练计算各种运动状态下构件的惯性力并进行等效简化。

4.2　运动副中摩擦力的确定

在机械运动时运动副两元素间将产生摩擦力，平面机构中运动副包括移动副、转动副和平面高副三种。对于低副来说，由于元素间的相对运动通常是滑动，故只产生滑动摩擦力；高副两元素间的相对运动是纯滚动或者滚动兼滑动，可能产生滚动摩擦力或者两种摩擦力同时存在。由于滚动摩擦比滑动摩擦小得多，在对机械进行力分析时通常忽略不计，一般只考虑滑动摩擦力。下面分别对移动副和转动副中摩擦力的确定进行分析。

4.2.1　移动副中摩擦力的确定

如图 4-1 所示，滑块 1 与水平放置的平面 2 构成移动副，F_Q 为作用在滑块 1 上的铅垂载荷（包括滑块 1 的自重），F 为作用在滑块 1 上的水平载荷。

设滑块 1 等速向右移动，以滑块为研究对象进行受力分析，记 F_{N21} 为平面 2 作用在滑块 1 上的法向分力，则平面 2 作用在滑块 1 上的摩擦力 F_{f21} 为：

$$F_{f21} = fF_{N21} = fF_Q \qquad (4\text{-}1)$$

式中，f 为滑块与水平面之间的滑动摩擦系数。

应当指出的是，运动副两元素间的摩擦力是成对出现的，F_{f21} 与 F_{f12} 为一对作用力与反作用力，大小相等且方向相反，分别作用在相互接触的两个物体上，方向与该构件相对于另一构件运动的方向相反。当两运动副元素间的摩擦系数一定时，摩擦力的大小取决于两运动副元素间法向反力的大小。

由于 F_{N21} 及 F_{f21} 都是构件 2 作用在构件 1 上的反力，故可将其合成为一个总反力 F_{R21}。将总反力 F_{R21} 与法向反力 F_{N21} 之间的夹角 φ 称为两构件之间的摩擦角，则有：

$$\tan \varphi = \frac{F_{f21}}{F_{N21}} = \frac{fF_{N21}}{F_{N21}} = f \qquad (4\text{-}2)$$

当外载荷一定时，两运动副元素间法向反力的大小与两运动副元素的几何形状有关。如图 4-2 所示，当两构件沿夹角为 2θ 的楔形槽面接触时，其法向反力方向应该与两接触面分别垂直。

两接触面间法向反力在铅垂方向的合成结果等于外载荷 F_Q，可知：

$$F_{f21} = fF_{N21} = f \frac{F_Q}{\sin \theta} = \frac{f}{\sin \theta} F_Q$$

引入当量摩擦系数 f_v 的概念，则有：

$$F_{f21} = fF_{N21} = f_v F_Q \qquad (4\text{-}3)$$

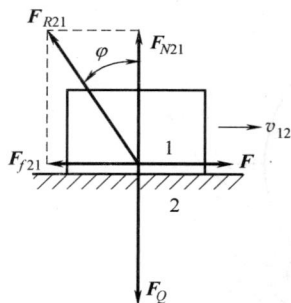

图 4-1　移动副受力分析　　　　　　　图 4-2　移动副分析

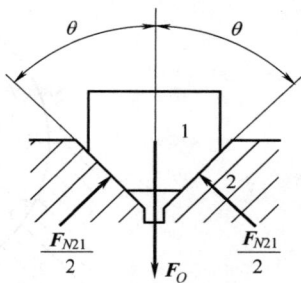

f_v 的数值恒大于 f，即楔形滑块的摩擦总大于水平滑块的摩擦，因此楔形适用于需要增加摩擦力的摩擦传动中，如 V 带传动就比平带传动的承载能力强。

4.2.2　转动副中摩擦力的确定

转动副在实际机械中有很多种形式，以常见的轴与轴承所构成的转动副为例进行分析，结果同样适用于铰链连接等结构。

轴安装在轴承中的部分称为轴颈，根据加在轴颈上载荷方向的不同，分为径向轴颈和止推轴颈。前者载荷沿其半径方向，产生的摩擦称为轴颈摩擦，如图 4-3（a）所示；后者载荷沿其轴线方向，产生的摩擦称为轴端摩擦，如图 4-3（b）所示。

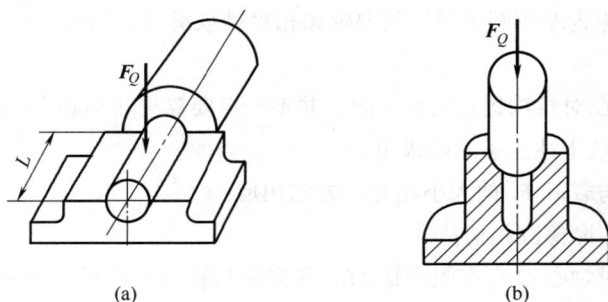

(a)　　　　　　　　　　　　　(b)

图 4-3　径向轴颈和止推轴颈

（1）轴颈摩擦

如图 4-4 所示，设半径为 r 的轴颈 1 在驱动载荷 F_Q 和驱动力矩 M_d 的作用下相对轴承 2 以等角速度 ω_{12} 回转，此时轴颈 1 和轴承 2 间存在运动副反力，从而产生摩擦力，阻止轴承的滑动。

设轴颈与轴承接触面处所受法向反力的总和为 F_{N21}，则轴承 2 对轴颈 1 的摩擦力为：

$$F_{f21} = fF_{N21} = kfF_Q = f_v F_Q$$

式中，k 为与接触面接触情况相关的系数，当两接触面为点和线接触时取 1，当两接触面沿整个半圆圆周均匀接触时取 $\pi/2$，其余情况介于两者之间。f_v 为当量摩擦系数，为实际摩擦系数

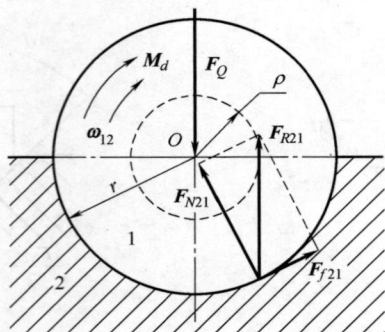

图 4-4　径向轴颈的受力分析

的 1~1.57 倍。

摩擦力 F_{f21} 对轴颈形成的摩擦力矩 M_f 为：

$$M_f = F_{f21}r = f_v F_Q r$$

对力系进行等效简化，将接触面上的总法向反力 F_{N21} 和摩擦力 F_{f21} 用总反力 F_{R21} 表示。设轴颈 1 处于平衡状态，可知 F_{R21} 与 F_Q 等值反向不共线，构成一阻止轴颈回转的力偶（即摩擦力矩），其力偶矩与 M_d 相平衡。

设 F_{R21} 与 F_Q 之间的距离为 ρ，则有：

$$\rho = \frac{M_f}{F_{R21}} = f_v r \tag{4-4}$$

对于具体的轴颈，当 f_v 及 r 均给定时，ρ 为固定值。以轴颈中心 O 为圆心、ρ 为半径所作的圆称为摩擦圆，ρ 称为摩擦圆半径。只要轴颈相对轴承滑动，轴承对轴颈的总反力 F_{R21} 始终与摩擦圆相切。

为了简便起见，在对机构进行力分析时，并不一定要算出转动副中的摩擦力，只需求出总反力即可。总反力可按下述三条原则求出：

① 总反力 F_{R21} 与载荷 F_Q 的大小相等，方向相反；

② 总反力 F_{R21} 与摩擦圆相切；

③ 总反力 F_{R21} 对轴心 O 存在阻力矩 M_f，其方向与轴颈 1 相对于轴承 2 的角速度 ω_{12} 的方向相反。

【例题 4-1】如图 4-5 所示曲柄滑块机构，曲柄 1 为主动件，在力矩 M_1 的作用下以角速度 ω_1 顺时针方向转动。求转动副 B 及 C 中作用力方向的位置。图中虚线小圆为摩擦圆，不考虑构件的自重和惯性力。

解：不考虑摩擦时，各转动副中的作用力通过轴颈中心。连杆 2 在力 F'_{12} 和力 F'_{32} 的作用下处于平衡状态，这两个力大小相等且方向相反，作用在同一条直线上，该直线通过转动副 B 和 C 的中心。根据机构运动情况可知，连杆 2 此时受压，两力方向可以确定。

考虑摩擦时，作用力应与摩擦圆相切。在图示位置，构件 1 和 2 之间的夹角 γ 呈增大趋势，故构件 2 相对于构件 1 的角速度 ω_{21} 为逆时针方向，作用力 F_{R12} 应切于摩擦圆的上方。构件 2 和 3 之间的夹角 β 呈减小趋势，故构件 2 相对于构件 3 的角速度 ω_{23} 为逆时针方向，作用力 F_{R32}

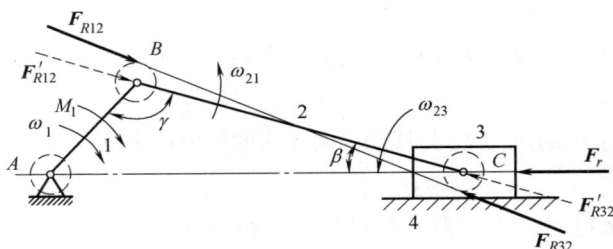

图 4-5　考虑摩擦时曲柄滑块机构的静力分析

应切于摩擦圆的下方。构件 2 在此二力的作用下处于平衡状态，所以 F_{R12} 与 F_{R32} 共线，即二力作用线切于 B 处摩擦圆的上方和 C 处摩擦圆的下方。

（2）轴端摩擦

止推轴颈与轴承的接触面可以是任意回转体的表面，最常见的为一个圆平面和一个或多个圆环平面。轴端摩擦力矩的大小取决于接触面上压强 p 的分布规律，按照非跑合和跑合两种情况进行分析。

如图 4-6 所示，设 F_Q 为轴向载荷，r 和 R 分别为圆环面的内半径和外半径，f 为接触面间的摩擦系数，则摩擦力矩 M_f 为：

$$M_f = fF_Q r'$$

式中，r' 为当量摩擦半径，其值随压强 p 的分布规律变化。

对于非跑合的止推轴颈，通常假定压强 p 等于常数，推导可得：

$$r' = \frac{2}{3} \times \frac{R^3 - r^3}{R^2 - r^2} \tag{4-5}$$

对于跑合的止推轴颈，通常假定轴端与轴承接触面间处处等磨损，推导可得：

$$r' = \frac{1}{2}(R + r) \tag{4-6}$$

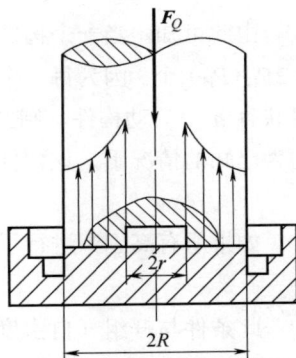

图 4-6　止推轴颈的摩擦

4.3　用图解法作机构静力分析

4.3.1　构件组的静定条件

构件组的静定条件是指该构件组中所有未知外力都可以用静力学方法确定的条件。若使一构件组为静定，则对该构件组所能列出的独立力平衡方程的数目，应等于构件组中所有未知要素的数目。

力包括大小、方向和作用点这三个要素，不考虑摩擦时各平面运动副中反力的已知和未知要素分析如图 4-7 所示。

转动副 [图（a）] 中的反力 $\boldsymbol{F}_R$ 通过转动副的中心 O，即反力 $\boldsymbol{F}_R$ 的作用点已知，但大小和方向未知。

移动副 [图（b）] 中的反力 $\boldsymbol{F}_R$ 与移动副两元素的接触面垂直，即反力 $\boldsymbol{F}_R$ 的方向已知，但大小和作用点未知。

平面高副 [图（c）] 中，高副两元素间的反力 $\boldsymbol{F}_R$ 通过接触点 c，并沿 c 处的公法线方向，即反力 $\boldsymbol{F}_R$ 的作用点和方向已知，但大小未知。

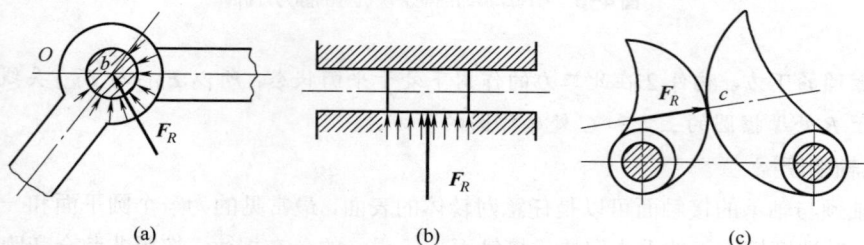

图 4-7 平面运动副的反力

由此可知，当一个构件组中有 P_L 个低副和 P_H 个高副时，所有运动副反力的未知要素共有 $(2P_L+P_H)$ 个。因为每一个做平面运动的构件都可以列出 3 个独立的力平衡方程，如果该构件组共有 n 个活动构件，则共可列出 $3n$ 个独立的力平衡方程。于是在作用在该构件组上的外力均为已知的情况下，该构件组的静定条件为：

$$3n = 2P_L + P_H$$

如果所有高副都进行了低代，则上式可写为：

$$3n = 2P_L$$

此条件与杆组（自由度为零的运动链）存在的条件相同，因此各级杆组都符合静定条件，求运动副反力时可以按杆组逐组求解。

4.3.2　不考虑摩擦时机构的静力分析

对机构作静力分析时，先将机构分解成合适的杆组，从作用有已知外力的杆组开始，逐一求出各杆组中的运动副反力，直到求出加于原动件（或执行件）上的平衡力或平衡力矩。

【例题 4-2】如图 4-8（a）所示牛头刨床机构，已知各构件的尺寸、原动件的位置角 φ_1 和角速度 ω_1，工作阻力为 $\boldsymbol{F}_r$。求各运动副反力和加在原动件上所需的平衡力矩 $\boldsymbol{M}_b$。

解： 选定合适的长度比例尺 μ_l 作出机构位置图。将机构分解为杆组 I（由构件 4 和 5 组成）和杆组 II（由构件 2 和 3 组成）。工作阻力 $\boldsymbol{F}_r$ 作用在滑块 5 上，从杆组 I 开始求解。

（1）杆组 I 的受力分析

构件 4 为二力杆，所受的运动副反力 $\boldsymbol{F}_{R34}$ 与 $\boldsymbol{F}_{R54}$ 大小相等且方向相反，其作用线与 DE 线重合。

以杆组作为分析对象，杆组 I 受到的三个力 $\boldsymbol{F}_r$、$\boldsymbol{F}_{R65}$ 和 $\boldsymbol{F}_{R34}$ 组成一平面汇交力系，如

图 4-8（b）所示，其平衡方程为：

$$\boldsymbol{F}_r \ + \ \boldsymbol{F}_{R65} \ + \ \boldsymbol{F}_{R34} \ = \ 0$$

方向　　已知　　⊥导路　　// DE

大小　　已知　　?　　　　?

方程中有两个未知量，可以用图解法求解。按照选定的力比例尺 μ_F，从任意点 a 连续作矢量 $\overline{ab}$、$\overline{bc}$ 和 $\overline{ca}$，分别代表 $\boldsymbol{F}_r$、$\boldsymbol{F}_{R65}$ 和 $\boldsymbol{F}_{R34}$，力多边形如图 4-8（c）所示，则力 $\boldsymbol{F}_{R65}$ 和 $\boldsymbol{F}_{R34}$ 的大小分别为：

$$F_{R65} = \mu_F \,\overline{bc} \qquad F_{R34} = \mu_F \,\overline{ca}$$

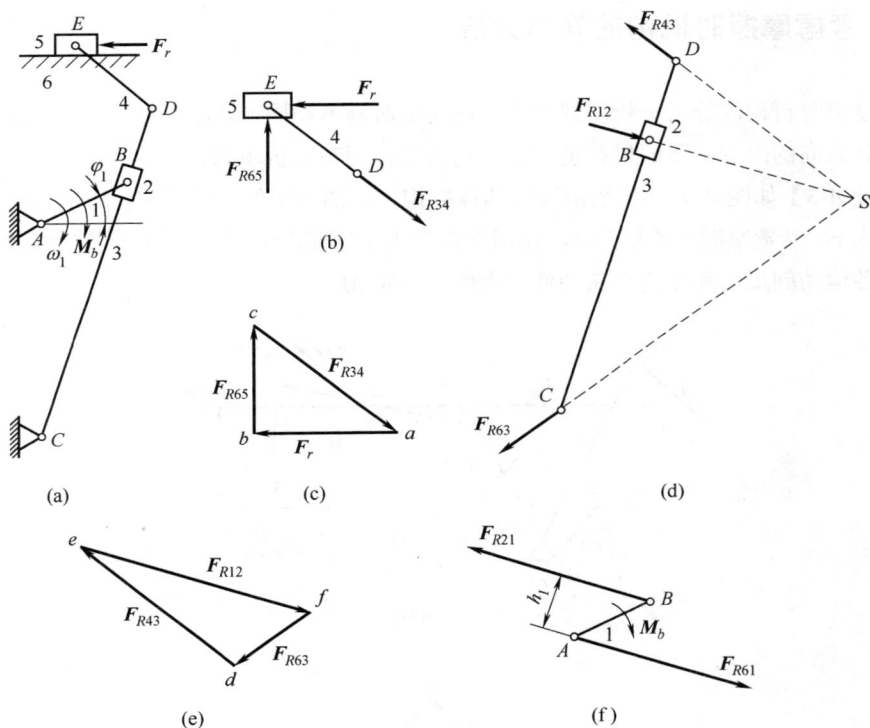

图 4-8　不考虑摩擦时机构的静力分析

（2）杆组Ⅱ的受力分析

构件 2 为二力构件，所受的运动副反力 $\boldsymbol{F}_{R12}$ 与 $\boldsymbol{F}_{R32}$ 大小相等，方向相反，$\boldsymbol{F}_{R32}$ 的作用线与导路线 CD 垂直，$\boldsymbol{F}_{R12}$ 的作用线通过运动副 B 的转动中心，故二力作用线均过点 B 且垂直于线 CD。

以杆组作为分析对象，杆组Ⅱ受到的三个力 $\boldsymbol{F}_{R43}$、$\boldsymbol{F}_{R12}$ 和 $\boldsymbol{F}_{R63}$ 组成一平面汇交力系，根据三力汇交定理，设 $\boldsymbol{F}_{R43}$ 和 $\boldsymbol{F}_{R12}$ 的汇交点为 S，则自 C 点引出的力 $\boldsymbol{F}_{R63}$ 必过该点，如图 4-8（d）所示，其平衡方程为：

$$\boldsymbol{F}_{R43} \ + \ \boldsymbol{F}_{R12} \ + \ \boldsymbol{F}_{R63} \ = \ 0$$

方向　　已知　　⊥CD　　// CS

大小　　已知　　?　　　　?

方程中有两个未知量，可以用图解法求解。按照选定的力比例尺 μ_F，从任意点 d 连续作矢量 $\overrightarrow{de}$、$\overrightarrow{ef}$ 和 $\overrightarrow{fd}$，分别代表 F_{R43}、F_{R12} 和 F_{R63}，力多边形如图 4-8（e）所示，则力 F_{R12} 和 F_{R63} 的大小分别为：

$$F_{R12} = \mu_F \overline{ef} \qquad\qquad F_{R63} = \mu_F \overline{fd}$$

（3）作用在原动件上的平衡力矩

原动件 1 上作用的运动副反力 F_{R21} 与 F_{R61} 构成一力偶，如图 4-8（f）所示。量出力臂 h_1，可知平衡力矩 M_b 的方向为顺时针，大小为：

$$M_b = F_{R21}\mu_l h_1$$

4.3.3　考虑摩擦时机构的静力分析

考虑摩擦时机构的静力分析步骤与不考虑摩擦时基本相同，只是在确定运动副反力时注意其作用点和方向的改变。下面以铰链四杆机构为例说明其分析步骤。

【例题 4-3】如图 4-9（a）所示铰链四杆机构，已知各构件的位置和尺寸，各转动副的轴颈半径均为 r，当量摩擦系数均为 f_v，作用在构件 1 上的驱动力为 F_d。不计各构件的重力和惯性力，求各运动副反力和作用在从动件 3 上的阻力矩 M_r。

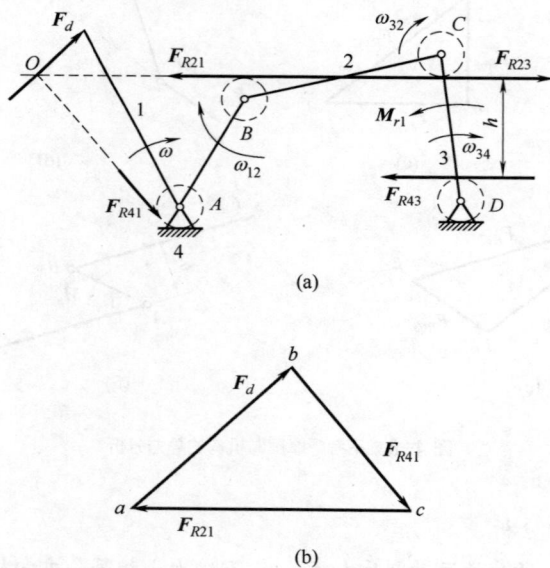

(a)

(b)

图 4-9 考虑摩擦时机构的静力分析

解：各转动副的摩擦圆半径 ρ 均等于 $f_v r$，选择合适的比例尺 μ_l 将摩擦圆画在机构位置图的各转动副上。

（1）构件 2 的受力分析

在图 4-9（a）所示位置，构件 2 为受压二力杆，其对构件 1 和构件 3 的反作用力 F_{R21} 和 F_{R23} 大小相等、方向相反，并作用在同一直线上。

构件 1 顺时针转动时，∠ABC 增大，构件 1 相对构件 2 的角速度 ω_{12} 为顺时针方向，力 $\boldsymbol{F}_{R21}$ 指向左方，对 B 点产生逆时针阻力矩，应切于摩擦圆的上方。

同理，∠BCD 减小时，构件 3 相对构件 2 的角速度 ω_{32} 为顺时针方向，力 $\boldsymbol{F}_{R23}$ 指向右方，对 C 点产生逆时针阻力矩，应切于摩擦圆的下方。

故 $\boldsymbol{F}_{R21}$ 和 $\boldsymbol{F}_{R23}$ 在 B 和 C 两处摩擦圆的内公切线上。

（2）构件 1 的受力分析

以构件 1 为分析对象，构件 1 受到的三个力 $\boldsymbol{F}_d$、$\boldsymbol{F}_{R41}$ 和 $\boldsymbol{F}_{R21}$ 组成平面汇交力系，根据三力汇交定理，设 $\boldsymbol{F}_d$ 和 $\boldsymbol{F}_{R21}$ 的汇交点为 O，则 $\boldsymbol{F}_{R41}$ 必过该点。构件 1 顺时针转动，力 $\boldsymbol{F}_{R41}$ 指向右下方，故应切于 A 处摩擦圆的左下方。其平衡方程为：

$$\boldsymbol{F}_d \ + \ \boldsymbol{F}_{R41} \ + \ \boldsymbol{F}_{R21} \ = \ 0$$

方向　　　已知　　　已知　　　已知

大小　　　已知　　　？　　　　？

方程中有两个未知量，可以用图解法求解。按照选定的力比例尺 μ_F，从任意点 a 连续作矢量 $\overrightarrow{ab}$、$\overrightarrow{bc}$ 和 $\overrightarrow{ca}$，分别代表 $\boldsymbol{F}_d$、$\boldsymbol{F}_{R41}$ 和 $\boldsymbol{F}_{R21}$，力多边形如图 4-9（b）所示，则力 $\boldsymbol{F}_{R41}$ 和 $\boldsymbol{F}_{R21}$ 的大小分别为：

$$F_{R41} = \mu_F \overline{bc} \qquad F_{R21} = \mu_F \overline{ca}$$

（3）构件 3 的受力分析

构件 3 上作用的运动副反力 $\boldsymbol{F}_{R23}$ 与 $\boldsymbol{F}_{R43}$ 构成一力偶，构件 3 顺时针转动，力 $\boldsymbol{F}_{R43}$ 指向左方，故应切于 D 处摩擦圆的上方。量出力臂 h，可知阻力矩 M_r 的方向为逆时针，大小为：

$$M_r = F_{R23}\mu_l h$$

4.4　机械的效率和自锁

4.4.1　机械的效率

在机械运转时，设作用在机械上的驱动功（输入功）为 W_d，有效功（输出功）为 W_r，损耗功（有害功）为 W_f。在机械变速稳定运动的一个运动循环或匀速稳定运动的任一时间间隔内，输入功等于输出功和损耗功之和，则有：

$$W_d = W_r + W_f$$

输出功与输入功的比值，反映了输入功在机械中的有效利用程度，称为机械效率，通常用 η 表示，则有：

$$\eta = \frac{W_r}{W_d} = \frac{W_d - W_f}{W_d} = 1 - \frac{W_f}{W_d} \tag{4-7}$$

机器的机械效率也可用驱动力和有效阻力的功率来表示，则有：

$$\eta = \frac{P_r}{P_d} = 1 - \frac{P_f}{P_d}$$

式中，P_d、P_r 和 P_f 分别为机器正常运转时，在一个运动循环内输入功率、输出功率和损耗功率的平均值。

因为损耗功或损耗功率不可能为零，所以机械效率总是小于 1。在设计机械时为了使其具有较高的机械效率，应尽量减小机械中的损耗，主要是减小摩擦损耗，如合理设计结构、采用合适的润滑或选择减摩材料等。

在图 4-10 所示的机械传动中，F_P 和 F_Q 分别为驱动力和相应的有效阻力，v_P 和 v_Q 分别为力作用点沿该力作用线方向的速度。

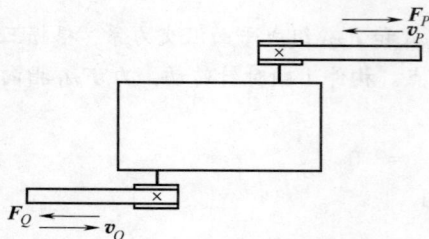

根据功率计算公式有：

$$\eta = \frac{P_r}{P_d} = \frac{F_Q v_Q}{F_P v_P}$$

如果传动装置为不存在有害阻力的理想机械，此时机械效率等于 1。设 F_{P0} 为对应于有效阻力 F_Q 的理想驱动力，或者设 F_{Q0} 为对应于驱动力 F_P 的理想有效阻力，则有：

图 4-10 机械传动示意图

$$\eta = \frac{F_{P0}}{F_P} = \frac{F_Q}{F_{Q0}}$$

同理，如设 M_d 和 M_{d0} 分别为实际的和理想的驱动力矩，M_r 和 M_{r0} 分别为实际的和理想的有效阻力矩，则有：

$$\eta = \frac{M_{d0}}{M_d} = \frac{M_r}{M_{r0}}$$

对于复杂机器或机组效率的具体计算方法，按连接方式可分为以下三种情况。

① 串联。如图 4-11 所示为 k 个机器依次串联而成的机组。

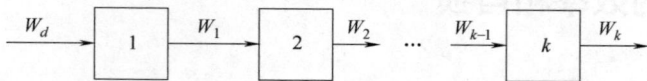

图 4-11 机器的串联

设各个机器的效率分别为 η_1，η_2，$\cdots$，η_k，串联机组的总效率为 η，则有：

$$\eta_1 = \frac{W_1}{W_d} \qquad \eta_2 = \frac{W_2}{W_1} \qquad \eta_k = \frac{W_k}{W_{k-1}}$$

$$\eta = \frac{W_k}{W_d} = \eta_1 \eta_2 \cdots \eta_k \tag{4-8}$$

串联机组的总效率等于组成该机组内各个机器效率的连乘积。

② 并联。如图 4-12 所示为 k 个机器互相并联而成的机组。

总的输入功为：

$$W_d = W_1 + W_2 + \cdots + W_k$$

总的输出功为：

$$W_r = W_1' + W_2' + \cdots + W_k' = W_1 \eta_1 + W_2 \eta_2 + \cdots + W_k \eta_k$$

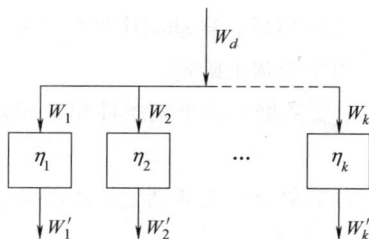

图 4-12　机器的并联

并联机组的总效率为：

$$\eta = \frac{W_r}{W_d} = \frac{\eta_1 W_1 + \eta_2 W_2 + \cdots + \eta_k W_k}{W_1 + W_2 + \cdots + W_k} \tag{4-9}$$

并联机组的总效率不仅与各机器的效率有关，而且与各机器所传递的功率有关，总效率必然介于各个机器中效率最高者和效率最低者之间。如果各个机器的效率均相等，则不论数目 k 为多少、各机器传递的功率如何，总效率总等于机组中任一机器的效率。

③ 混联。先将输入到输出的路线弄清，然后按照各部分的连接方式，分别计算串联部分和并联部分，推导出总效率的计算公式。

4.4.2　机械的自锁

任何实际机械工作时必定会有一部分损耗功，故机械效率必定小于 1。如果机械上有害阻力所造成的损耗功等于输入功，则机械效率等于零。

在这种情况下，如果机械原来是运动的，则由于输入功和损耗功的平衡而维持等速运动，不做任何有用的功，即输出功等于零，这种运转称为机械空转。

如果机械原来就是静止的，则不论驱动力有多大，都不能使机械发生运动，这种现象称为机械自锁。

如果作用在机械上的有害阻力所做的损耗功总是大于输入功，则机械效率小于零。此时全部驱动力所做的功尚不足以克服损耗功，原来运动着的机械将不断减速直至停止，原来静止的则保持静止不动，该机械处于完全自锁状态。

当机械处于自锁状态时不能运动和做功，机械效率只表明机械自锁的情况和程度。机械效率等于零时属于有条件的自锁，即机械原来就静止不动，称为临界自锁状态。机械效率小于零时属于无条件的自锁，且其绝对值越大，自锁越可靠。

本章小结

驱动力为驱动机械运动的力，其功为正功。阻力为阻止机械运动的力，其功为负功。阻力分为工作阻力和非生产阻力，后者如摩擦力会造成一定的能量损失。

摩擦力是在运动副接触面间由于相对运动或相对运动趋势而产生的力。移动副中摩擦力与正压力成正比，方向与相对运动方向相反。转动副中摩擦力矩的计算涉及摩擦力与转动半径，总反力方向需根据力的平衡条件和摩擦圆来确定。

本章重点：不考虑摩擦时，主要依据力的平衡条件和平衡方程进行分析，求解各构件的受力情况。

本章难点：考虑摩擦时，在力平衡分析的基础上，还需考虑摩擦力的影响，修正各构件的受力分析结果。

力分析过程中常用二力杆和三力汇交定理简化问题，确定总反力的方向和大小。

平面结构的静力分析一般不考虑惯性力。

习题

4-1　图 4-13 所示曲柄滑块机构中，已知机构尺寸，虚线圆为摩擦圆，滑块与导路的摩擦角为 φ，驱动力为 Q，阻力矩为 M。在下列机构位置简图中画出各运动副中的反力。

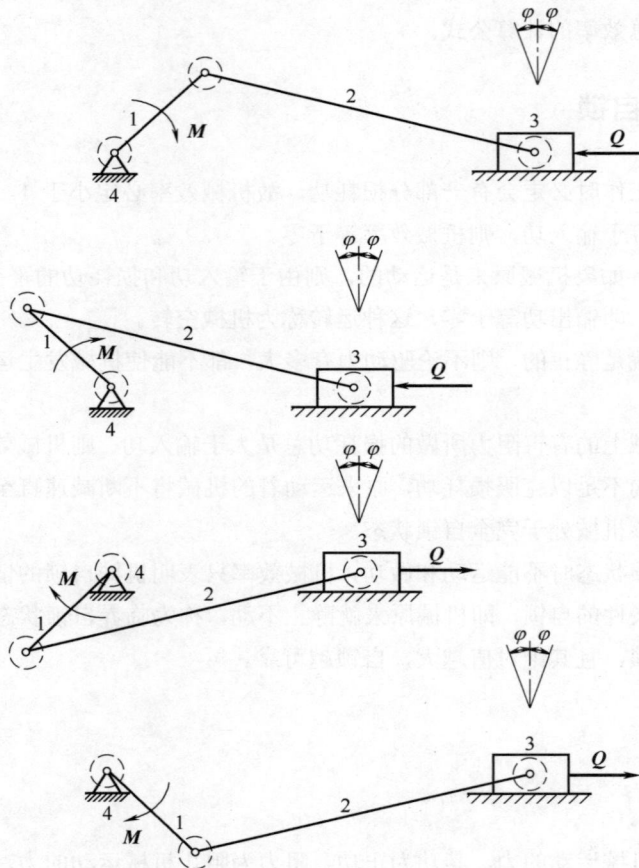

图 4-13

4-2　图 4-14 所示机构中，已知机构尺寸，虚线圆为摩擦圆，构件 2 与构件 3 的摩擦角为 φ，驱动力矩为 M_d，阻力为 Q。画出各运动副中的反力并写出构件 2 的力平衡方程。

4-3　图 4-15 所示双滑块机构中，已知 L_{AB} = 160mm，转动副 A 和 B 处的摩擦圆半径 ρ=6mm，移动副中的摩擦角 φ = 8°，主动力为 F，工作阻力为 Q，Q=800N。求机构在 α = 65°位置时，各运动副中的支反力。

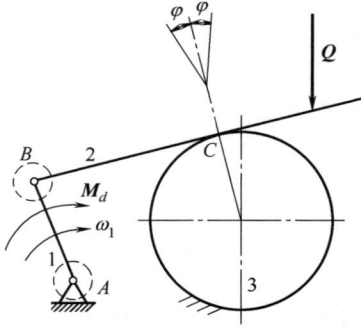

图 4-14

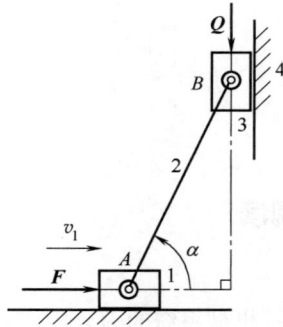

图 4-15

4-4　图 4-16 所示楔块夹紧机构中，各接触面间的摩擦系数均为 f。求：

（1）驱动力 F_d 已知时楔块 1 压紧工件 2 的夹紧力 F_r；

（2）夹紧后撤掉力 F_d 滑块不会自行退出的几何条件。

4-5　图 4-17 所示带式运输机中，电动机经带传动和两级齿轮减速器减速后带动运输带，运输带 8 所需曳引力 F = 5500N，运送速度 v = 1.2m/s。已知带传动效率 0.95，轴承效率 0.98，联轴器效率 0.99，齿轮效率 0.98，运输带效率 0.92，求该系统的总效率及电动机所需的功率。

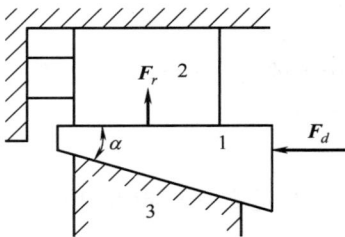

图 4-16

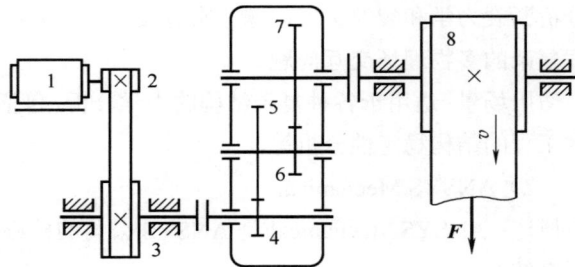

图 4-17

4-6　图 4-18 所示机组中，电动机经带传动和减速器带动两个工作机 A 和 B，两工作机的输出功率和效率分别为 P_A = 2kW，η_A = 0.8，P_B = 3kW，η_B = 0.7，齿轮传动效率 0.95，轴承效率 0.98，带传动效率 0.9。求机组的总效率及电动机所需的功率。

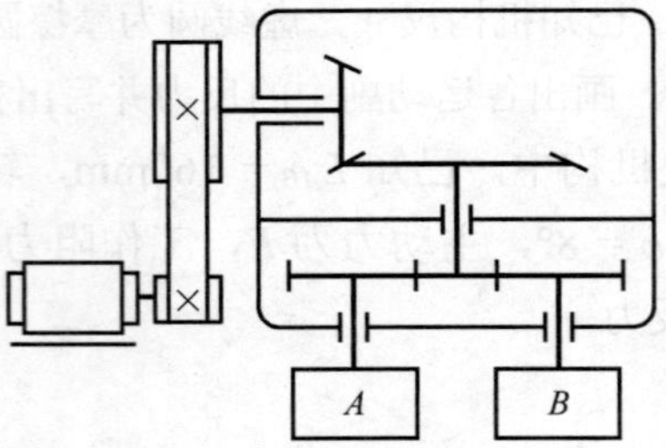

图 4-18

拓展阅读

进行机械系统的力分析，可以使用多种专业的工程计算和分析软件。这些软件通常具备强大的力学建模、计算和分析能力，能够模拟机械系统在运动过程中的受力情况，并提供详细的力分析结果。以下是一些常用的软件。

（1）Abaqus

概述：Abaqus 是达索 SIMULIA 旗下的旗舰产品，广泛应用于结构力学分析，分为 Abaqus/Standard（隐式分析）和 Abaqus/Explicit（显式分析）两大主要求解器模块，以及配备 Abaqus/CAE 前后处理模块。

功能特点：拥有丰富的材料模型库，包括橡胶、金属、钢筋混凝土、高分子材料、复合材料等，能够处理各种复杂材料的模拟；特别擅长模拟材料的接触和摩擦问题、复杂的材料模拟、高温应力分析和复杂的模拟加载；具备疲劳和断裂分析能力，涵盖了多种断裂失效准则，对分析断裂力学和裂纹扩展问题非常有效；支持多物理场仿真，如热耦合、声振耦合等，能够处理复杂的多物理场交互问题。

适用场景：适用于各种复杂结构的力学分析，包括航空航天器的结构分析、汽车碰撞模拟、土木工程的结构稳定性分析等。

（2）ANSYS Mechanical

概述：ANSYS Mechanical 是 ANSYS 公司的核心产品之一，广泛应用于通用结构力学仿真分析系统。

功能特点：涵盖线性、非线性、静力、动力、疲劳、断裂、复合材料、优化设计、概率设计、热及热结构耦合等分析中的几乎所有功能；具有独特的变分技术，可大大减少非线性和瞬态动力学计算的迭代时间；全面集成于协同仿真环境 ANSYS Workbench，易于学习和使用。

适用场景：适用于各种结构的力学分析，包括机械零件的强度校核、复杂装配体的力学行为预测、热结构耦合分析等。

（3）OptiStruct

概述：OptiStruct 是 Altair 软件公司的旗舰产品，是经过工业验证的现代线性、非线性静力学及振动力学求解器。

功能特点：可用来分析静态和动态载荷条件下的线性和非线性结构问题；支持传热、螺纹螺栓、垫片模型、超弹性材料及有效的接触算法和绝大多数传动结构分析类型；可以分析和优化结构的应力、耐久性和 NVH（噪声、振动和声振粗糙度）特性，有助于快速研发创新、进行轻量化的高效结构设计。

适用场景：广泛应用于汽车、航空航天、电子、家电等行业的结构设计和优化中。

（4）AIFEM

概述：AIFEM 是我国天洑公司自主研发的一款通用的智能结构仿真软件，致力于解决固体结构的静力学、动力学、振动、热力学、拓扑优化等实际工程问题。

功能特点：具备完善的有限元前处理、求解和后处理功能，实现一体化仿真操作流程；具有自主知识产权的结构仿真求解器，求解能力覆盖多个学科领域，求解效率高且结果精度高；提供拓扑优化、非线性屈曲分析、电磁力载荷等高级功能，有助于结构轻量化设计和性能优化。

适用场景：适用于各种固体结构的力学分析和优化设计，特别是需要快速迭代和优化的产品设计阶段。

除了上述软件外，还有许多其他软件也可以进行机构的力分析，这些软件各有特点和应用场景，可以根据具体需求选择合适的软件进行分析。需要注意的是，不同软件在建模、仿真和分析方面可能存在差异。在选择软件时需要根据自己的需求、模型的复杂程度以及软件的学习成本等因素进行综合考虑，同时为了确保分析结果的准确性，还需要对软件进行充分的学习和实践。

第 5 章 机械的运转及速度波动的调节

本书配套资源

本章知识导图

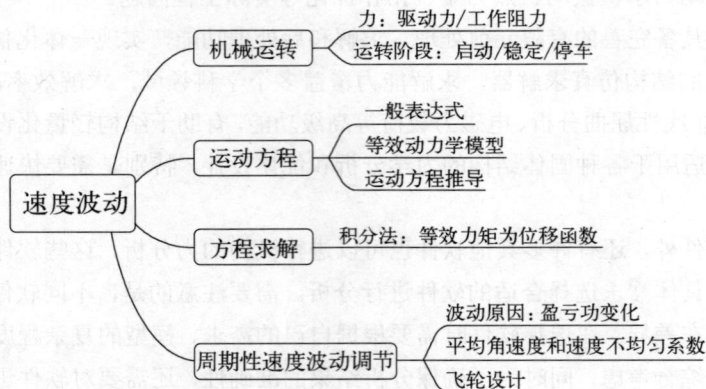

```
                                  机械运转 ──┬── 力：驱动力/工作阻力
                                            └── 运转阶段：启动/稳定/停车

                                            ┌── 一般表达式
                                  运动方程 ──┼── 等效动力学模型
        速度波动 ──┤                        └── 运动方程推导

                                  方程求解 ──── 积分法：等效力矩为位移函数

                                            ┌── 波动原因：盈亏功变化
                           周期性速度波动调节 ──┼── 平均角速度和速度不均匀系数
                                            └── 飞轮设计
```

本章学习目标

（1）熟悉机械中的外力以及在外力作用下机械的运转过程；

（2）掌握建立相关等效动力学模型和机械的运动方程的方法；

（3）掌握机械在稳定运转过程中周期性速度波动的调节方法。

机械是由原动件、传动机构和执行机构组成并能完成能量转换或做功的系统。在前述章节中，在对机构进行运动分析时，都假定原动件做匀速运动。实际上，原动件的运动规律受很多因素的影响，例如作用在各构件上的外力（驱动力和工作阻力）发生变化，各构件本身的重量和转动惯量在原动件不同位置时对原动件产生惯性影响等。在低速、轻载和运动精度要求不高的场合，假设原动件做匀速运动是允许的；但当机器高速运转时，这种假设将不再适用。

实际上，在机械的启动或停车阶段，机组的原动件是做加速运动或减速运动的；即使在所谓的稳定运转时期，驱动力和工作负载也可能是变化的，且各从动构件一般都是做变速运动的，因此机组会产生变化的惯性力或惯性力矩。这些因素都将使原动件难以维持等速运动，其转速将在某一范围内呈周而复始的周期性波动，此时原动件的"匀速"只是平均转速维持为常数而已。

5.1 概述

5.1.1 机械的运转及其速度波动调节的目的

前面章节在对机构进行分析时，总是假定原动件的运动规律是已知的，而且一般假设原动件做匀速运动，但是实际上机构原动件的运动规律是由机构各构件的质量、转动惯量和作用在机械上的力等因素决定的，在一般情况下，原动件的运动参数（位移、速度、加速度）往往是随时间变化的。所以研究外力作用下机械的真实运动规律，对于设计机械，特别是对于高速、重载和高度自动化的机械具有十分重要的意义。

　　另外，机械在运动过程中出现的速度波动，会导致运动副中产生附加的动压力，并引起机械的振动，从而降低机械的使用寿命、效率和工作的可靠性，所以也需要对机械运动速度的波动及其调节进行研究。

5.1.2　作用在机械上的力

　　当忽略机械中各个构件的重力以及运动副的摩擦力时，作用在机械上的力可分为工作阻力和驱动力两大类。力（或力矩）与运动参数（位移、速度、时间等）之间的关系通常称为机械特性。

　　（1）工作阻力

　　指机械工作时需要克服的工作负荷，它取决于机械的工作特点。有些机械在某段工作过程中，工作阻力近似为常数（如车床）；有些机械的工作阻力是执行构件位置的函数（如曲柄压力机）；还有一些机械的工作阻力是执行构件速度的函数（如鼓风机、搅拌机等）；也有极少数机械，其工作阻力是时间的函数（如揉面机、球磨机等）。

　　（2）驱动力

　　指驱使原动件运动的力，其变化规律取决于原动机的机械特性。例如，蒸汽机、内燃机等原动机，输出的驱动力是活塞位置的函数；机械中应用最广泛的电动机，其输出的驱动力矩是转子角速度的函数。

5.1.3　机械运转的三个阶段

　　（1）启动阶段

　　如图 5-1 所示为机械原动件的角速度 ω 随时间 t 变化的曲线。在启动阶段，机械原动件的角速度 ω 由零逐渐上升，直至达到正常运转的平均角速度 ω_m 为止。在这一阶段，由于机械所受的驱动力所做的驱动功 W_d 大于为克服有效阻抗力所需的有效功 W_r 和克服有害阻抗力所消耗的损耗功 W_f，所以机械内积蓄了动能 ΔE。根据动能定理，在启动阶段的能量关系可以表示为：

$$W_d = W_r + W_f + \Delta E \tag{5-1}$$

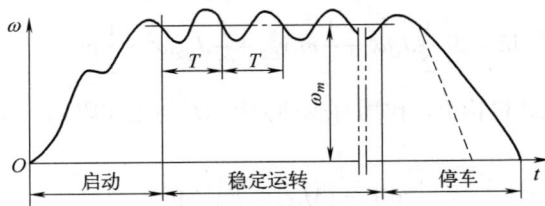

图 5-1　机械运转的全过程

（2）稳定运转阶段

启动阶段过后，机械进入稳定运转阶段。在这一阶段，机械原动件的平均角速度 ω_m 保持稳定，即为一常数。

一般情况下，在稳定运转阶段，机械原动件的角速度 ω 还会出现不大的周期性波动，即在一个周期 T 内的各个瞬时，ω 值略有升降，但在一个周期 T 的始末，其角速度 ω 相等，机械的动能也相等（即 $\Delta E = 0$）。所以在一个周期内，机械的总驱动功与总阻抗功相等，能量关系可以表示为：

$$W_d = W_r + W_f \tag{5-2}$$

（3）停车阶段

在机械趋于停止运转的过程中，一般已撤去驱动力，即驱动功 $W_d = 0$，而且生产阻力一般也不再作用，即 W_r 亦为零。因此，当损耗功逐渐将机械具有的动能消耗完时，机械便停止运转。这一阶段机械功能关系可表示为：

$$W_f = -\Delta E \tag{5-3}$$

为了缩短停车所需的时间，可以在机器中安装制动装置，以增大损耗功 W_f。

启动阶段和停车阶段统称为机械运转的过渡阶段。多数机械是在稳定运转阶段进行工作的，所以本章主要研究机械在稳定运转阶段里的工作情况。

5.2 机械的运动方程

5.2.1 机械运动方程的一般表达式

在实际机械中，绝大多数的机械只具有一个自由度。对于单自由度的机械系统，比较简便的方法就是根据动能定理建立其运动方程。设某机械系统由 n 个活动构件组成，在 dt 时间内其总动能的增量为 dE，则根据动能定理，此动能增量应该等于在该瞬间作用于该机械系统的各外力所做的元功之代数和 dW，于是可列出该机械系统运动方程的微分表达式为：

$$dE = dW \tag{5-4}$$

现以图 5-2 所示的曲柄滑块机构为例具体分析说明如下：图中机构由 3 个活动构件组成，设已知曲柄 1 为原动件，其角速度为 ω_1，曲柄 1 的质心 C_1 在 O 点，其转动惯量为 J_1；连杆 2 的质量为 m_2，其对质心 C_2 的转动惯量为 J_{C2}，角速度为 ω_2，质心 C_2 的速度为 v_{C2}；滑块 3 的质量为 m_3，其质心 C_3 在 B 点，速度为 v_3。则该机构在 dt 瞬间的动能增量为：

$$dE = d\left(\frac{1}{2}J_1\omega_1^2 + \frac{1}{2}m_2v_{C2}^2 + \frac{1}{2}J_{C2}\omega_2^2 + \frac{1}{2}m_3v_3^2\right) \tag{5-5}$$

又由图 5-2 可见，在此机构上，作用有驱动力矩 M_1 与工作阻力 F_3，在 dt 瞬间其对机构所做的功为：

$$dW = (M_1\omega_1 - F_3v_3)dt \tag{5-6}$$

设外力在 dt 瞬时的功率为 N，则式（5-6）又可以写成：

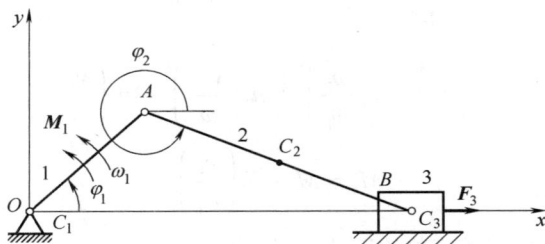

图 5-2　曲柄滑块机构运动方程的建立

$$dW = Ndt = (M_1\omega_1 - F_3 v_3)dt \tag{5-7}$$

于是瞬时功率 N 的表达式为：

$$N = M_1\omega_1 - F_3 v_3 \tag{5-8}$$

现将式（5-5）、式（5-6）代入式（5-4）可得出此曲柄滑块机构的运动方程为：

$$d\left(\frac{1}{2}J_1\omega_1^2 + \frac{1}{2}m_2 v_{C2}^2 + \frac{1}{2}J_{C2}\omega_2^2 + \frac{1}{2}m_3 v_3^2\right) = \left(M_1\omega_1 - F_3 v_3\right)dt \tag{5-9}$$

同理，如果机构由 n 个活动构件组成，并用 E_i 表示构件 i 的动能，则可将式（5-5）中的动能 E 写成如下的一般表达式：

$$E = \sum_{i=1}^{n} E_i = \sum_{i=1}^{n}\left(\frac{1}{2}m_i v_{Ci}^2 + \frac{1}{2}J_{Ci}\omega_i^2\right) \tag{5-10}$$

若作用在构件 i 上的作用力为 F_i，力矩为 M_i，力 F_i 的作用点速度为 v_i，而构件 i 的角速度为 ω_i，则其瞬时功率的一般表达式为：

$$N = \sum_{i=1}^{n} N_i = \sum_{i=1}^{n}\left(F_i v_i \cos\alpha_i \pm M_i\omega_i\right) \tag{5-11}$$

式中，α_i 为作用在构件 i 上的外力 F_i 与该力作用点的速度 v_i 的夹角；而"$\pm$"则表示作用在构件 i 上力矩 M_i 与该构件的角速度 ω_i 两者方向的异同，如果方向相同则取"$+$"号，反之则取"$-$"号。

由式（5-10）及式（5-11）可得出机械运动方程微分形式的一般表达式为：

$$d\left[\sum_{i=1}^{n}\left(\frac{1}{2}m_i v_{Ci}^2 + \frac{1}{2}J_{Ci}\omega_i^2\right)\right] = \left[\sum_{i=1}^{n}\left(F_i v_i \cos\alpha_i \pm M_i\omega_i\right)\right]dt \tag{5-12}$$

对于式（5-12），必须首先求出 n 个活动构件的动能与功率的总和，然后才能求解，显然这是相当烦琐的。为了求得简单易解的机械运动方程，对于单自由度机械系统，可以先将其简化为一个等效动力学模型，然后再据此列出其运动方程。现将这种方法介绍如下。

5.2.2　机械系统的等效动力学模型

现仍以图 5-2 所示的曲柄滑块机构为例来说明。因该机构为一单自由度机构系统，现选其原动件曲柄 1 的转角 φ_1 为独立的广义坐标，并将式（5-9）改写成下列形式：

$$d\left\{\frac{\omega_1^2}{2}\left[J_1 + J_{C2}\left(\frac{\omega_2}{\omega_1}\right)^2 + m_2\left(\frac{v_{C2}}{\omega_1}\right)^2 + m_3\left(\frac{v_3}{\omega_1}\right)^2\right]\right\} = \omega_1\left[M_1 - F_3\left(\frac{v_3}{\omega_1}\right)\right]dt \tag{5-13}$$

为简化计算，令：

$$J_e = J_1 + J_{C2}\left(\frac{\omega_2}{\omega_1}\right)^2 + m_2\left(\frac{v_{C2}}{\omega_1}\right)^2 + m_3\left(\frac{v_3}{\omega_1}\right)^2 \qquad (5\text{-}14)$$

$$M_e = M_1 - F_3\left(\frac{v_3}{\omega_1}\right) \qquad (5\text{-}15)$$

则式（5-13）可以写成形式简单的运动方程，即：

$$\mathrm{d}\left(\frac{1}{2}J_e\omega_1^2\right) = M_e\omega_1\mathrm{d}t \qquad (5\text{-}16)$$

由式（5-14）可以看出，J_e 与转动惯量的量纲相同，故称其为等效转动惯量，式中的各速比 ω_2/ω_1、v_{C2}/ω_1 以及 v_3/ω_1 都是独立广义坐标 φ_1 的函数（如为定传动比则为常数），因此等效转动惯量的一般表达式可以写成函数式，即：

$$J_e = J_e(\varphi_1) \qquad (5\text{-}17)$$

于是机构在 $\mathrm{d}t$ 瞬间动能的变化可以表示为：

$$\mathrm{d}E = \mathrm{d}\left(\frac{1}{2}J_e\omega_1^2\right) \qquad (5\text{-}18)$$

又由式（5-15）可知，M_e 与力矩的量纲相同，故称为等效力矩。同理，式中的传动比 v_3/ω_1 也是独立广义坐标 φ_1 的函数。又因外力 M_e 与 F_3 在机械系统中可能是运动参数 φ_1、ω_1 与时间 t 的函数，所以等效力矩的一般函数表达式为：

$$M_e = M_e(\varphi_1, \omega_1, t) \qquad (5\text{-}19)$$

于是外力在 $\mathrm{d}t$ 瞬时的功率可表示为：

$$N = M_e\omega_1 \qquad (5\text{-}20)$$

上述推导可以理解为：对于一个单自由度机械系统的运动研究，可以简化为对一个具有独立广义坐标且其转动惯量为等效转动惯量 $J_e(\varphi_1)$，并在其上作用有一等效力矩 $M_e(\varphi_1, \omega_1, t)$ 的假想构件［如图 5-3（a）所示］的运动的研究，这一假想构件称为等效构件，而把具有等效转动惯量 $J_e(\varphi_1)$、其上作用有等效力矩 M_e 的等效构件称为单自由度机械系统的等效动力学模型。具有等效转动惯量 $J_e(\varphi_1)$ 的等效构件的动能等于原机构的动能，而作用于其上的等效力矩 $M_e(\varphi_1, \omega_1, t)$ 的瞬时功率等于原机构上所有外力在同一瞬时的功率。

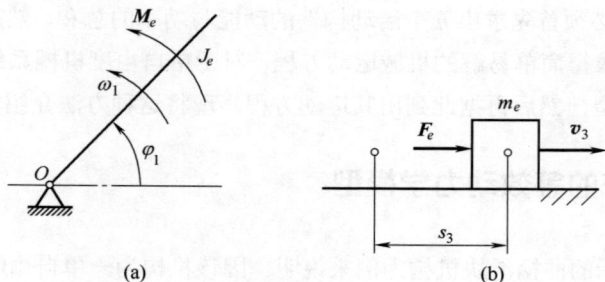

图 5-3 等效动力学模型

当然，等效构件也可选移动构件。例如，在图 5-2 所示的曲柄滑块机构中，也可选取滑块

3 为等效构件（其广义坐标为滑块的位移 s_3），其等效动力学模型如图 5-3（b）所示，则式（5-9）可改写成下列形式：

$$\mathrm{d}\left\{\frac{v_3^2}{2}\left[J_1\left(\frac{\omega_1}{v_3}\right)^2 + J_{C2}\left(\frac{\omega_2}{v_3}\right)^2 + m_2\left(\frac{v_{C2}}{v_3}\right)^2 + m_3\right]\right\} = v_3\left[M_1\left(\frac{\omega_1}{v_3}\right) - F_3\right]\mathrm{d}t \quad (5\text{-}21)$$

令：

$$m_e = J_1\left(\frac{\omega_1}{v_3}\right)^2 + J_{C2}\left(\frac{\omega_2}{v_3}\right)^2 + m_2\left(\frac{v_{C2}}{v_3}\right)^2 + m_3 \quad （5\text{-}22）$$

$$F_e = M_1\frac{\omega_1}{v_3} - F_3 \quad （5\text{-}23）$$

于是以滑块 3 为等效构件时所建立的运动方程为：

$$\mathrm{d}\left(\frac{1}{2}m_e v_3^2\right) = F_e v_3 \mathrm{d}t \quad (5\text{-}24)$$

式中，m_e 和 F_e 分别具有质量和力的量纲，故分别称为等效质量和等效力。

为了书写简便，本章在以后的叙述中，常将 J_e、M_e、φ_1、ω_1 和 m_e、F_e、s_3、v_3 等的下标略去，即以 J、M、φ、ω 分别代表转动等效构件的等效转动惯量、等效力矩、角位移和角速度；以 m、F、s、v 分别代表移动等效构件的等效质量、等效力、位移和速度。

于是，根据以上分析，若取转动构件为等效构件，则其等效转动惯量及等效力矩的一般计算式为：

$$J = \sum_{i=1}^{n}\left[m_i\left(\frac{v_{Ci}}{\omega}\right)^2 + J_{Ci}\left(\frac{\omega_i}{\omega}\right)^2\right] \quad （5\text{-}25）$$

$$M = \sum_{i=1}^{n}\left[F_i\cos\alpha_i\left(\frac{v_i}{\omega}\right)^2 \pm M_i\left(\frac{\omega_i}{\omega}\right)\right] \quad （5\text{-}26）$$

同理，当取移动构件为等效构件时，其等效质量及等效力的一般计算式为：

$$m = \sum_{i=1}^{n}\left[m_i\left(\frac{v_{Ci}}{v}\right)^2 + J_{Ci}\left(\frac{\omega_i}{v}\right)^2\right] \quad （5\text{-}27）$$

$$F = \sum_{i=1}^{n}\left[F_i\cos\alpha_i\left(\frac{v_{Ci}}{v}\right)^2 \pm M_i\left(\frac{\omega_i}{v}\right)\right] \quad （5\text{-}28）$$

5.2.3　机械运动方程的推导

当以转动构件为等效构件时，由运动方程［式（5-16）］得知：

$$\mathrm{d}\left[\frac{1}{2}J(\varphi)\omega^2\right] = M(\varphi,\omega,t)\omega\mathrm{d}t \quad （5\text{-}29）$$

上式称为能量微分形式的运动方程。若已知初始条件为 $t=t_0$ 时，$\varphi=\varphi_0$，$\omega=\omega_0$ 及 $J=J_0$，则对上式进行积分可得：

$$\frac{1}{2}J(\varphi)\omega^2(\varphi) - \frac{1}{2}J_0\omega_0^2 = \int_{\varphi_0}^{\varphi}M(\varphi,\omega,t)\mathrm{d}\varphi \quad （5\text{-}30）$$

上式称为能量积分形式的运动方程。若将能量微分形式的运动方程再经变换，则又可写成：

$$J(\varphi)\frac{\mathrm{d}\omega(\varphi)}{\mathrm{d}t} + \frac{1}{2}\omega(\varphi)\frac{\mathrm{d}J(\varphi)}{\mathrm{d}t} = M(\varphi,\omega,t) \tag{5-31}$$

上式称为力矩形式的运动方程，在实际应用中，可以根据给定的边界条件进行选用。

同理，当以移动构件为等效构件时，也可以推演出相应的三种形式的运动方程，这里就不再详述。

不难看出，利用等效动力学模型建立的机构运动方程，不仅形式简单，而且方程的求解也有所简化。

5.3 机械运动方程的求解

如上所述，对于各种不同的机械，等效力矩（或等效力）可能是位移、速度与时间的函数。等效力矩（或等效力）的函数形式不同，其运动方程的求解方法也不同，限于篇幅，本节只介绍当取转动构件为等效构件时，等效力矩是位移函数的简单情况。

假设等效力矩的函数形式 $M = M(\varphi)$ 是可以积分的，且其边界条件为已知，即当 $t=t_0$ 时，$\varphi = \varphi_0$，$\omega = \omega_0$ 及 $J = J_0$。于是由式（5-30）可得：

$$\frac{1}{2}J(\varphi)\omega^2(\varphi) = \frac{1}{2}J_0\omega_0^2 + \int_{\varphi_0}^{\varphi} M(\varphi)\mathrm{d}\varphi$$

从而可得：

$$\omega = \sqrt{\frac{J_0}{J(\varphi)}\omega_0^2 + \frac{2}{J(\varphi)}\int_{\varphi_0}^{\varphi} M(\varphi)\mathrm{d}\varphi} \tag{5-32}$$

由式（5-32）即可解出等效构件角速度 $\omega = \omega(\varphi)$ 的函数关系。由此也可求得角速度 ω 随时间 t 的变化规律，因为 $\omega(\varphi) = \mathrm{d}\varphi/\mathrm{d}t$，将上式进行变换并积分可得：

$$\int_{t_0}^{t} \mathrm{d}t = \int_{\varphi_0}^{\varphi} \frac{\mathrm{d}\varphi}{\omega(\varphi)}$$

即：

$$t = t_0 + \int_{\varphi_0}^{\varphi} \frac{\mathrm{d}\varphi}{\omega(\varphi)} \tag{5-33}$$

于是联立求解式（5-32）与式（5-33）消去 φ，即求得 $\omega = \omega(t)$ 的函数关系。

等效构件的角加速度 α 可按下式计算：

$$\alpha = \frac{\mathrm{d}\omega}{\mathrm{d}t} = \frac{\mathrm{d}\omega}{\mathrm{d}\varphi} \times \frac{\mathrm{d}\varphi}{\mathrm{d}t} = \omega\frac{\mathrm{d}\omega}{\mathrm{d}\varphi} \tag{5-34}$$

式中，$\mathrm{d}\omega/\mathrm{d}\varphi$ 可由式（5-32）求导得到。

有时为了进行初步估算，可以近似假设等效力矩 M=常数，等效转动惯量 J=常数。在这种情况下，式（5-31）可简化得到：

$$J\frac{\mathrm{d}\omega}{\mathrm{d}t} = M$$

即：

$$\alpha = \frac{\mathrm{d}\omega}{\mathrm{d}t} = \frac{M}{J} = 常数 \tag{5-35}$$

如果已知边界条件为 $t=t_0$ 时，$\varphi = \varphi_0$，$\omega = \omega_0$，则可由式（5-35）积分得到：

$$\omega = \omega_0 + \alpha t \tag{5-36}$$

再次积分可得：

$$\varphi = \varphi_0 + \omega_0 t + \frac{1}{2}\alpha t^2 \tag{5-37}$$

5.4　在稳定状态下机械的周期性速度波动及其调节

5.4.1　产生周期性速度波动的原因

作用在机构上的驱动力矩和阻力矩往往是原动件转角 φ 的周期性函数。例如，以单缸二冲程内燃机为原动机，其驱动力矩是随着主轴的转角而发生变化的，其周期为主轴的一转，即 $\varphi_T = 2\pi$；而对于单缸四冲程内燃机而言，其为 $\varphi_T = 4\pi$。又如牛头刨床中的导杆机构，其阻抗力矩的变化周期为曲柄的一转，即 $\varphi_T = 2\pi$。

当机械系统的驱动力矩与阻抗力矩成周期性变化时，其等效力矩 M_d 与 M_r 必然是等效构件转角 φ 的周期性函数。

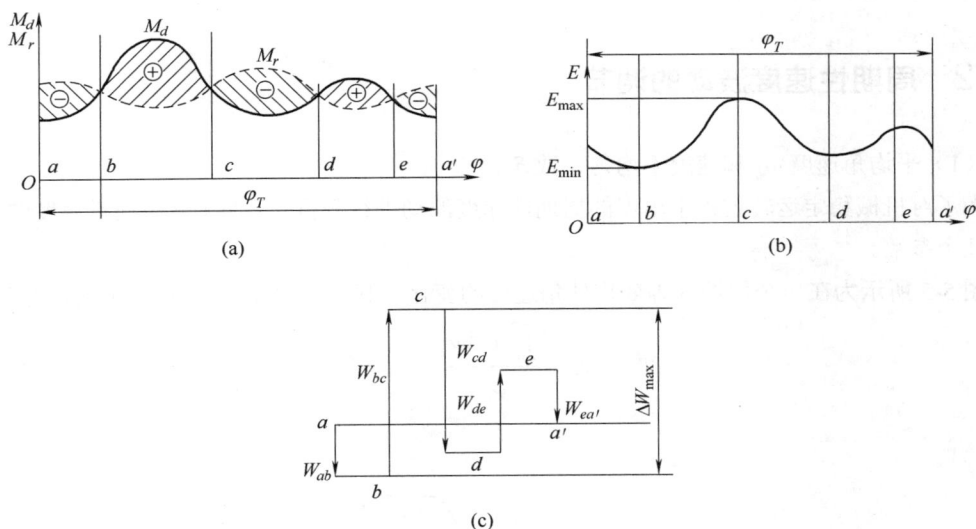

图 5-4　等效力矩与机械动能的变化曲线

如图 5-4（a）所示为某一机构在稳定运转过程中，其等效构件（一般取原动件）在一个周期转角 φ_T 中所受等效驱动力矩 $M_d(\varphi)$ 和等效阻力矩 $M_r(\varphi)$ 的变化曲线。在等效构件任意回转角 φ 的位置，其驱动功与阻抗功分别为：

$$W_d(\varphi) = \int_{\varphi_0}^{\varphi} M_d(\varphi)\,\mathrm{d}\varphi \tag{5-38}$$

$$W_r(\varphi) = \int_{\varphi_0}^{\varphi} M_r(\varphi)\,\mathrm{d}\varphi \tag{5-39}$$

在同一位置机械动能的增量为：

$$\Delta E = W_d(\varphi) - W_r(\varphi) = \int_{\varphi_a}^{\varphi}\left[M_d(\varphi) - M_r(\varphi)\right]\mathrm{d}\varphi = \frac{1}{2}J(\varphi)\omega^2(\varphi) - \frac{1}{2}J(\varphi_a)\omega^2(\varphi_a) \tag{5-40}$$

由式（5-40）计算得到的机械动能$E(\varphi)$的变化曲线如图 5-4（b）所示。

分析图 5-4 中 bc 段曲线的变化可以看出，由于力矩 $M_d > M_r$，因而机械的驱动功大于阻抗功，外力对机械所做的功的盈余量在图中用以 "+" 号标识的面积来表示，常称为盈功。在这一段运动过程中，等效构件的角速度由于动能的增加而上升。反之，在图中 cd 段，由于 $M_d < M_r$，因而驱动功小于阻抗功，外力对机械所做的功的亏缺量在图中用以 "–" 号标识的面积来表示，常称为亏功。在这一阶段，等效构件的角速度由于动能的减少而下降。因为在等效力矩 M 和等效转动惯量 J 变化的公共周期（如若 M_d 的周期为 2π，M_r 的周期为 4π，J 的周期为 3π，则其公共周期为 12π，在该公共周期的始末，等效力矩与等效转动惯量的值分别相同）内。如图中对应于等效构件转角由 φ_a 到 $\varphi_{a'}$ 的一段，驱动功等于阻抗功，则机械动能的增量应等于零，即：

$$\int_{\varphi_a}^{\varphi_{a'}}(M_d - M_r)\,\mathrm{d}\varphi = \frac{1}{2}J(\varphi_a)\omega^2(\varphi_a) - \frac{1}{2}J(\varphi_{a'})\omega^2(\varphi_{a'}) \tag{5-41}$$

于是经过等效力矩与等效转动惯量变化的一个公共周期，机械的动能又恢复到原来的值，因而等效构件的角速度的大小也将恢复到原来的数值。由此可知，等效构件的角速度在稳定运转过程中将呈现周期性的波动。

5.4.2　周期性速度波动的调节

（1）平均角速度 ω_m 和速度不均匀系数 δ

为了对机械稳定运转过程中出现的周期性速度波动进行分析，下面先介绍衡量速度波动程度的几个参数。

图 5-5 所示为在一个周期内等效构件角速度的变化。其平均角速度 ω_m 可用下式计算：

$$\omega_m = \frac{\int_0^{\varphi_T}\omega\,\mathrm{d}\varphi}{\varphi_T} \tag{5-42}$$

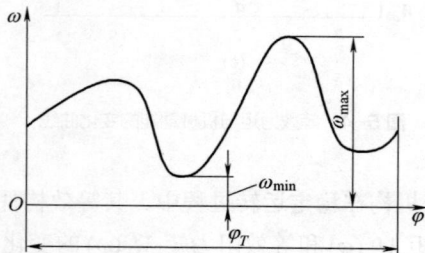

图 5-5　一个周期角速度的变化

在实际机械工程中，ω_m 常近似地用算术平均值来计算，即：

$$\omega_m = \frac{\omega_{max} + \omega_{min}}{2} \tag{5-43}$$

ω_m 可以从机械的铭牌上查得额定转速 $n(\text{r}/\text{min})$ 后进行换算得到。

由图 5-5 可以看出，速度波动的程度不能仅用角速度变化的幅度 $(\omega_{max} - \omega_{min})$ 来表示。因为当 $(\omega_{max} - \omega_{min})$ 一定时，对低速机械来说，其速度波动就显得较为严重，而对高速机械则较好些，因此，平均角速度 ω_m 也是一个重要衡量指标。将这两个方面的因素综合考虑，可以用机械运转速度不均匀系数 δ 来表示机械速度波动的程度，其定义为角速度变化的幅度 $(\omega_{max} - \omega_{min})$ 与平均角速度 ω_m 之比，即：

$$\delta = \frac{\omega_{max} - \omega_{min}}{\omega_m} \tag{5-44}$$

不同类型的机械，对速度不均匀系数 δ 的大小要求是不同的。表 5-1 中列出了一些常用机械速度不均匀系数的许用值 $[\delta]$，供设计时参考。

为了使所设计的机械的速度不均匀系数不超过允许值，则应满足条件：

$$\delta \leqslant [\delta] \tag{5-45}$$

为此，可以在机械中安装一个大转动惯量的回转构件——飞轮，来调节机械的周期性速度波动。由式（5-35）分析可知，在等效力矩一定的条件下，加大等效构件的转动惯量，将会使等效构件的角速度变化减小，即可以使机械的运动趋于均匀。

表 5-1　常用机械运转速度不均匀系数的许用值 $[\delta]$

机械的名称	$[\delta]$	机械的名称	$[\delta]$
碎石机	$\frac{1}{20} \sim \frac{1}{5}$	水泵、鼓风机	$\frac{1}{50} \sim \frac{1}{30}$
冲床、剪床	$\frac{1}{10} \sim \frac{1}{7}$	造纸机、织布机	$\frac{1}{50} \sim \frac{1}{40}$
轧压机	$\frac{1}{25} \sim \frac{1}{10}$	纺纱机	$\frac{1}{100} \sim \frac{1}{60}$
汽车、拖拉机	$\frac{1}{60} \sim \frac{1}{20}$	直流发电机	$\frac{1}{200} \sim \frac{1}{100}$
金属切削机床	$\frac{1}{40} \sim \frac{1}{30}$	交流发电机	$\frac{1}{300} \sim \frac{1}{200}$

（2）飞轮的简易设计方法

① 基本原理。

由图 5-4（b）可见，在 b 点处机构出现能量最小值 E_{min}，而在 c 点处出现能量最大值 E_{max}。如果机械的等效转动惯量 $J_e =$ 常数，则当 $\varphi = \varphi_b$ 时，$\omega = \omega_{min}$；当 $\varphi = \varphi_c$ 时，$\omega = \omega_{max}$。而在 φ_b 和 φ_c 之间将出现最大盈亏功 ΔW_{max}，即驱动功与阻抗功之差的最大值，此值可由下式计算：

$$\Delta W_{max} = E_{max} - E_{min} = \int_{\varphi_b}^{\varphi_c} \left(M_d - M_r \right) \mathrm{d}\varphi \tag{5-46}$$

如上所述，为了调节机械的周期性速度波动，可以在机械上安装飞轮。设机械的等效转动惯量为 J_e，飞轮的转动惯量为 J_F，则由式（5-46）可得：

$$\Delta W_{\max} = \frac{1}{2}(J_e + J_F)(\omega_{\max}^2 - \omega_{\min}^2) = (J_e + J_F)\omega_m^2\delta \qquad (5\text{-}47)$$

而由式（5-47）可导出：

$$\delta = \frac{\Delta W_{\max}}{(J_e + J_F)\omega_m^2} \qquad (5\text{-}48)$$

对于具体机械而言，由于最大盈亏功 $\Delta W_{\max}$、平均角速度 ω_m 及构件的等效转动惯量 J_e 都是确定的，故由式（5-48）可知，在机械上安装一个具有足够大的转动惯量 J_F 的飞轮后，可以使速度不均匀系数 δ 下降到其许可范围之内，从而满足式（5-45）的要求，达到调节机械周期性速度波动的目的。

飞轮在机械中的作用，实质上相当于一个能量储存器。由于其转动惯量很大，当机械出现盈功时，飞轮可以以动能的形式将多余的能量储存起来，以减小主轴角速度上升的幅度；反之，当出现亏功时，飞轮又可以释放其储存的动能，以弥补能量的不足，从而既节省了动力，又使主轴角速度下降的幅度减小。

② J_F 的近似计算。

为了满足式（5-45）的要求，式（5-48）可导出飞轮的等效转动惯量的计算公式为：

$$J_F = \frac{\Delta W_{\max}}{\omega_m^2 [\delta]} - J_e \qquad (5\text{-}49)$$

如果 $J_e \ll J_F$，则 J_e 可以忽略不计，于是由上式可以近似得到：

$$J_F = \frac{\Delta W_{\max}}{\omega_m^2 [\delta]} \qquad (5\text{-}50)$$

又若将上式中的平均角速度 ω_m 用额定转速 $n(\text{r/min})$ 取代，则有：

$$J_F = \frac{900\Delta W_{\max}}{\pi^2 n^2 [\delta]} \qquad (5\text{-}51)$$

由式（5-50）可知，当 $\Delta W_{\max}$ 与 ω_m 一定时，J_F-$[\delta]$ 的变化曲线为一等边双曲线，如图 5-6 所示。

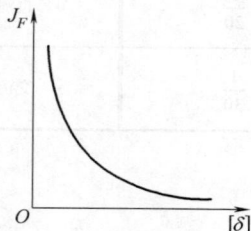

图 5-6 J_F-$[\delta]$ 的变化曲线

由图 5-6 可知，加大飞轮的转动惯量，可以使机械运转速度的不均匀系数降低，使机械运转速度趋于均匀。但是，由于飞轮的转动惯量不可能无穷大，所以加装飞轮只能使机械运转速度波动程度下降，而不能使其运转速度绝对均匀。而且当 δ 的取值过小时，所需的飞轮的转动惯量就会很大。因此，若过分追求机械运转速度的均匀性，将会使飞轮过于笨重。

另外，当 ΔW_{max} 与 $[\delta]$ 一定时，J_F 与 ω_m 的平方成反比，所以为了减少飞轮的转动惯量，最好将飞轮装在高速轴上，并使飞轮的质量尽可能集中在半径较大的轮缘部分，以较少的质量获得较大的转动惯量。

为计算飞轮的转动惯量，关键是要求出最大盈亏功 ΔW_{max}。对一些比较简单的情况，机械最大动能 E_{max} 和最小动能 E_{min} 出现的位置可直接由 M_d-φ 图中看出，对于较复杂的情况，则可借助所谓能量指示图来确定。现以图 5-4 为例加以说明，如图（c）所示，取任意点 a 作为起点，按一定比例用向量线段依次表示相应位置 M_d 与 M_r 之间所包围的面积 W_{ab}、W_{bc}、W_{cd}、W_{de} 和 $W_{ea'}$ 的大小和正负。盈功为正，其箭头向上；亏功为负，其箭头向下。由于在一个循环的起始位置与终了位置处的动能相等，所以能量指示图的首尾应在同一水平线上，即形成封闭的台阶形折线。由图中明显看出，位置点 b 处动能最小，位置点 c 处动能最大，而图中折线的最高点和最低点的距离就代表了最大盈亏功 ΔW_{max} 的大小。

【例题 5-1】 在柴油发电机机组中，设以柴油机曲轴为等效构件，其等效驱动力矩 M_d-φ 曲线和等效阻力矩 M_r-φ 曲线如图 5-7（a）所示。已知两曲线所围各面积代表的盈、亏功为：$W_1=-50\text{N·m}$、$W_2=+550\text{N·m}$、$W_3=-100\text{N·m}$、$W_4=+125\text{N·m}$、$W_5=-500\text{N·m}$、$W_6=+25\text{N·m}$、$W_7=-50\text{N·m}$。曲轴的转速为 600r/min；许用速度不均匀系数 $[\delta]=1/300$。若飞轮装在曲轴上，试确定飞轮的转动惯量 J_F。

解： 取能量指示图的比例尺 $\mu_E=10\text{N·m}/\text{mm}$，如图 5-7（b）所示，以 a 为基点依次作矢量 $\overrightarrow{ab}$，$\overrightarrow{bc}$，…，$\overrightarrow{ga'}$ 代表盈亏功 W_1，W_2，…，W_7。由图可见，b 点最低，e 点最高。故 $\varphi_{\omega min}=\varphi_b$，$\varphi_{\omega max}=\varphi_e$。则 W_{max} 即为盈、亏功 W_2、W_3、W_4 的代数和：

$$W_{max}=+550-100+125=575（\text{N·m}）$$

所以：

$$J_F=\frac{900\Delta W_{max}}{\pi^2 n^2[\delta]}=\frac{900\times575}{\pi^2\times600^2\times\dfrac{1}{300}}=43.69（\text{kg·m}^2）$$

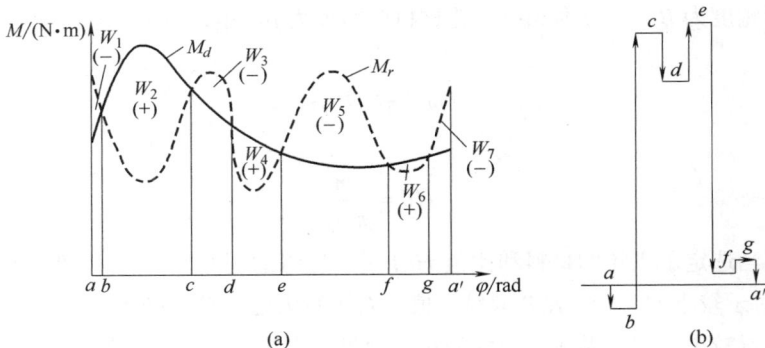

图 5-7　柴油发电机机组中的等效力矩

③ 飞轮尺寸的确定。

求得飞轮的转动惯量后，便可根据所希望的飞轮结构，按理论力学中有关不同截面形状的转动惯量计算公式，求出飞轮的主要尺寸。

当飞轮尺寸较大时，其结构可做成轮辐式。它由轮缘、轮辐和轮毂三部分组成（图5-8）。因与轮缘比较，轮辐和轮毂的转动惯量很小，故常常略去不计，即假定其轮缘的转动惯量就是整个飞轮的转动惯量。设 m 为轮缘的质量，D_1、D_2 为轮缘的外径、内径，则轮缘的转动惯量J_F为：

$$J_F = \frac{m}{2}\left(\frac{D_1^2 + D_2^2}{4}\right) = \frac{m}{8}\left(D_1^2 + D_2^2\right) \tag{5-52}$$

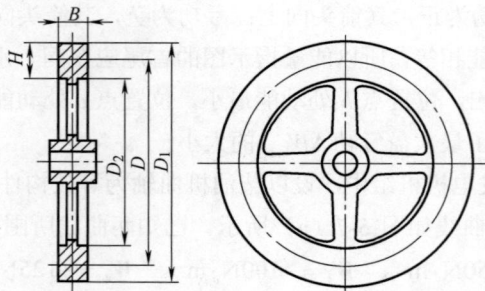

图 5-8 飞轮的结构

又因轮缘的厚度 H 与平均直径 $D=(D_1+D_2)/2$ 相比较其值甚小，故可近似认为轮缘的质量集中在平均直径上。于是得：

$$J_F = \frac{mD^2}{4} \tag{5-53}$$

式中，mD^2 为飞轮矩或飞轮特性，单位为 kg·m²。

对不同结构的飞轮，其飞轮力矩可从设计手册中查到。由上式可知，当选定了飞轮轮缘的平均直径后，即可求出飞轮轮缘的质量 m。至于平均直径 D 的选择，一方面需考虑飞轮在机械中的安装空间，另一方面还需使其圆周速度不致过大，以免轮缘因离心力过大而破裂。

又设轮缘宽度为 B，单位为 m；飞轮材料的密度为 ρ，单位为 kg/m³。

则：

$$m = \pi DHB\rho$$

于是：

$$HB = \frac{m}{\pi D\rho} \tag{5-54}$$

上式中，当选定了飞轮的材料和比值 H/B 后，轮缘的剖面尺寸 H 和 B 便可求出。一般取 $H/B=1.5\sim2$。对于较小的飞轮，H/B 取较大值；对于较大的飞轮，H/B 取较小值。

若空间位置较小，则可做成小尺寸的实心圆盘式飞轮（图5-9），其转动惯量为：

$$J_F = \frac{m}{2}\left(\frac{D}{2}\right)^2 = \frac{mD^2}{8}$$

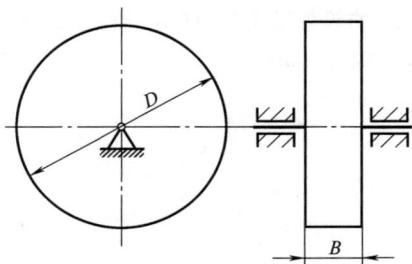

图 5-9　实心圆盘式飞轮

即：

$$mD^2 = 8J_F \qquad (5\text{-}55)$$

式中，m 为飞轮质量，单位为 kg。

又因：

$$m = \frac{\pi D^2}{4} B \rho$$

于是可得：

$$B = \frac{4m}{\pi D^2 \rho} \qquad (5\text{-}56)$$

与前面相同，当选定了飞轮的材料和直径 D 后，轮宽 B 便可求出。

本章小结

机械系统通常由原动件、传动机构和执行机构等组成。研究机械系统的速度波动并对速度波动进行调节，对于设计机械，特别是高速、高精度以及自动化的机械具有重要的意义。

本章重点：理解速度波动产生的原因和分类；掌握周期性速度波动调节中飞轮转动惯量的计算方法；理解速度不均匀系数、最大盈亏功等概念。

本章难点：对等效转动惯量、等效质量、等效力矩、等效力等概念的理解；会根据给定的机械系统参数和工作要求，合理设计飞轮的转动惯量进行速度波动调节。

习题

5-1　一般机械在其运转过程中有哪几个阶段？在各个阶段中机械的功、能关系如何？

5-2　何谓等效动力学模型？何谓等效力矩、等效转动惯量？它们有什么意义？

5-3　何谓机械运转的周期性速度波动？它可用什么方法来进行调节？

5-4　图 5-10 所示为具有往复运动时杆的油泵机构运动简图，已知：L_{AB}=50mm ，移动导杆 3 的质量 m_3=0.4kg，加在导杆 3 上的工作阻力 F_r=20N。若选取曲柄 1 为等效构件，试分别求出在下列情况下，工作阻力 F_r 的等效阻力矩 M_r 和导杆 3 质量 m_3 的等效转动惯量 J_e。

（1）$\varphi_1=0°$；（2）$\varphi_1=30°$；（3）$\varphi_1=90°$。

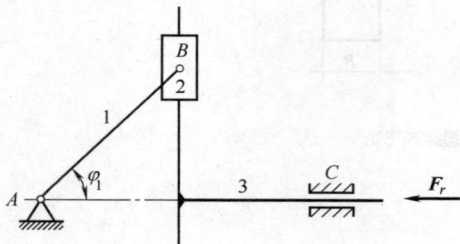

图 5-10

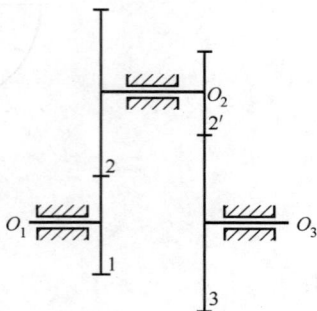

图 5-11

5-5 在图 5-11 所示定轴轮系中，已知各轮齿数分别为 $z_1=z_2'=20$，$z_3=z_4=40$，各轮对其轮心的转动惯量分别为 $J_1=J_2'=0.01\text{kg·m}^2$，$J_2=J_3=0.04\text{kg·m}^2$，作用在轮 1 上的驱动力矩 $M_d=60\text{N·m}$，作用在轮 3 上的阻力矩 $M_r=120\text{N·m}$。设该轮系原来静止，试求在 M_d 和 M_r 作用下，运转到 $f=15\text{s}$ 时，轮 1 的角速度 ω_1 和角加速度 ε_1。

5-6 某刨床的主轴为等效构件，在一个运转周期内的等效驱动力矩 M_d 如图 5-12 所示，$M_r=600\text{N·m}$。等效驱动力矩 M_d 为常数，刨床的主轴的平均转数 $n=60\text{r/min}$，速度不均匀系数 $\delta=0.1$，若不计飞轮以外的构件的转动惯量，计算安装在主轴上的飞轮转动惯量。

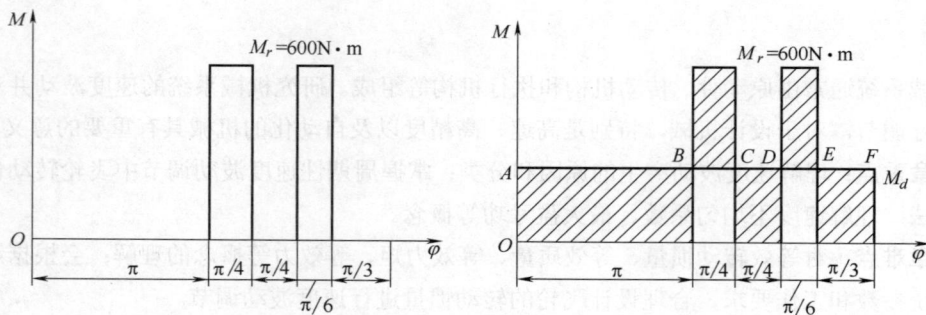

图 5-12

拓展阅读

在机械的奇妙世界里，速度并非总是恒定不变，而是如同灵动的乐章，有着自己的节奏与波动。理解机械原理中的速度波动与调节，就像是解读这篇乐章的密码，开启精准控制机械运动的大门。

　　周期性速度波动，恰似四季的更迭，循环往复。以常见的单缸四冲程内燃机为例，在进气、压缩、做功、排气的循环中，驱动力矩与阻力矩随曲轴转角不断变化。燃烧做功时，驱动力矩骤增；而在其他冲程，阻力矩占据主导。这种"力量的博弈"致使曲轴角速度周期性起伏，速度不均匀系数直观反映了波动的剧烈程度。若波动过大，机械宛如在崎岖山路上颠簸的车辆，不仅会产生额外的动载荷，加速零件磨损，还会引发恼人的振动与噪声，如同刺耳的杂音破坏了机械运转的和谐旋律。

　　幸运的是，飞轮这位"节奏大师"登场，为平息波动大显身手。飞轮如同一个能量的"蓄水池"，在盈功阶段，欣然吸纳多余能量，将其转化为自身的动能，默默储存起来；而在亏功时刻，又无私地释放储存的能量，弥补能量缺口。通过巧妙设计飞轮的转动惯量，能够将速度波动驯服，使其稳定在可接受的范围内。例如，在老式的蒸汽机车中，巨大的飞轮随着车轮转动，储存和释放能量，确保机车在蒸汽动力间歇性输出下仍能平稳前行，其转动惯量的精确计算保障了机车运行的稳定性与可靠性。

　　从古老的风车磨坊到现代的高速列车，从简单的纺织机械到复杂的航空发动机，速度波动与调节贯穿于机械发展的始终。它不仅是保障机械平稳高效运行的关键技术，更是推动机械工程不断进步的重要力量。随着科技的飞速发展，对机械速度稳定性的要求日益严格，速度波动与调节技术也在不断创新与突破。新型材料的应用，为飞轮的轻量化与高性能提供了可能。在未来的机械工程领域，速度波动与调节技术必将继续奏响精准控制的华丽乐章，引领机械向着更高效、更稳定、更智能的方向前行。

第 6 章 回转件的平衡

本章知识导图

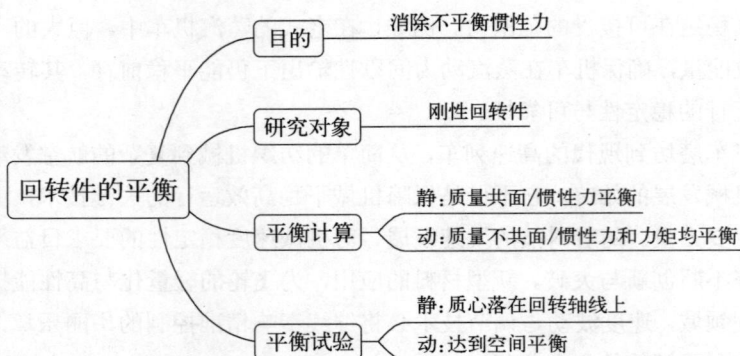

本章学习目标

（1）理解回转件平衡的目的；

（2）掌握刚性回转件的平衡计算方法；

（3）掌握回转件平衡试验的原理和方法。

汽车轮胎是车辆组件之一，在装配过程中需要进行高速平衡测试，以确保其在行驶时的稳定性。轮胎动平衡对保持车辆的稳定性、减少振动、提高驾驶舒适性以及延长轮胎寿命起着至关重要的作用。通过回转平衡试验，可以确定由于质量分布不均引起的惯性力和力矩，并采取相应措施抵消这些不平衡因素。

6.1　回转件平衡的目的

机械中绕固定轴线回转的构件称为回转件（或称转子）。每个回转件都可看作由若干质量所组成。由理论力学可知，偏离回转中心距离为 r 的质量 m，当以角速度 ω 转动时，所产生的惯性力 F 为：

$$F = mr\omega^2 \tag{6-1}$$

如果回转件的结构不对称、制造不准确或材质不均匀，整个回转件在转动时会产生惯性力系的不平衡，其大小和方向会发生周期性的变化，不仅在轴承中引起附加动压力，而且使整个机械产生振动。这种附加动压力会缩短轴承寿命，降低机械效率。此外，机械振动还会引起机械零件的工作精度和可靠性降低，甚至周围的设备和建筑物也会受到影响和破坏。特别是对于高速、重型和精密机械，上述问题显得更加突出。因此，应调整回转件的质量分布，使回转件工作时惯性力达到平衡，消除附加动压力，尽可能减轻有害的机械振动，这也是研究回转件平衡的目的所在。

在机械工业中，如精密机床主轴、电动机转子、发动机主轴、凸轮轴和各种回转泵的叶轮等都需要进行平衡。

本章讨论的对象仅限于刚性回转件，即用于一般机械中的回转件。至于非刚性回转件，如高速大型汽轮机和发电机的转子等，需要考虑其回转时的变形影响，这类挠性回转件的平衡原理和方法请参阅其他有关资料。

6.2 回转件的平衡计算

为了使回转件满足平衡的条件，在设计时就应通过计算使回转件达到静平衡和动平衡。下面将分别加以讨论。

6.2.1 静平衡计算

对于轴向尺寸很小的回转件，如叶轮、飞轮和砂轮等，可近似地认为其质量分布在同一回转面内。本节主要讨论这类构件的静平衡计算问题。

当这类回转件匀速转动时，其质量产生的惯性力构成同一平面内汇交于回转中心的力系。如果该力系不平衡，则其合力 $\sum F_i$ 不等于零。由力学汇交力系平衡条件可知，只要在同一回转面内加一质量（或在相反方向减一质量），使其产生的惯性力与原有质量所产生的惯性力之矢量和等于零，这个力系就成为平衡力系，此回转件就达到平衡。即平衡条件为：

$$\boldsymbol{F} = \boldsymbol{F}_b + \sum \boldsymbol{F}_i$$

式中，$\boldsymbol{F}$、$\boldsymbol{F}_b$ 和 $\sum \boldsymbol{F}_i$ 分别表示为总惯性力、平衡质量的惯性力和原有质量惯性力的合力。上式可写成：

$$m\boldsymbol{e}\omega^2 = m_b\boldsymbol{r}_b\omega^2 + \sum m_i\boldsymbol{r}_i\omega^2 = 0$$

消去 ω^2，可得：

$$m\boldsymbol{e} = m_b\boldsymbol{r}_b + \sum m_i\boldsymbol{r}_i = 0 \tag{6-2}$$

式中，m 和 e 为回转件的总质量和总质心向径；m_b 和 $\boldsymbol{r}_b$ 为平衡质量及其质心的向径；m_i 和 $\boldsymbol{r}_i$ 为原有各质量及其质心的向径。

式（6-2）中，质量与向径的乘积称为质径积，表示各个质量所产生的惯性力的相对大小和方向。

式（6-2）表明，回转件平衡后，总质心与回转轴线重合，此时回转件的质量对回转轴线的静力矩为零。该回转件可以在任何位置保持静止，不会自行转动，因此将这种平衡称为静平衡（工业上也称单面平衡）。由上述可知，静平衡的条件是：分布于该回转件上各个质量的惯性力（或质径积）的矢量和等于零，即回转件的质心与回转轴线重合。

式（6-2）既可用图解法进行求解，也可将式中各质径积矢量向垂直的两个坐标轴投影，通过解析法求解。图解法举例说明如下：如图 6-1（a）所示，已知同一回转面内的不平衡质量 m_1、m_2、m_3 及其向径 r_1、r_2、r_3，求应加的平衡质量 m_b 及其向径 r_b。

由式（6-2）得：

$$m_b r_b + m_1 r_1 + m_2 r_2 + m_3 r_3 = 0$$

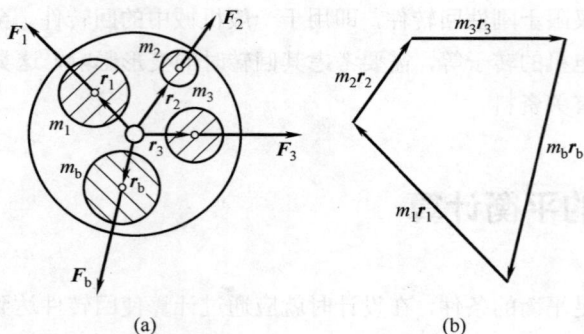

图6-1 静平衡矢量图解法

式中只有 $m_b r_b$ 为未知，故可用矢量多边形求解。如图 6-1（b）所示，选定适当比例尺，依次作已知矢量 $m_1 r_1$、$m_2 r_2$、$m_3 r_3$，最后将 $m_3 r_3$ 的矢端与 $m_1 r_1$ 的尾部相连。这个封闭矢量即表示 $m_b r_b$。根据回转件的结构特点选定 r_b 的大小，所需的平衡质量即随之确定。平衡质量的安装方向即矢量图上 $m_b r_b$ 所指的方向。通常尽可能将 r_b 的值选大些，以使 m_b 小些。

由于实际结构的限制，有时在所需平衡的回转面上不能安装平衡质量，如图 6-2（a）所示的单缸曲轴便属于这类情况。此时可以另选两个回转平面分别安装平衡质量来使回转件达到平衡。如图 6-2（b）所示，在原平衡平面两侧选定任意两个回转平面 T' 和 T''，其与原平衡平面的距离分别为 l' 和 l''。设在 T' 和 T'' 面内分别装上平衡质量 m_b' 和 m_b''，其质心的向径分别为 r_b' 和 r_b''，且 m_b' 和 m_b'' 都处于经过 m_b 的质心且包含回转轴线的平面内，则 m_b'、m_b'' 和 m_b 在回转时产生的惯性力 F_b'、F_b'' 和 F_b 成为三个互相平行的力。欲使 F_b' 和 F_b'' 完全取代 F_b，则必须满足平行力分解的关系式，即：

$$F_b' + F_b'' = F_b$$

$$F_b' l' = F_b'' l''$$

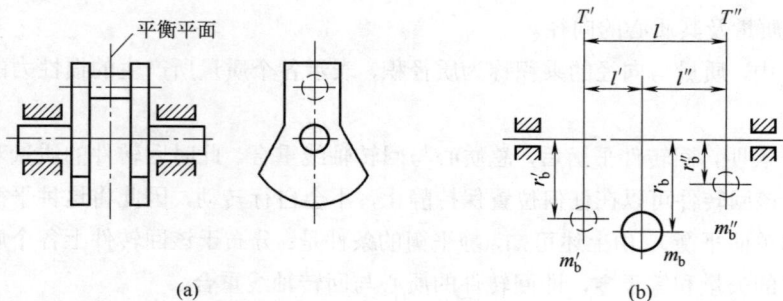

图6-2 质径积分解到两个平面

解得：

$$\begin{cases} m_b' r_b' = \dfrac{l''}{l} m_b r_b \\[2mm] m_b'' r_b'' = \dfrac{l'}{l} m_b r_b \end{cases} \tag{6-3}$$

若取 $r_b' = r_b'' = r_b$，则上式简化成：

$$\begin{cases} m_b' = \dfrac{l''}{l} m_b \\[2mm] m_b'' = \dfrac{l'}{l} m_b \end{cases} \tag{6-4}$$

由式（6-3）、式（6-4）可知，任一质径积都可用任选的两个回转平面 T' 和 T'' 内的两个质径积来代替。若向径不变，任一质量都可用任选的两个回转平面内的两个质量来代替。

6.2.2　动平衡计算

轴向尺寸较大的回转件，如多缸发动机曲轴、电动机转子、汽轮机转子和机床主轴等，其质量分布不能再近似地认为是位于同一回转面内，而应看作分布于垂直于轴线的许多互相平行的回转面内，此类回转构件的平衡即属于平行平面内的回转质量平衡。

这类回转件转动时所产生的惯性力系不再是平面汇交力系，而是空间力系。因此，单靠在某一回转面内加一平衡质量的静平衡方法并不能消除这类回转件转动时的不平衡。例如，在图6-3 所示的转子中，设不平衡质量 m_1、m_2，分布于相距 l 的两个回转面内，且 $m_1 = m_2$，$r_1 = -r_2$。该回转件的质心虽落在回转轴上，而且 $m_1 r_1 + m_2 r_2 = 0$，满足静平衡条件，但因 m_1 和 m_2 不在同一回转面内，当回转件转动时，在包含 m_1、m_2 和回转轴的平面内存在一个由惯性力 F_1 和 F_2 组成的力偶，该力偶的方向随回转件的转动而周期性变化，故回转件仍处于动不平衡状态。因此，对轴向尺寸较大的转子，必须使各质量产生的惯性力的合力和合力偶都等于零，才能达到平衡。

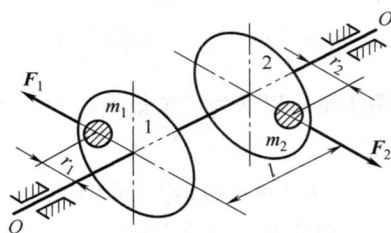

图 6-3　静平衡但动不平衡的转子

如图 6-4（a）所示，设回转件的不平衡质量分布在 1、2、3 三个回转面内，依次以 m_1、m_2、m_3 表示，其向径各为 r_1、r_2、r_3。由式（6-4）可知，若向径不变，某平面内的质量 m_i 可由任选的两个平行平面 T' 和 T'' 内的另两个质量 m_i' 和 m_i'' 代替，且 m_i' 和 m_i'' 处于回转轴线和 m_i 的质心组成的平面内。

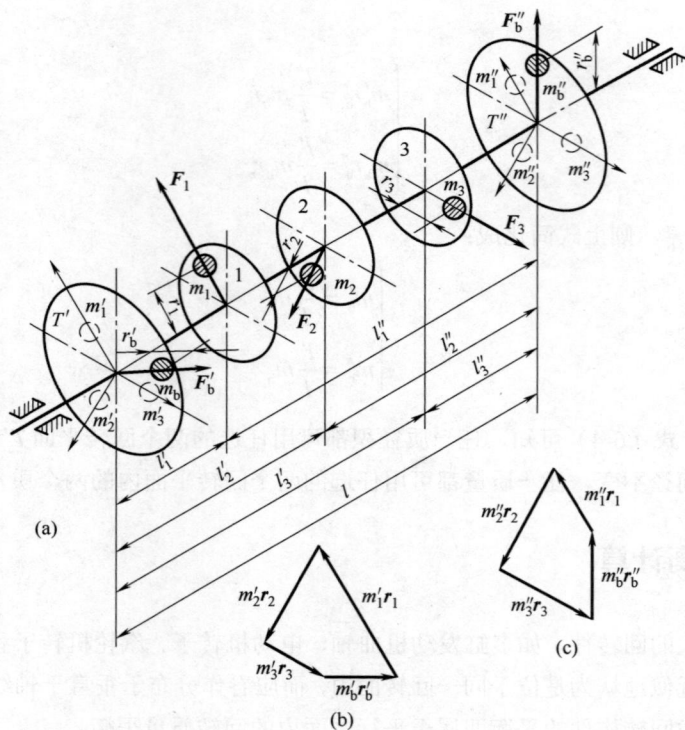

图6-4 不同回转面内质量的平衡

现将平面 1、2、3 内的质量 m_1、m_2、m_3 分别用任选的两个回转面 T' 和 T'' 内的质量 m_1'、m_2'、m_3' 和 m_1''、m_2''、m_3'' 来代替。由式（6-4）得：

$$m_1' = \frac{l_1''}{l} m_1 \qquad m_1'' = \frac{l_1'}{l} m_1$$

$$m_2' = \frac{l_2''}{l} m_2 \qquad m_2'' = \frac{l_2'}{l} m_2$$

$$m_3' = \frac{l_3''}{l} m_3 \qquad m_3'' = \frac{l_3'}{l} m_3$$

因此，上述回转件的不平衡质量可以认为完全集中在 T' 和 T'' 两个回转面内。对于回转面 T'，其平衡方程为：

$$m_b' r_b' + m_1' r_1 + m_2' r_2 + m_3' r_3 = 0$$

作矢量图如图 6-4（b）所示。由此求出质径积 $m_b' r_b'$，选定 r_b' 后即可确定 m_b'。同理，对于回转面 T''，其平衡方程为：

$$m_b'' r_b'' + m_1'' r_1 + m_2'' r_2 + m_3'' r_3 = 0$$

作矢量图如图 6-4（c）所示。由此求出质径积 $m_b'' r_b''$，选定 r_b'' 后即可确定 m_b''。

由以上分析可知，回转件的不平衡质量分布可涉及任意数量的回转面。只要按照式（6-4）将各质量分量分别投影至所选的两个回转面 T' 和 T'' 内，即可在 T' 和 T'' 两个回转面内求出相应的平衡质量 m_b' 和 m_b''。因此可得如下结论：质量分布不在同一回转面内的回转件，只要分别在任选的两个回转面（通常称为平衡平面或校正平面）内加上适当的平衡质量就能达到完全平衡。这种类型的平衡称为动平衡（工业上称双面平衡）。动平衡的条件是：回转件上各个质量惯性力的矢量和等于零，且惯性力所引起的力偶矩的矢量和也等于零。

显而易见，动平衡涵盖了静平衡的条件，即任何经动平衡处理的回转件必然满足静平衡的要求。然而，值得注意的是，静平衡的回转件却不一定满足动平衡要求，图 6-3 所示回转件即属此例。对于质量分布在同一回转面内的回转件，因惯性力在轴面内不存在力臂，故这类回转件静平衡后也满足了动平衡条件。磨床、砂轮和叶轮等回转件，可看作质量分布在同一回转面内，所以经静平衡后不必再进行动平衡即可使用。

6.3　回转件的平衡试验

对于结构上具有非对称回转轴线的回转件，可以根据质量分布情况计算出必要的平衡质量，使其满足平衡条件，从而与对称于回转轴线的回转件在理论上达到相同的完全平衡状态。然而，由于制造和装配误差以及材质不均匀等原因，往往难以完全达到预期的理论平衡状态。因此，在生产过程中还需借助试验手段进行进一步的平衡处理。根据质量分布所呈现出的不同特点，平衡试验法可分为以下两种类型。

6.3.1　静平衡试验法

由前文所述可知，对于静不平衡的回转件而言，其质心与回转轴之间存在偏离。利用静平衡架找出不平衡质径积的大小和方向，能够确定平衡质量的大小和位置，通过添加或去除相应质量，使质心移到回转轴线上，从而达成回转件的静平衡状态。这种方法称为静平衡试验法。

对于圆盘形回转件，设圆盘直径为 D，其宽度为 b，当 $D/b > 5$ 时，这类回转件通常经静平衡试验校正后，可不必再进行动平衡。

图 6-5 所示为导轨式静平衡架。架上两根互相平行的钢制刀口形（也可做成圆柱形或棱柱形）导轨被安装在同一水平面内。试验时将回转件的轴放在导轨上。若回转件质心不在包含回转轴线的铅垂面内，则由于重力对回转轴线的静力矩作用，回转件将在导轨上发生滚动。待到滚动停止时，质心 S 即处在最低位置，由此便可确定质心的偏移方向。然后用橡皮泥在质心相反方向加一适当的平衡质量，并逐步调整其大小或径向位置，直到该回转件在任意位置都能保持静止。这时所加的平衡质量与其向径的乘积即为该回转件达到静平衡需加的质径积。根据该回转件的结构情况，也可在质心偏移方向去掉同等大小的质径积来实现静平衡。

导轨式静平衡架简单、可靠，其精度也能满足一般生产需要，缺点是其不能用于平衡两端轴径不等的回转件。

图 6-6 所示为圆盘式静平衡架，待平衡回转件的轴放置在分别由两个圆盘组成的支承上，圆盘可绕其几何轴线转动，故回转件也可以自由转动。其试验程序与上述相同。这类静平衡架一端的支承高度可调，以便平衡两端轴颈不等的回转件。因圆盘中心的滚动轴承容易弄脏，致使摩擦阻力矩增大，故其精度略低于导轨式静平衡架。

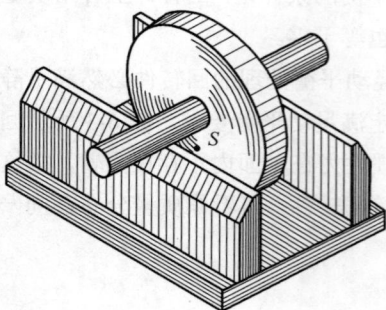

图 6-5 导轨式静平衡架   图 6-6 圆盘式静平衡架

6.3.2 动平衡试验法

由动平衡原理可知，轴向尺寸较大的回转件，必须分别在任意两个校正平面内各加一个适当的质量，才能使回转件达到平衡。令回转件在动平衡试验机上运转，然后在两个选定的平面上分别找出所需平衡质径积的大小和方位，从而使回转件达到动平衡的方法称为动平衡试验法。

$D/b < 5$ 的回转件或有特殊要求的重要回转件，一般都要进行动平衡。

动平衡试验机的支承是浮动的。当平衡回转件在试验机上回转时，两端的浮动支承便产生机械振动。传感器把机械振动变换为电信号，人们即可在仪表上读出两校正平面应加质径积的大小和相位。

应当说明，任何转子，即使经过平衡试验也不可能达到完全平衡。实际应用中，过高的平衡要求既无必要又徒增成本，因此对不同工作条件的转子需要规定不同的许用不平衡量。

转子的许用不平衡量用许用质径积[mr]或许用偏心距[e]（单位为 μm）来表示。考虑到角速度 ω 是影响转子平衡效应的重要参数，工程上常用 $e\omega$ 值表示平衡精度。国际标准化组织制定了用 G 表示的相应等级标准，$G = \dfrac{[e]\omega}{1000}$（mm/s）。如汽车发动机曲轴的平衡精度等级为 G 40，电动机转子的平衡精度等级为 G 6.3，精密磨床主轴的平衡精度等级为 G 0.4。G 值愈小，平衡精度愈高。已知转子的最高工作角速度 ω，便可由 G 值求出许用偏心距[e]。

本章小结

本章主要介绍了回转件平衡的目的、静平衡和动平衡的计算方法，同时简单介绍了回转件的平衡试验的原理和方法。

本章重点：掌握静平衡和动平衡的不同点和相关性；

本章难点：掌握静平衡和动平衡的质量计算方法。

习题

6-1　某汽轮机转子质量为 1t，由于材质不均及叶片安装误差致使质心偏离回转轴线 0.5mm，当该转子以 5000r/min 的转速转动时，其惯性力有多大？惯性力是它本身重力的几倍？

6-2　待平衡转子在静平衡架上滚动至停止时，其质心理论上应处于最低位置。但实际上由于存在滚动摩擦阻力，质心不会到达最低位置，因而导致试验误差。试问用什么方法进行静平衡试验可以消除该项误差？

6-3　主轴做周期性速度波动时会使机座产生振动，回转体不平衡时也会使机座产生振动。试比较这两种振动产生的原因，并说明能否在理论上和实践上消除这两种振动。

6-4　如图 6-7 所示盘形回转件，经静平衡试验得知，其不平衡质径积 $mr=1.5\text{kg·m}$，方向沿 $\overline{OA}$。由于结构限制，不允许在与 $\overline{OA}$ 相反的 $\overline{OB}$ 线上加平衡质量，只允许在 $\overline{OC}$ 和 $\overline{OD}$ 方向各加一个质径积来进行平衡。求 $m_C r_C$ 和 $m_D r_D$ 的数值。

6-5　在图 6-8 所示盘形回转件上有 4 个偏置质量，已知 $m_1=10\text{kg}$，$m_2=14\text{kg}$，$m_3=16\text{kg}$，$m_4=10\text{kg}$，$r_1=50\text{mm}$，$r_2=100\text{mm}$，$r_3=75\text{mm}$，$r_4=50\text{mm}$，设不平衡质量都分布在同一回转面内，则应在什么方位、加多大的平衡质径积才能达到平衡？

6-6　图 6-9 所示盘形转子的圆盘直径 $D=400\text{mm}$，圆盘质量 $m=10\text{kg}$。已知圆盘上存在不平衡质量 $m_1=2\text{kg}$，$m_2=4\text{kg}$，两支承距离 $l=120\text{mm}$，圆盘至右支承的距 $l_1=80\text{mm}$，转速 $n=3000\text{r/min}$。试问：（1）该转子的质心偏移多少？（2）作用在左、右支承上的动反力各有多大？

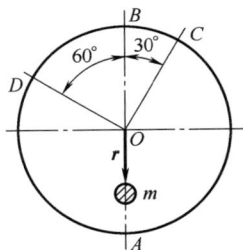

图 6-7

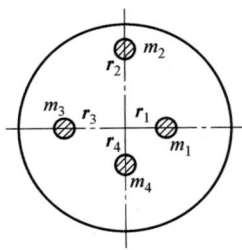

图 6-8

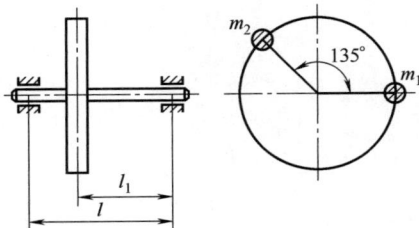

图 6-9

拓展阅读

回转件不平衡是导致机械产品失效的一个重要因素，不仅会导致机械零件性能下降，更可能引发严重的安全事故。下面是回转件不平衡导致机械产品失效的案例。

在某大型制造企业的生产线中，一台用于物料输送的惯性式鼓风机扮演着至关重要的角色。然而，在连续运行数月后，操作人员开始注意到鼓风机在运行过程中出现了明显的振动和噪声，且随着运行时间的延长，振动和噪声逐渐加剧。起初，操作人员以为这只是正常的磨损现象，并未给予足够的重视。然而，随着时间的推移，振动和噪声已经严重影响到了鼓风机的运行效率和稳定性，甚至开始影响到整个生产线的正常运行。为了找出该问题产生的原因，企业技术人员检查发现鼓风机的转子存在严重的不平衡问题。进一步拆解检查发现，转子上的某些叶片由于长期运行过程中的磨损、腐蚀以及疲劳，质量分布不均，从而在旋转时产生了不平衡的惯性力。这种不平衡的惯性力在鼓风机高速旋转的过程中，加剧了机械振动，不仅导致了轴承的异常磨损和润滑系统的失效，还使得转子的动平衡状态严重恶化，进一步加剧了振动的幅度和频率。随着振动的加剧，鼓风机的外壳和支承结构也开始出现松动和变形，甚至对周围的设备和建筑结构产生了潜在的威胁。

为了解决这个问题，企业对鼓风机进行了全面的维修和动平衡校正。首先，对转子进行了精细的打磨和修复，以确保其质量分布的均匀性；然后利用专业的动平衡测试设备对转子进行了精确的动平衡校正，以消除不平衡的惯性力；最后对鼓风机的轴承、润滑系统和支承结构进行了全面的检查和更换，确保其能够恢复正常运行。经过维修和动平衡校正后，鼓风机重新投入运行，振动和噪声问题得到了彻底的解决，不仅恢复了生产线的正常运行，还提高了鼓风机的工作效率和稳定性。更重要的是，消除了潜在的安全隐患，保障了操作人员的身心健康和企业的安全生产。

这个案例充分展示了回转件不平衡对机械产品失效的严重影响。在机械产品的设计和制造过程中，必须严格控制回转件的质量分布和动平衡状态，以确保机械产品的稳定性和可靠性。同时，在机械产品的运行过程中，也要加强定期检测和维护工作，及时发现和解决回转件不平衡等问题，避免机械产品的失效和安全事故的发生。

第 **7** 章 平面连杆机构及其设计

本章知识导图

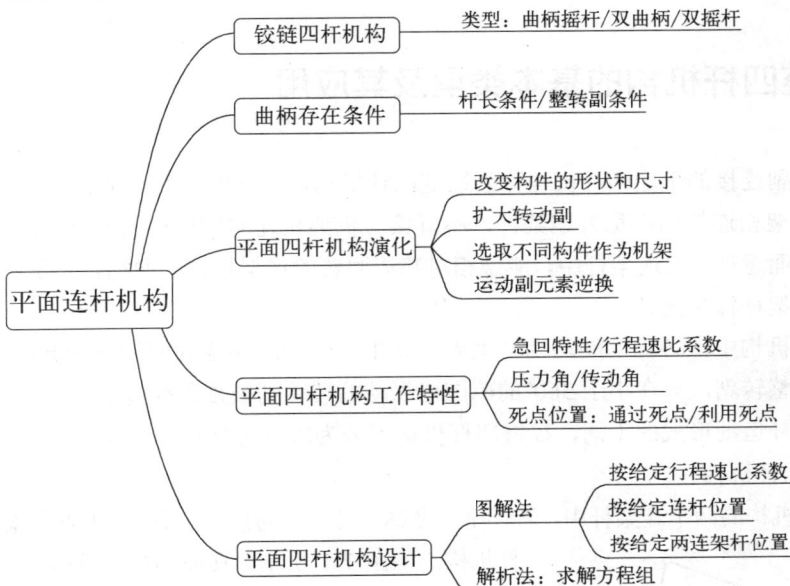

本章学习目标

（1）了解平面连杆机构的传动特点和应用；

（2）理解铰链四杆机构的组成、基本形式和演化机构；

（3）掌握平面四杆机构中整转副存在的条件、急回运动、压力角和死点位置等知识；

（4）掌握平面四杆机构设计的图解法。

在现代机械领域，设计人员往往运用连杆机构来满足一些运动规律和运动轨迹的要求。根据连杆机构中各构件的相对运动是平面运动还是空间运动，连杆机构可分为平面连杆机构和空间连杆机构。其中，最为常见的平面连杆机构是平面四杆机构，其不但应用范围广泛，更是组成多杆机构的基础。本章以平面四杆机构为研究对象，着重阐述其类型、工作特性及设计方法等相关内容。

7.1 平面连杆机构及其传动特点

平面连杆机构是由若干构件通过低副连接而成的平面机构，又称平面低副机构，在各类机械与仪表中有着广泛的应用。其主要优点如下：

① 平面连杆机构能够实现多种运动形式的转换。

② 平面连杆机构中的运动副均为低副。其运动副元素为面接触，压强小，承载能力强，润滑好，耐磨损，加工制造容易。

③ 平面连杆机构中的连杆是做一般平面运动的构件，其上各点的运动轨迹是不同形状的曲线（即连杆曲线）。在工程实践中，连杆曲线常用来满足一些特定工作的需要。

平面连杆机构的主要缺点是不易精确实现复杂的运动规律，且设计计算复杂。当机构包含的构件数和运动副数目较多时，效率较低。

7.2 铰链四杆机构的基本类型及其应用

全部用转动副连接的平面四杆机构称为铰链四杆机构，在该机构中，固定不动的构件称为机架，直接与机架相连的构件称为连架杆，不直接与机架相连的构件称为连杆。通常情况下，连杆做一般的平面运动。在连架杆中，能做相对整周回转的连架杆称为曲柄，只在小于360°的范围内摆动的连架杆称为摇杆。

在铰链四杆机构中，各运动副均为转动副。如果以转动副相连的两构件能够做整周转动，则称此转动副为整转副，只在小于360°的范围内摆动的转动副被称为摆转副。

根据两连架杆运动形式的不同，铰链四杆机构可分为以下三种基本形式。

（1）曲柄摇杆机构

在铰链四杆机构的两个连架杆中，若一个为曲柄，另一个为摇杆，则此四杆机构称为曲柄摇

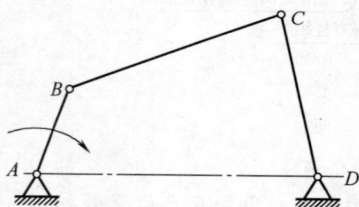

图7-1 曲柄摇杆机构

杆机构，如图7-1所示。在曲柄摇杆机构中，当选取曲柄作为原动件时，能够将曲柄的连续转动转化为摇杆的往复摆动；而若以摇杆为原动件，便可把摇杆的摆动转变为曲柄的整周转动。

图7-2所示的雷达天线俯仰机构、图7-3所示的搅拌机机构及图7-4所示的汽车刮雨器机构都是以曲柄为原动件的曲柄摇杆机构的应用实例。而图7-5所示的缝纫机脚踏板机构则是以摇杆为原动件的曲柄摇杆机构的应用实例。

（2）双曲柄机构

若铰链四杆机构的两连架杆均为曲柄，则该机构称为双曲柄机构，如图7-6所示。这种机构的传动特点是当主动曲柄匀速转动时，从动曲柄一般做变速转动。图7-7所示惯性筛主体机构中的四杆机构 ABCD 即为双曲柄机构。

在双曲柄机构中，若相对两杆平行且长度相等，则称为正平行四边形机构，如图7-8（a）所示。该机构的运动特点是两曲柄转向相同，转速相等，连杆做平动。若两相对杆的长度分别相等，但不平行，则称为逆平行四边形机构或反平行四边形机构，如图7-8（b）所示。当以其长边为机架时，两曲柄沿相反方向转动，转速也不相等。

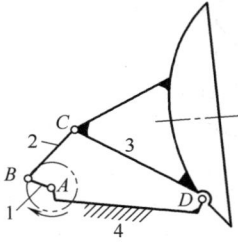

图 7-2　雷达天线俯仰机构

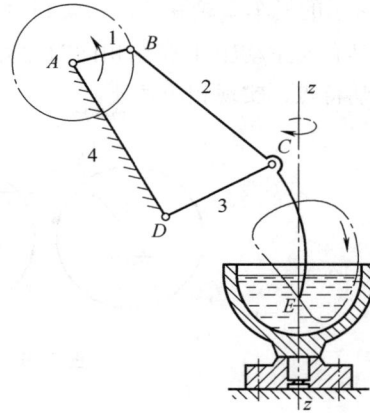

图 7-3　搅拌机机构

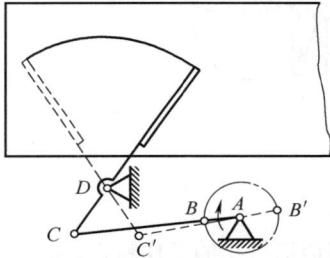

图 7-4　汽车雨刮器机构

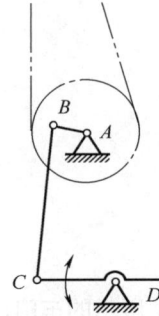

图 7-5　缝纫机脚踏板机构

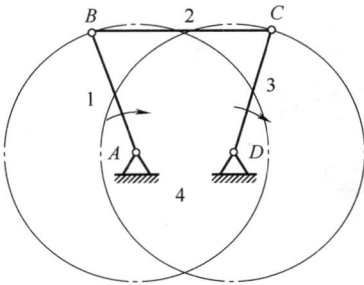

图 7-6　双曲柄机构

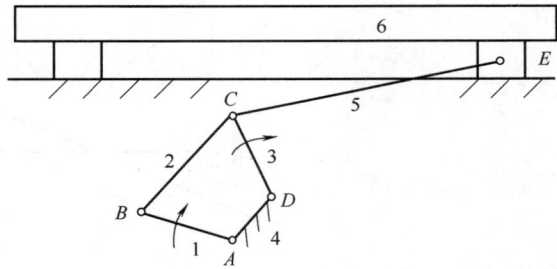

图 7-7　惯性筛主体机构

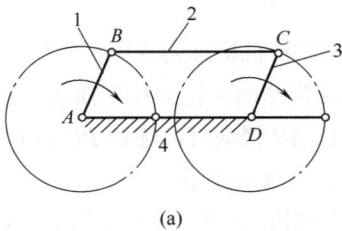

(a)

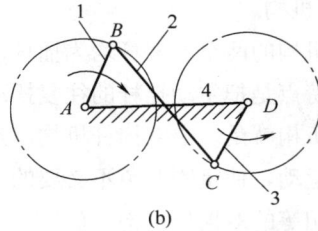

(b)

图 7-8　平行四边形机构

图 7-9 所示的机车车轮联动机构就利用了正平行四边形机构同向等速的运动特点，使被联动的各车轮具有与主动轮 1 完全相同的运动。图 7-10 所示的挖土机则利用了正平行四边形机构连杆的平动特点，实现相应功能。

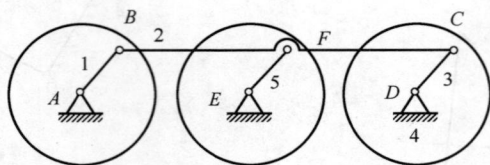

图 7-9　机车车轮联动机构

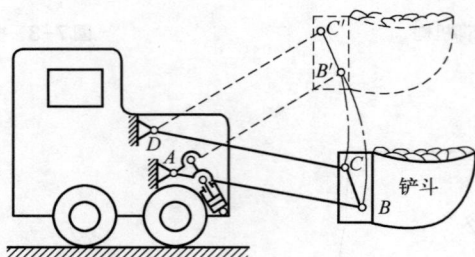

图 7-10　挖土机

图 7-11 所示的车门启闭机构，巧妙运用了逆平行四边形机构的工作特性，实现两扇门的同步开启与关闭。

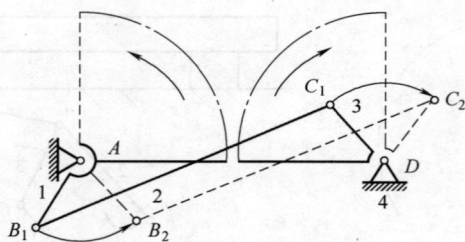

图 7-11　车门启闭机构

（3）双摇杆机构

若铰链四杆机构的两个连架杆均为摇杆，则此四杆机构称为双摇杆机构，如图 7-12 所示。这种机构的传动特点是把主动摇杆的往复摆动转变为从动摇杆的往复摆动。图 7-13 所示的鹤式起重机的主体机构就是一个双摇杆机构。当摇杆 AB 摆动时，连杆 BC 延长部分上的 E 点做近似水平的直线运动，使重物避免不必要的升降，以减少能量消耗。

两摇杆长度相等的双摇杆机构，称为等腰梯形机构。图 7-14 所示的汽车前轮转向机构就是等腰梯形机构的应用实例。

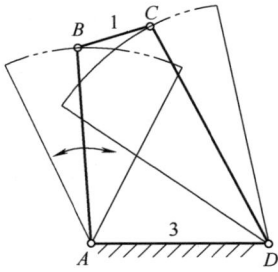

图 7-12　双摇杆机构

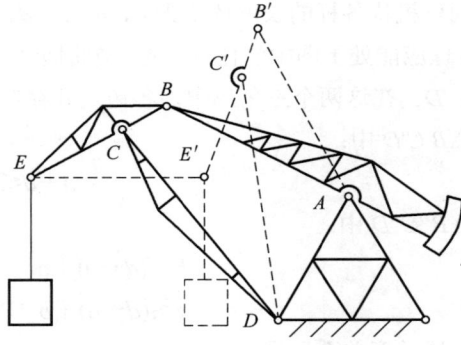

图 7-13　鹤式起重机

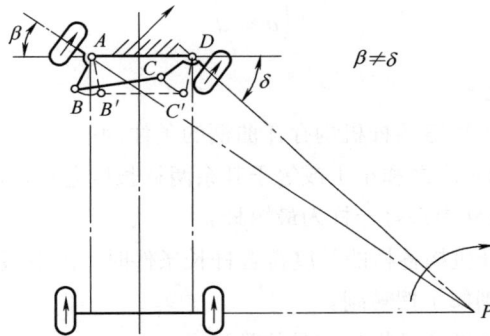

图 7-14　汽车前轮转向机构

7.3　铰链四杆机构中曲柄存在的条件

　　铰链四杆机构是否存在曲柄与机构中各杆的长度及机架的选择有关。下面以图7-15 所示的四杆机构为例，分析其曲柄存在的条件。

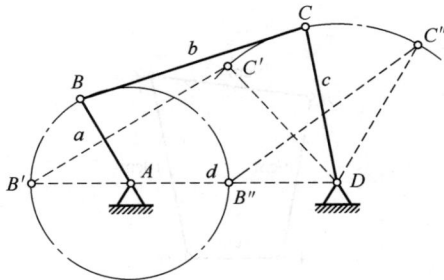

图 7-15　四杆机构曲柄存在的条件

设四杆机构各杆的长度依次为 a、b、c、d。如果 AB 为曲柄，则转动副 A 为整转副，此时曲柄 AB 理应能处于图中的任意位置。当曲柄 AB 与机架 AD 两次共线时，将会分别形成 $\triangle B'C'D$ 和 $\triangle B''C''D$。在这两个三角形中，各边尺寸存在如下关系。

在 $\triangle B'C'D$ 中：

$$a+d \leqslant b+c$$

在 $\triangle B''C''D$ 中：

$$b \leqslant (d-a)+c \qquad 即\ a+b \leqslant d+c$$

$$c \leqslant (d-a)+b \qquad 即\ a+c \leqslant b+d$$

由上述长度关系可推得：

$$\begin{cases} a \leqslant b \\ a \leqslant c \\ a \leqslant d \end{cases} \tag{7-1}$$

即 AB 杆应为最短杆之一。

分析上述各式，可得出铰链四杆机构存在曲柄的条件为：

① 最短杆与最长杆的长度之和小于或等于其余两杆长度之和，此条件称为杆长条件；

② 组成该整转副的两杆中必有一杆为最短杆。

上述条件表明，当四杆机构各杆的长度符合杆长条件时，由最短杆参与构成的转动副均为整转副，而其余的转动副则属于摆转副。

由此可进一步判断出铰链四杆机构的具体类型：

① 在满足杆长条件的四杆机构中，若以最短杆为机架，则机构为双曲柄机构；若以最短杆的邻边为机架，则机构为曲柄摇杆机构；若以最短杆的对边为机架，则机构为双摇杆机构。

② 若四杆机构中各杆的长度不满足杆长条件，则无论以何杆为机架，均为双摇杆机构。

【例题 7-1】如图 7-16 所示，铰链四杆机构 $ABCD$ 各杆长度分别为 $l_{AB}=9cm$，$l_{BC}=9cm$，$l_{CD}=10cm$，$l_{AD}=4cm$。试求：当以 AB、BC、CD、AD 各杆为机架时，铰链四杆机构 $ABCD$ 属于何种机构。

解：因为 $l_{AD}+l_{CD}=4+10=14$（cm）$<l_{AB}+l_{BC}=9+9=18$（cm），满足杆长条件。

由此可知：该机构以 AD 杆为机架时为双曲柄机构；以 BC 杆为机架时为双摇杆机构；以 AB 杆或 CD 杆为机架时则为曲柄摇杆机构。

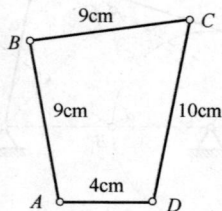

图 7-16 铰链四杆机构

7.4 平面四杆机构的演化

在平面四杆机构中，除了前面介绍的三种类型的铰链四杆机构之外，在机械中还广泛地采用其他形式的四杆机构。不过，这些形式的四杆机构可认为是由基本形式演化而来的。各种演化机构的外形虽然各不相同，但其性质以及分析和设计方法却常常是相同或类似的，这就为连杆机构的研究提供了方便。下面对各种演化方法及其应用举例加以介绍。

7.4.1 改变构件的形状和运动尺寸

图 7-17（a）所示的曲柄摇杆机构中，若将摇杆 CD 的长度增加至无穷大，则转动副 D 将移至无穷远处，转动副 C 的轨迹 ββ 将变为直线，于是构件 3 与 4 之间的转动副 D 将转化为移动副，该机构演化成曲柄滑块机构，如图 7-17（b）所示。在曲柄滑块机构中，若 C 点的运动轨迹通过曲柄转动中心 A，为对心曲柄滑块机构，如图 7-17（c）所示，否则为偏置曲柄滑块机构。活塞式内燃机、往复式抽水机、空气压缩机及冲床等的主体机构都是曲柄滑块机构。

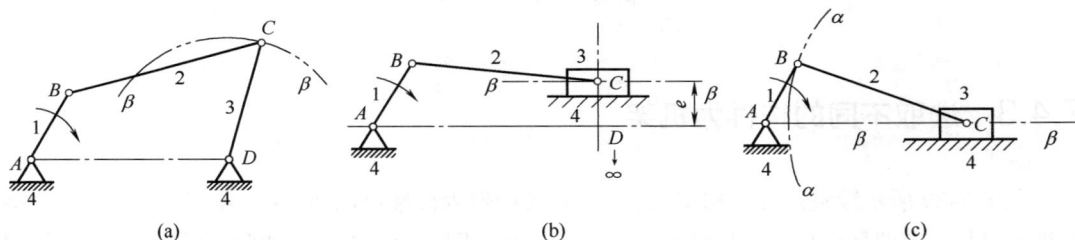

图 7-17 曲柄滑板机构的演化

对心曲柄滑块机构还可以进一步演化成如图 7-18 所示的双滑块四杆机构，图（a）所示机构中滑道为圆弧，图（b）所示机构中滑道为直线，从动件 3 的位移 s 和原动件 1 的转角 φ 的关系为 $s=l_{AB}\sin\varphi$，称为正弦机构。

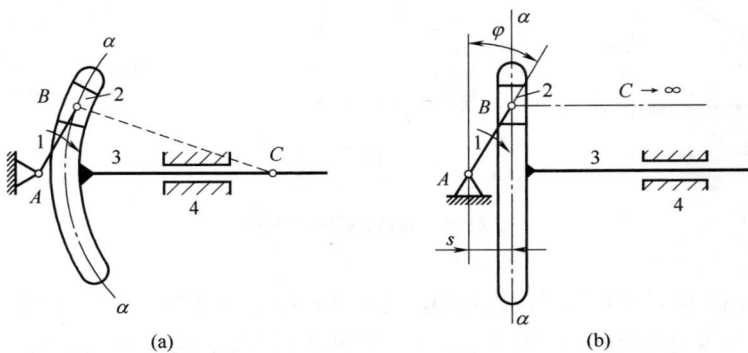

图 7-18 双滑块四杆机构

7.4.2　扩大转动副

图 7-19（a）所示的对心曲柄滑块机构中，如果曲柄 *AB* 的长度过短，那么在曲柄两端做两个转动副将造成加工和装配的困难，还会影响构件的强度。这时常将转动副 *B* 的半径尺寸增大至超过曲柄 *AB* 的长度，形成偏心圆盘，其回转中心 *A* 至几何中心 *B* 的偏心距即为曲柄的长度，这种机构称为偏心轮机构，如图 7-19（b）所示，其运动特性与曲柄滑块机构完全相同。偏心轮机构在锻压设备和柱塞泵等设备中应用较广。

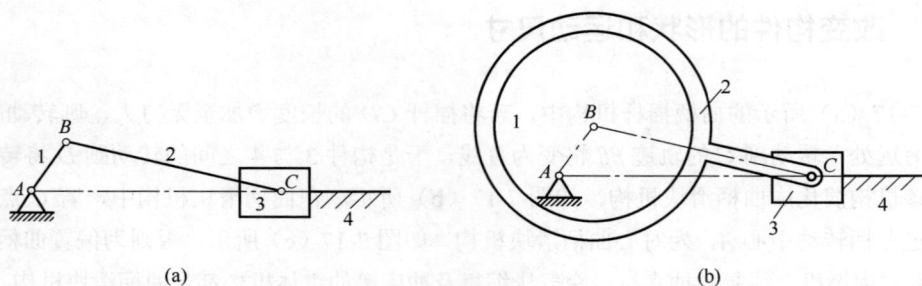

图 7-19　偏心轮机构

7.4.3　选取不同的构件为机架

在图 7-20 所示铰链四杆机构中，选用不同的构件为机架可以演化出不同形式的机构，如曲柄摇杆机构、双曲柄机构和双摇杆机构实际上就是对同一运动链，分别取构件 4 [图（a）]、构件 1 [图（b）]和构件 3 [图（c）]为机架而形成的。机构的这种演化并没有改变运动链的尺寸和各构件之间的相对运动关系，选取运动链中不同构件作为机架以获得不同机构的演化方法称为机构的倒置。

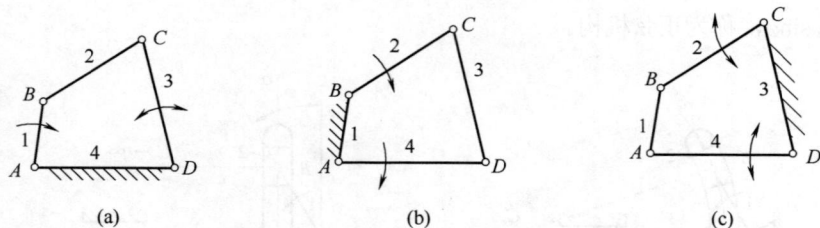

图 7-20　铰链四杆机构的倒置

在图 7-21（a）所示的曲柄滑块机构中，若改选构件 1 为机架，当 $l_1 < l_2$ 时为转动导杆机构[图（b）]，当 $l_1 > l_2$ 时为摆动导杆机构；若改选构件 2 为机架，则得到曲柄摇块机构[图（c）]；若改选滑块 3 为机架，则可形成移动导杆机构 [图（d）]。

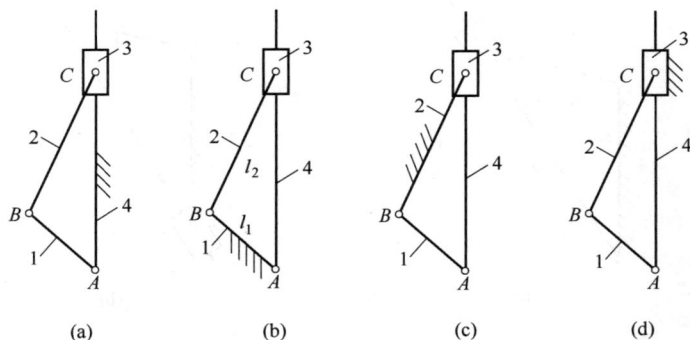

图 7-21　曲柄滑块机构的倒置

曲柄滑块机构的倒置机构在生产实践中也有着极为广泛的应用。图 7-22 所示的小型刨床中 ABC 部分为转动导杆机构；图 7-23 所示牛头刨床中 ABC 部分为摆动导杆机构。图 7-24 所示的汽车自动卸料机构为曲柄摇块机构，其中摇块 3 为液压缸，用压力油推动活塞使车厢翻转，达到自动卸料的目的。图 7-25 所示的手动唧筒为移动导杆机构的应用实例。

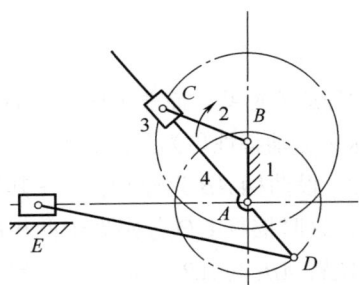

图 7-22　小型刨床

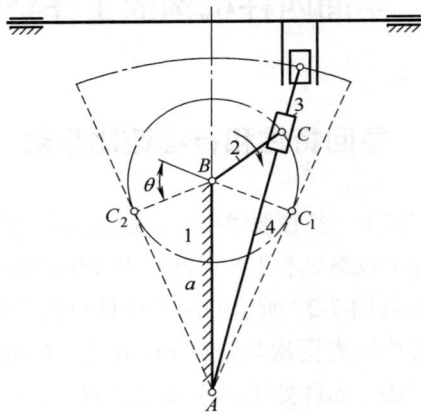

图 7-23　牛头刨床主体机构

图 7-24　汽车自动卸料机构

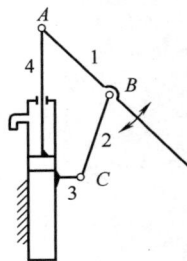

图 7-25　手动唧筒

7.4.4　运动副元素的逆换

就移动副而言，将构成移动副两元素的位置进行逆换，并不影响两构件之间的相对运动，

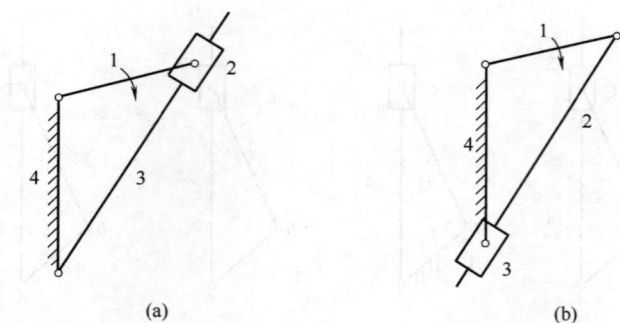

图 7-26 运动副的逆换

但却能演化成不同的机构。如图 7-26（a）所示的摆动导杆机构，当将构成移动副的两构件 2、3 的位置进行逆换时，即演化成图 7-26（b）所示的曲柄摇块机构。

7.5 平面四杆机构的工作特性

7.5.1 急回特性和行程速比系数

在工程上，往往要求做往复运动的从动件，在工作行程速度慢些，而非工作行程的速度快些，这样可以缩短非生产时间，提高生产效率。机构的这种运动特性称为急回特性。

下面以图 7-27 所示的曲柄摇杆机构为例来分析讨论。设曲柄 AB 为原动件，在其转动一周的过程中，有两次与连杆 BC 共线（B_1AC_1 和 AB_2C_2），这时摇杆 CD 分别处于两极限位置 C_1D 和 C_2D。摇杆处于两个极限位置时，对应的曲柄两位置 AB_1 与 AB_2 之间所夹的锐角，称为极位夹角，用 θ 表示。摇杆 C_1D 和 C_2D 之间的夹角称为从动件的摆角，用 ψ 表示。

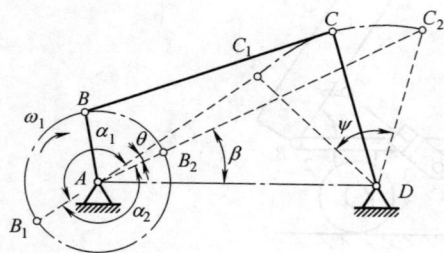

图 7-27 曲柄摇杆机构的急回特性

当曲柄以等角速度 ω_1 顺时针转过 $\alpha_1 = 180° + \theta$ 时，摇杆将由位置 C_1D 摆到 C_2D，其摆角为 ψ，设所需时间为 t_1，C 点的平均速度为 v_1；当曲柄继续转过 $\alpha_2 = 180° - \theta$ 时，摇杆又从位置 C_2D 回到 C_1D，摆角仍然是 ψ，设所需时间为 t_2，C 点的平均速度为 v_2。由于曲柄为等速转动，而

$\alpha_1 > \alpha_2$，所以有 $t_1 > t_2$，$v_2 > v_1$，因此，该机构具有急回特性。

急回特性可以用行程速比系数 K 表示。行程速比系数是指在具有急回特性的机构中，原动件做等速回转运动时，做往复运动的从动件在非工作行程的平均速度（或角速度）与工作行程的平均速度（或角速度）的比值。即：

$$K = \frac{v_2}{v_1} = \frac{\widehat{C_1 C_2}/t_2}{\widehat{C_1 C_2}/t_1} = \frac{t_1}{t_2} = \frac{\alpha_1}{\alpha_2} = \frac{180° + \theta}{180° - \theta} \qquad (7-2)$$

上式表明，当机构存在极位夹角 θ 时，机构便具有急回特性。θ 角愈大，K 值愈大，机构的急回特性也愈显著。当 $\theta = 0°$ 时，$K=1$，机构无急回特性。

具有急回特性的四杆机构除曲柄摇杆机构外，还有偏置曲柄滑块机构（图 7-28）和摆动导杆机构（图 7-29）等。

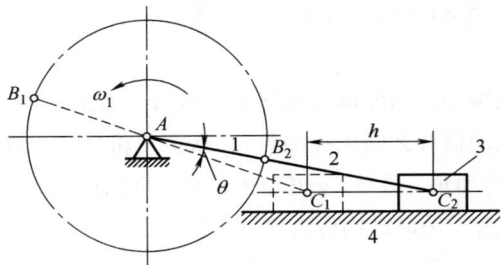

图 7-28　偏置曲柄滑块机构

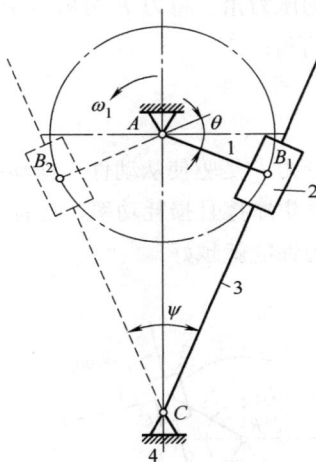

图 7-29　摆动导杆机构

急回运动机构的急回方向与主动件的回转方向有关，为避免把急回方向弄错，在有急回特性要求的设备上应明显标示出原动件的正确回转方向。对于有急回特性要求的机械，在设计时，应先确定行程速比系数 K，求出 θ 角后，再设计各杆的尺寸。θ 角可表示为：

$$\theta = 180° \frac{K-1}{K+1} \qquad (7-3)$$

7.5.2　压力角和传动角

在生产中，实际使用的连杆机构，不仅要保证实现预期的运动，而且要求传动时，具有轻便省力、效率高等良好的传力性能。因此，要对连杆机构的传力情况进行分析。

图 7-30 所示的曲柄摇杆机构中，若不考虑各运动副中的摩擦力及构件重力和惯性力的影响，连杆 2 可视为二力构件，其作用于从动摇杆 3 上的力 F 是沿 BC 方向的。在曲柄摇杆机构中，作用在从动摇杆上的力 F 与其作用点 C 的速度 v_C 之间所夹的锐角 α，称为该机构在此位

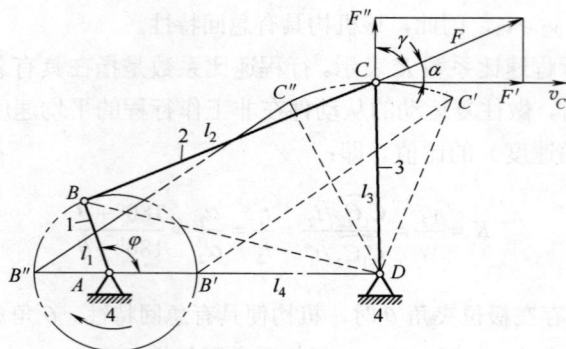

图 7-30 压力角与传动角

置时的压力角。将力 F 分解成沿其作用点 C 的速度 v_C 方向的分力 F' 和垂直于 v_C 方向的分力 F''，可得：

$$\begin{cases} F' = F\cos\alpha \\ F'' = F\sin\alpha \end{cases} \tag{7-4}$$

分力 F' 是驱使从动件 3 摆动的有效分力，而 F'' 只能对铰链 C 和 D 产生径向压力，在运动副中产生摩擦且损耗功率，是有害分力。由式（7-4）可知，α 越小，有效分力 F' 就越大，机构的传力性能就越好。

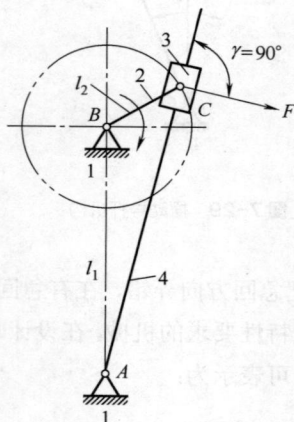

图 7-31 摆动导杆机构传动角

在实际应用中，为度量方便起见，常用压力角 α 的余角 γ（即连杆和从动摇杆之间所夹的锐角）来衡量机构传力性能的好坏，γ 称为传动角。显然，γ 值越大越好。机构运转时，传动角是变化的。为了保证机构传力性能良好，必须规定最小传动角 γ_{min} 的下限。对于一般机械，通常要求 $\gamma_{min} \geqslant 40°$；对于高速重载的机械，则要求 $\gamma_{min} \geqslant 50°$。

对于曲柄摇杆机构，γ_{min} 总是出现在主动曲柄与机架共线的两位置之一，此时需比较机构在这两个位置时的传动角的大小，其中较小者即为曲柄摇杆机构以曲柄为主动件时的最小传动角 γ_{min}。γ_{min} 的值可利用余弦定理计算求得，亦可用图解法求得。

图 7-31 所示为摆动导杆机构，当曲柄为原动件且不考虑摩擦时，滑块 3 对导杆 4 的作用力方向始终垂直于导杆，而导杆上力作用点的速度方向也总是垂直于导杆，因此，该机构的压力角 $\alpha=0°$，传动角 $\gamma=90°$，传力性能好。

7.5.3　机构的死点位置

图 7-32 所示的曲柄摇杆机构中，设以摇杆 CD 为原动件，当连杆与从动曲柄共线时（虚线位置），机构的传动角 $\gamma=0°$（即 $\alpha=90°$）。此时若不计各杆的质量，主动摇杆 CD 通过连杆作用

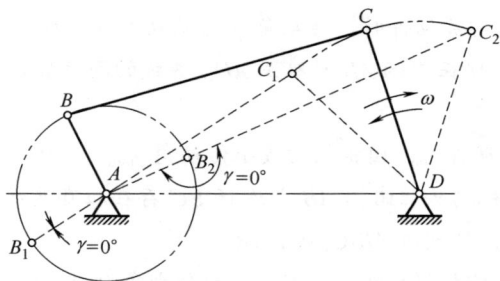

图 7-32　曲柄摇杆机构的死点位置

于从动曲柄 AB 上的力恰好经过铰链中心 A，此力对点 A 不产生力矩，因而出现了不能使构件 AB 转动的"顶死"现象。机构的这种传动角为零的位置称为死点位置。

对于传动机构来说，死点位置的存在是不利的。为了使机构能顺利地通过死点而正常运转，必须采取恰当的措施。如可将两组以上的相同机构相互错开排列，组合使用，或利用飞轮及构件自身的惯性作用，使机构通过死点位置。图 7-33 所示的机车车轮联动机构，就是将其两侧的曲柄滑块机构的曲柄位置相互错开了 90°，从而使机构通过死点位置。

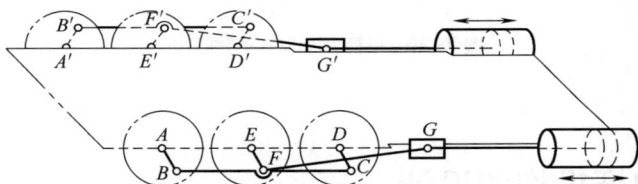

图 7-33　机车车轮联动机构

另一方面，在工程实践中也常利用机构的死点位置来实现特定的工作要求。如图 7-34 所示的飞机起落架机构，在机轮放下时，杆 BC 与 CD 成一直线，此时机轮上虽受到很大的力，但由于机构处于死点位置，起落架不会折回，飞机起落和停放更加可靠。

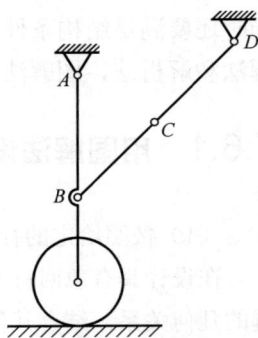

图 7-34　飞机起落架

【例题 7-2】偏置曲柄滑块机构中，设曲柄 AB 的长度为 r，连杆 BC 的长度为 l，滑块 C 的行程为 H，偏心距为 e。

① 分析此机构是否存在急回特性。若存在，其行程速比系数是多少？

② 如果以曲柄 AB 为原动件，试确定该机构的最小传动角及其位置。

③ 试分析该机构在何种情况下有死点位置。

④ 如果该机构为对心曲柄滑块机构，上述情况又如何？

解： 按给定尺寸做出偏置曲柄滑块机构 ABC。

① 用图解法作出该机构的两个极限位置 AB_1C_1 及 AB_2C_2，如图 7-35（a）所示。因其极位夹角 $\theta = \angle C_1AC_2 \neq 0°$，故机构有急回特性，此时其行程速比系数 $K = \dfrac{180° + \theta}{180° - \theta}$。

② 当机构以曲柄 AB 为原动件时，传动角 γ 为从动件（滑块）CD^∞ 与连杆 BC 所夹的锐角。其最小传动角 γ_{min} 将出现在曲柄 AB 与机架 AD^∞ 共线的两位置之一。故最小传动角 $\gamma_{min}=\gamma'=\angle B'C'D^\infty$。

③ 当以曲柄 AB 为原动件时，因机构的最小传动角 $\gamma_{min}=\gamma'\neq 0°$，故机构没有死点位置。但当以滑块为原动件时，因机构从动曲柄 AB 与连杆 BC 存在拉直共线和重叠共线两个位置，故而机构中有两个死点位置，分别为 AB_1C_1 和 AB_2C_2。

④ 如果该机构为对心曲柄滑块机构，因为其极位夹角 $\theta=0°$，如图 7-35（b）所示，所以机构没有急回特性。此时其行程速比系数 $K=1$。

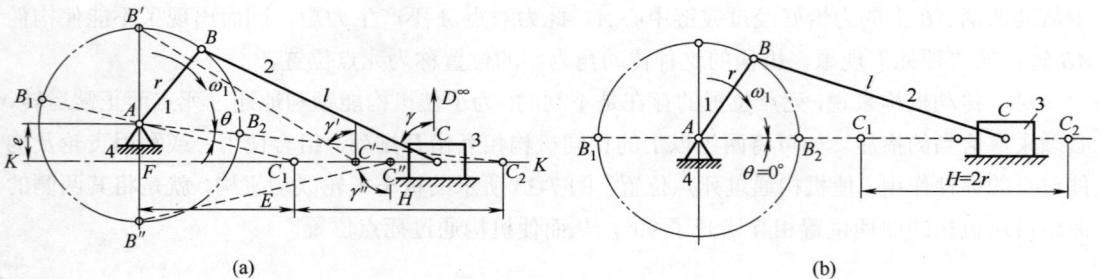

图 7-35 曲柄滑块机构的特性分析

7.6 平面四杆机构的设计

平面四杆机构设计的基本问题是根据给定的要求选定机构的形式、确定各构件的尺寸，同时还要满足结构条件、动力条件（如最小传动角）等。平面四杆机构常用的设计方法有图解法和解析法，图解法几何关系清晰，解析法结果精确。下面介绍这两种方法的具体应用。

7.6.1 用图解法设计平面四杆机构

（1）按照给定的行程速比系数设计

在设计具有急回特性的平面四杆机构时，通常先给定行程速比系数 K，再根据机构极限位置的几何关系，结合其他辅助条件开展设计，下面举例说明。

【例题 7-3】已知摇杆的长度 l_{CD}、行程速比系数 K 和摇杆的摆角 ψ，试设计此曲柄摇杆机构。

解：设计过程如图 7-36 所示，具体步骤如下：

① 由给定的行程速比系数 K 计算极位夹角 θ。由式（7-8）可知：

$$\theta = 180° \frac{K-1}{K+1}$$

② 选择适当的比例尺 μ_l，作图求摇杆的极限位置。任选一个定铰链中心 D 的位置，取摇

杆长度 l_{CD} 除以比例尺 μ_l 得图中摇杆 CD 长度,以 D 为圆心,根据摆角 ψ 的大小,作出摇杆两个极限位置 C_1D 和 C_2D。

③ 求曲柄的铰链中心 A 点的位置。作直线 C_2M 垂直于 C_1C_2,即 $C_2M \perp C_2C_1$,然后作 $\angle C_2C_1N=90°-\theta$,此时 C_2M 与 C_1N 相交于 P 点,由图 7-36 可知 $\angle C_1PC_2=\theta$,最后作 $\triangle PC_1C_2$ 的外接圆,在此圆周(弧 $\overparen{C_2C_1}$ 和弧 $\overparen{FG}$ 除外)上任意取一点 A 都满足 $\angle C_1AC_2=\theta$,所以曲柄与机架的铰链中心 A 取在辅助圆上能满足要求的急回特性。

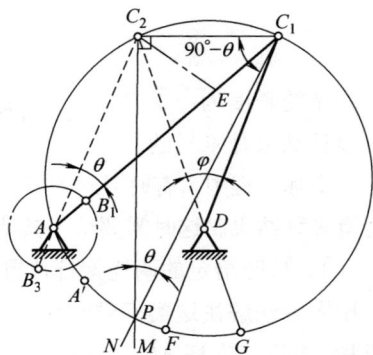

图 7-36　按行程速比系数设计曲柄摇杆机构

④ 求曲柄与连杆的长度。在铰链中心 A 的位置确定下来后,连接 AC_1 和 AC_2,根据摇杆处在极限位置时曲柄与连杆共线的关系,设曲柄的长度为 a,连杆的长度为 b,可得:

$$l_{AC_1} = \mu_l \overline{AC_1} = b+a$$
$$l_{AC_2} = \mu_l \overline{AC_2} = b-a$$

解得:

$$a = \frac{\mu_l(\overline{AC_1} - \overline{AC_2})}{2}$$

$$b = \frac{\mu_l(\overline{AC_1} + \overline{AC_2})}{2}$$

其中,$\overline{AC_1}$ 和 $\overline{AC_2}$ 的长度可由图中量取,机架 AD 的长度为 $l_{AD} = \mu_l \overline{AD}$。

从例题 7-3 可知,因为曲柄与机架的铰链中心 A 可在其辅助圆上(弧 $\overparen{C_2C_1}$ 和弧 $\overparen{FG}$ 除外)任意选取,因此有无穷多个解。如果再给出一些附加条件,如给定机架的长度、连杆的长度等,这样 A 点的位置就能确定下来。值得注意的是,A 点在圆周上不同位置下,机构的最小传动角 γ_{min} 是不同的。A 点离 C_1 点(或 C_2 点)愈近时,γ_{min} 愈大,反之愈小。

（2）按照给定的连杆位置设计

【例题 7-4】如图 7-37 所示,已知连杆 BC 的长度为 b,给定的 3 个位置为 B_1C_1、B_2C_2 和 B_3C_3,用图解法设计此平面四杆机构。

解：该四杆机构设计的关键是确定铰链 A 与 D 的位置。由于 B 点的轨迹是以 A 为圆心、AB 为半径的一段圆弧,所以 A 点一定在 B_1B_2、B_2B_3 和 B_1B_3 的垂直平分线上。同理,D 点也一定在 C_1C_2、C_2C_3 和 C_1C_3 的垂直平分线上。根据上述原理,可得设计步骤如下:

① 选择适当的比例尺 μ_l,根据给定的条件,绘制连杆的三个位置 B_1C_1、B_2C_2 和 B_3C_3。

② 连接 B_1B_2 和 B_2B_3,分别作直线段 B_1B_2 和 B_2B_3 的垂直平分线 b_{12} 和 b_{23},此两垂直平分线的交点就是固定铰链中心 A。

③ 同理,连接 C_1C_2 和 C_2C_3,分别作直线段 C_1C_2 和 C_2C_3 的垂直平分线 c_{12} 和 c_{23},此两垂直平分线的交点就是固定铰链中心 D。

④ 连接 AB_2、C_2D,即得所求四杆机构。

两连架杆的长度分别为:

$$l_{AB} = \mu_l \overline{AB_3}$$
$$l_{CD} = \mu_l \overline{C_3 D}$$

机架的长度为:
$$l_{AD} = \mu_l \overline{AD}$$

设计结果是唯一的。

在实际工程中,有时只对连杆的两个位置 B_1C_1 和 B_2C_2 提出要求,设计满足条件的四杆机构就会有多种结果。这时需要给出其他条件,如最小传动角或杆长范围等,才能确定各杆的长度。

(3)按照给定的两连架杆位置设计

用图解法解决这类问题时可采用机构倒置的方法,又称为反转法。如图 7-38 所示的铰链四杆机构,原机架为杆 AD,机构由 AB_1C_1D 运动到 AB_2C_2D 位置。若改取连架杆 CD 为机架,则连架杆 AB 变为连杆,为了求出倒置机构中活动铰链 A、B 的位置,可将原机构第二位置上各构件组成的四边形 AB_2C_2D 视为刚体,绕点 D 反转 $-\varphi_{12}$,使 DC_2 与 DC_1 重合,即可得到点 A'。

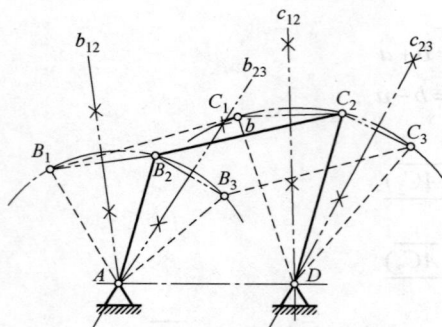

图 7-37 按给定连杆三位置设计四杆机构

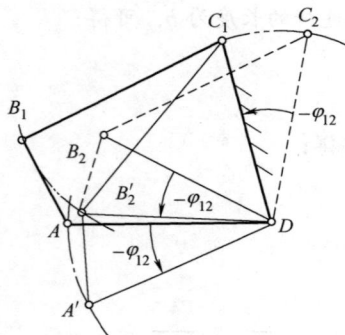

图 7-38 反转法

【**例题 7-5**】如图 7-39(a)所示,已知两连架杆的 3 组对应位置 AB_1、DE_1,AB_2、DE_2,AB_3、DE_3;对应角度关系分别为 φ_1、ψ_1,φ_2、ψ_2 和 φ_3、ψ_3;其中 E_1、E_2、E_3 三点为 CD 杆上任意选取的点 E 所占据的位置,连架杆 AB 和机架 AD 的长度已知。设计此铰链四杆机构。

解: 设计这种四杆机构,就是要确定连杆 BC 和连架杆 CD 的长度,实际上只需确定连杆与连架杆相连的转动副 C 的位置。

根据反转法原理,即可设计该铰链四杆机构 $ABCD$,如图 7-39(b)所示。

首先选取适当的长度比例尺 μ_l(m/mm),依据给定的条件绘出两连架杆的三组对应位置(AB_1 与 DE_1,AB_2 与 DE_2,AB_3 与 DE_3);连接 B_2E_2、B_3E_3、DB_2、DB_3 可得两三角形 B_2E_2D 与 B_3E_3D,作 $\triangle B_2'E_1D$ 和 $\triangle B_3'E_1D$,并使 $\triangle B_2'E_1D \cong \triangle B_2E_2D$,$\triangle B_3'E_1D \cong \triangle B_3E_3D$,可得 B_2' 与 B_3'。然后分别作 B_1B_2' 和 $B_2'B_3'$ 的垂直平分线 b_{12} 和 b_{23},两直线的交点 C_1 就是所求的转动副 C。连接 A、B_1、C_1 和 D,这样求得的图形 AB_1C_1D 即为所设计的铰链四杆机构。最后在图上量出尺寸并乘以比例尺,即得连杆 BC 与连架杆 CD 的长度:

$$l_{BC} = \mu_l \overline{BC}$$
$$l_{CD} = \mu_l \overline{CD}$$

(a)

(b)

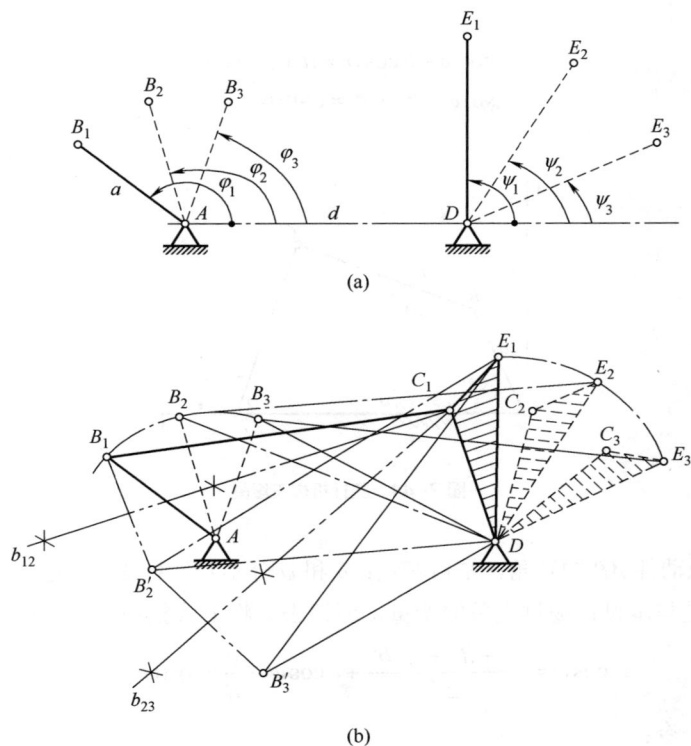

图 7-39　按给定连架杆位置设计四杆机构

7.6.2　用解析法设计平面四杆机构

设已知两连架杆 AB 和 CD 的三组对应转角 φ_1、ψ_1，φ_2、ψ_2 和 φ_3、ψ_3，如图 7-40 所示。连架杆 AB 和 CD 的长度分别用 a 和 c 表示，连杆 BC 和机架 AD 的长度分别用 b 和 d 来表示，要求确定各构件的长度 a、b、c 和 d。

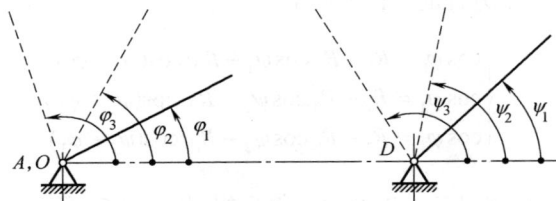

图 7-40　连架杆对应位置

首先，建立直角坐标系 xOy，将各构件的长度分别用 a、b、c 和 d 表示，如图 7-41 所示。

机构各杆长度按同一比例增减时，各杆转角间的关系不变，所以只需确定各杆的相对长度。取 AB 的杆长 $a=1$，则该机构的待求参数只有三个。将各矢量分别向 x 轴和 y 轴投影，可以得到以下关系式：

$$\cos\varphi + b\cos\delta = d + c\cos\psi$$
$$\sin\varphi + b\sin\delta = c\sin\psi$$

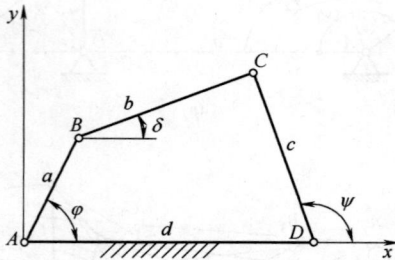

图7-41 四杆机构矢量图

式中，φ 是原动件 AB 的转角，是自变量；δ 和 ψ 分别是连杆 BC 和连架杆 CD 相对于 x 轴的转角。其中 δ 是与本设计题目无关的变量，应消去。将上式整理后，可得：

$$\cos\varphi = \frac{c^2 + d^2 + 1 - b^2}{2d} + c\cos\psi - \frac{c}{d}c\cos(\psi - \varphi)$$

为简化上式，令：

$$\begin{cases} R_0 = c \\ R_1 = \dfrac{c}{d} \\ R_2 = \dfrac{c^2 + d^2 + 1 - b^2}{2d} \end{cases} \tag{7-5}$$

则有：

$$\cos\varphi = R_2 + R_0\cos\psi - R_1 c\cos(\psi - \varphi) \tag{7-6}$$

上式即为两连架杆转角之间的关系式。将三组对应转角 φ_1、ψ_1，φ_2、ψ_2 和 φ_3、ψ_3 分别代入式（7-6）中，则得以下三个方程的线性方程组：

$$\begin{cases} \cos\varphi_1 = R_2 + R_0\cos\psi_1 - R_1 c\cos(\psi_1 - \varphi_1) \\ \cos\varphi_2 = R_2 + R_0\cos\psi_2 - R_1 c\cos(\psi_2 - \varphi_2) \\ \cos\varphi_3 = R_2 + R_0\cos\psi_3 - R_1 c\cos(\psi_3 - \varphi_3) \end{cases} \tag{7-7}$$

联立求解此方程组，可求得 R_0、R_1 和 R_2，然后根据式（7-5）便可求出其余各杆的尺寸 b、c 和 d。通过上述方法求得的杆长 a、b、c 和 d 可同时乘以大于零的任意比例常数，所得的机构都能实现对应的转角关系。

若只给定两连架杆的两组对应位置，则由式（7-6）只能得到两个方程，R_0、R_1、R_2 三个参数中的一个可以任意给定，所以有无穷多解。若给定两连架杆的位置超过三对，则不可能有精确解，只能用优化或试凑等方法求其近似解。

本章小结

平面连杆机构在日常生活和生产实践中有着极为广泛的应用，其中铰链四杆机构是最常见的类型。其基本形式有曲柄摇杆机构、双曲柄机构以及双摇杆机构。并由此演化出曲柄滑块机构、导杆机构、双滑块机构和偏心轮机构等。

掌握铰链四杆机构曲柄存在的条件、压力角、传动角、死点和行程速比系数等基本知识，是分析和设计平面四杆机构的基础。

本章重点：铰链四杆机构曲柄存在的条件；平面四杆机构的工作特性；平面四杆机构的设计。

本章难点：用图解法设计平面四杆机构。

习题

7-1　铰链四杆机构按运动形式分为哪三种类型？各有什么特点？

7-2　何谓行程速比系数？何谓极位夹角？二者之间有什么关系？

7-3　何谓压力角？何谓传动角？二者之间有什么关系？它们对传力性能有何影响？为什么要检验传动角？

7-4　何谓机构的死点位置？在曲柄摇杆机构中，摇杆为原动件时，此机构是否可能存在死点位置？试举例说明。

7-5　试根据图 7-42 中所注明的尺寸判断下列铰链四杆机构是曲柄摇杆机构、双曲柄机构还是双摇杆机构。

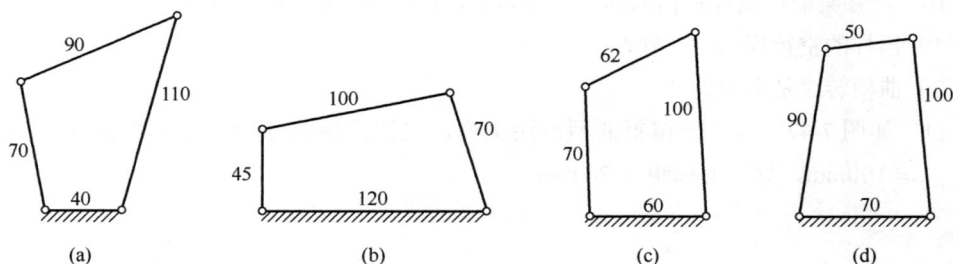

图 7-42

7-6　在图 7-43 所示的铰链四杆机构中，已知：$l_{BC} = 50mm$，$l_{CD} = 35mm$，$l_{AD} = 30mm$，AD 为机架。

（1）此机构为曲柄摇杆机构，且 AB 是曲柄，求 l_{AB} 的最大值；

（2）若此机构为双曲柄机构，求 l_{AB} 的最小值；

（3）若此机构为双摇杆机构，求 l_{AB} 的取值范围。

7-7 画出图 7-44 所示机构不计摩擦时的压力角（1 构件为原动件）。

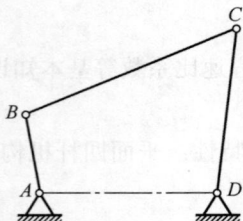

图 7-43

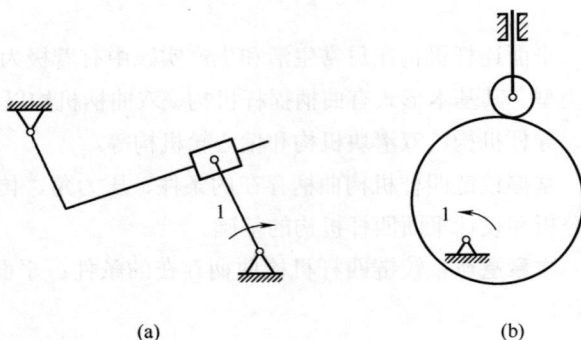

(a)　　　　　　　　(b)

图 7-44

7-8 图 7-45 所示四杆机构中，若原动件为曲柄，试标出在图示位置时的传动角 γ 及机构处于最小传动角 $\gamma_{\min}$ 时的机构位置图。

7-9 在图 7-46 所示的摆动导杆机构中，构件 1 为主动件，构件 3 为从动件，试在图中画出该机构的极位夹角 θ。

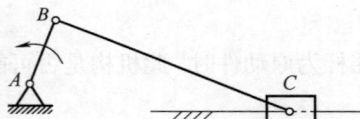

图 7-45

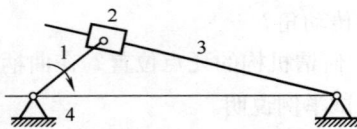

图 7-46

7-10 已知某曲柄摇杆机构的曲柄匀速转动，极位夹角 $\theta = 30°$，摇杆工作行程需时 7s。

（1）摇杆的空行程需时几秒？

（2）曲柄转速是多少？

7-11 如图 7-47，设计一偏置曲柄滑块机构，已知滑块的行程速比系数 $K=1.5$，滑块的行程 $l_{C1C2} = 100$mm，导路的偏距 $e=20$ mm。

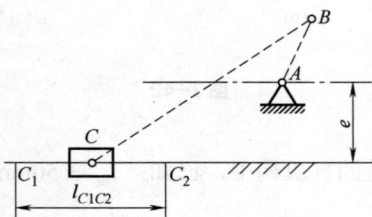

图 7-47

（1）用图解法确定曲柄长度 l_{AE} 和连杆长度 l_{BC}；

（2）若滑块以点 C_1 至 C_2 为工作行程方向，试确定曲柄的合理转向；

（3）用图解法确定滑块工作行程和空回行程时的最大压力角。

7-12　如图 7-48 所示为一飞机起落架机构，实线表示放下时的死点位置，虚线表示收起时的位置。已知 $l_{FC} = 520$ mm，$l_{FE} = 340$ mm，且 FE_1 在垂直位置（即 $\alpha = 90°$），$\theta = 10°$，$\beta = 60°$。试用图解法求构件 CD 和 DE 的长度 l_{CD} 和 l_{DE}。

7-13　欲设计一铰链四杆机构，已知其摇杆 CD 的长度 $l_{CD} = 75$mm，行程速比系数 $K=1.5$，机架 AD 的长度 $l_{AD} = 100$mm，摇杆的一个极限位置与机架间的夹角 $\psi = 45°$，如图 7-49 所示，试求曲柄 AB 的长度和连杆 BC 的长度。

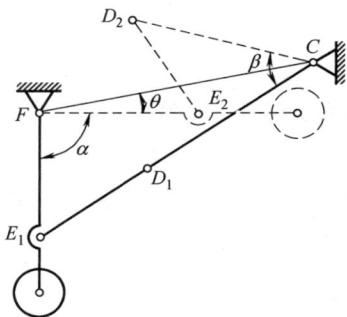

图 7-48

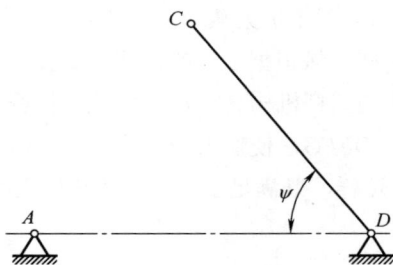

图 7-49

拓展阅读

在工程实际中，当四杆机构的运动性能不能满足工作需要时，可采用多杆机构来实现。多杆机构类型繁多，大部分由四杆机构扩展而成。与四杆机构相比，多杆机构具有某些独特的运动规律和作用，在许多机械中都有应用。下面简要介绍多杆机构的特点与应用。

（1）扩大从动件的行程

图 7-50 所示为一钢料推送装置的机构运动简图，采用多杆机构可使从动件 5 的行程扩大。

（2）用于增大输出件的作用力

图 7-51 所示的手动冲床主体机构由一个双摇杆机构 $ABCD$ 和一个摇杆滑块机构 $DEFG$ 组成。采用这种六杆机构，使扳动手柄 1 的力获得两次放大，从而增大了冲杆的作用力，以满足冲压要求。这种增力机构在连杆机构中经常遇到。

（3）用于使机构受力均匀

图 7-52 所示为大型双点压压床机构运动简图。该机构为六杆机构，由两组尺寸相同且左右对称布置的曲柄滑块机构组成，因而作用在滑块上的力，其水平分力大小相等、方向相反，可消除滑块对导路的侧压力，从而减少了摩擦损失。

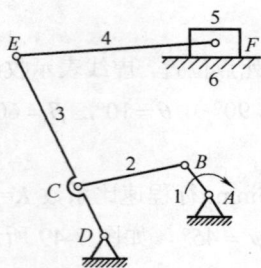

图 7-50 可扩大行程机构

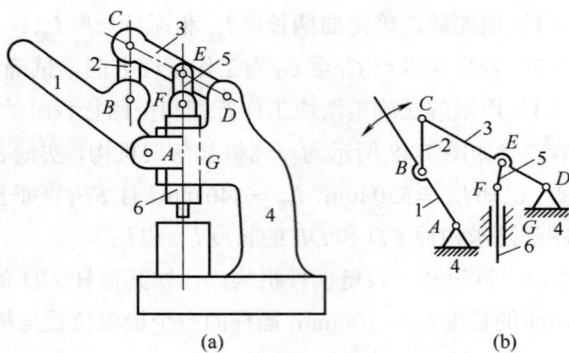

图 7-51 手动冲床主体机构

（4）用于扩大从动件摆角并改善力学性能

某些机械根据工作的需要，要求其从动件的行程（或摆角）可调。如图 7-53 所示的六杆机构，曲柄摇杆机构 ABCD 中的从动摇杆 3 的摆角较小，不能满足要求。此时，可通过一反向四杆机构 DEFG，使输出杆 6 的摆角较杆 3 的摆角扩大，且传动角 γ 比原曲柄摇杆机构的传动角 γ′ 大，这样，既满足了从动件摆角扩大的要求，又改善了传力特性。

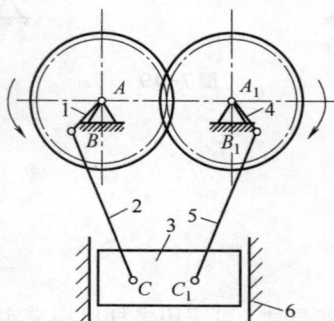

图 7-52 双点压压床机构

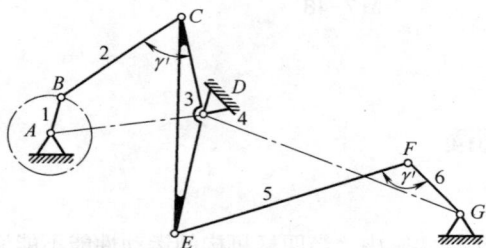

图 7-53 改善传力性能机构

（5）用于改变从动件的运动特性

图 7-7 所示为惯性筛主体机构的运动简图。这个六杆机构可以看成由两个四杆机构组成。第一个是由主动曲柄 1、连杆 2、从动曲柄 3 和机架 4 组成的双曲柄机构；第二个是由曲柄 3（原动件）、连杆 5、滑块 6（筛子）和机架 4 组成的曲柄滑块机构。惯性筛采用这种机构，不仅在运动过程中具有较大的行程速比系数，而且在运转中加速度变化幅度大，可提高筛分效果。

第 **8** 章　凸轮机构及其设计

本书配套资源

本章知识导图

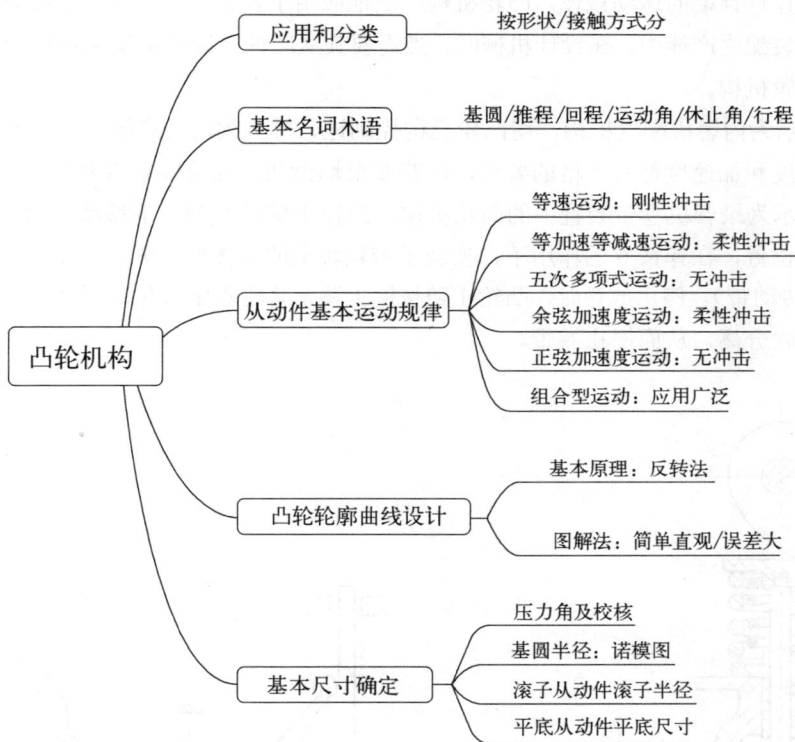

本章学习目标

(1) 掌握凸轮机构从动件的常见运动规律类型及特点；

(2) 掌握盘形凸轮轮廓曲线设计的图解法；

(3) 掌握凸轮机构基本尺寸的确定方法；

(4) 熟悉空间凸轮设计的图解法。

在第 7 章中，介绍了平面连杆机构的分析及设计问题。平面连杆机构具有许多优点，因此在工程实际中得到了广泛的应用。但连杆机构比较难以准确地实现任意预定的运动规律，而且其设计也比较复杂和困难。在设计机械时，当要求机械中某些从动件的位移、速度和加速度必须严格地按照某种预定的运动规律变化时，通常最为简单的办法是采用凸轮机构。本章主要介绍凸轮机构的工作原理、分类、从动件的基本运动规律、反转法基本原理、平面凸轮轮廓曲线的设计方法和凸轮机构的基本尺寸的确定。

8.1 凸轮机构的应用和分类

8.1.1 凸轮机构的应用

凸轮是一个具有一定曲线轮廓或凹槽的构件，运动时通过其曲线轮廓与从动件的高副接触，使从动件获得任意预期的运动规律。凸轮机构广泛地应用于各种机械，特别是自动化机械、自动控制装置和装配生产线中。在设计机械时，当需要其从动件准确地实现某种预期的运动规律时，常采用凸轮机构。

图 8-1 所示为内燃机配气机构，用凸轮机构控制进、排气阀门的启闭。工作中对气阀的启闭时序及其速度和加速度都有严格的要求，这些要求均由凸轮的轮廓曲线来保证。

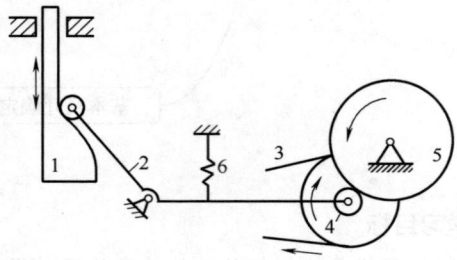

图 8-2 所示为录音机卷带装置中的凸轮机构，凸轮 1 随放音键上下移动。放音时，凸轮 1 处于图示最低位置，在弹簧 6 的作用下，安装于带轮轴上的摩擦轮 4 紧靠卷带轮 5，从而将磁带卷紧（3 为传动带）。停止放音时，凸轮 1 随按键上移，其轮廓压迫从动件 2 顺时针摆动，使摩擦轮与卷带轮分离，从而停止卷带。

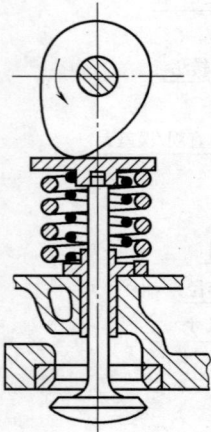

图 8-1 内燃机配气机构   图 8-2 录音机卷带机构

图 8-3 所示为自动机床的进刀机构，进刀机构完成自动进、退刀是利用凸轮机构来控制的，其刀架的运动规律完全取决于凸轮上曲线凹槽的形状。

从以上的例子可以看出，凸轮机构主要由凸轮、从动件和机架三个基本构件组成。一般情况下，凸轮是主动件且做等速转动，从动件则按预定的运动做往复直线移动或往复摆动。凸轮机构的最大优点是，只要设计出合适的凸轮轮廓曲线，从动件便可以获得任意预定的运动规律，且结构简单紧凑，因此在各种机械中得到了广泛的应用。凸轮机构的缺点是凸轮和从动件之间为高副接触，比压较大，容易磨损，故这种机构一般只用于传递动力不大的场合。

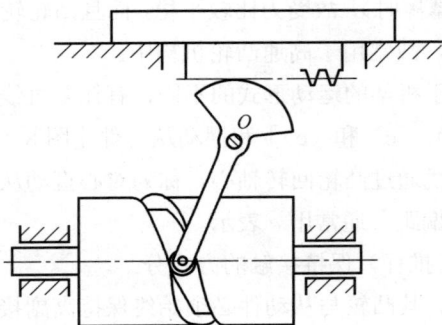

图 8-3　自动机床进刀机构

8.1.2　凸轮机构的分类

工程实际中所使用的凸轮机构种类很多，常用的分类方法有以下几种：

（1）按凸轮形状分

① 盘形凸轮。如图 8-1 所示，其凸轮是绕固定轴转动且具有变化向径的盘形构件，且从动件在垂直于凸轮轴线的平面内运动，这种凸轮机构应用最为广泛。

② 移动凸轮。如图 8-2 所示，其凸轮可看成转动轴线在无穷远处的盘形凸轮的一部分。凸轮做往复移动，从动件在同一平面内运动。盘形凸轮机构和移动凸轮机构都属于平面凸轮机构。

③ 圆柱凸轮。如图 8-3 所示，凸轮的轮廓曲线位于圆柱体上，可看成将移动凸轮卷成一圆柱体而得到的，从动件的运动平面与凸轮轴线平行，故凸轮与从动件之间的相对运动是空间运动，称为空间凸轮机构。

（2）按从动件形状分

① 尖顶从动件。如图 8-4（a）和（b）所示，从动件的结构最简单，能与任意形状的凸轮轮廓保持接触，但因尖顶易磨损，故只适用于传力不大的低速凸轮机构中。

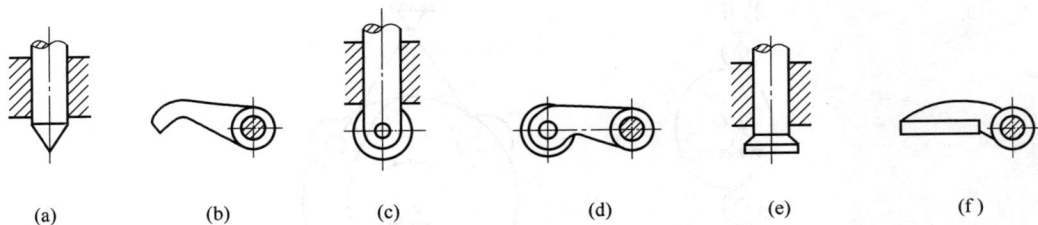

（a）　　　（b）　　　（c）　　　（d）　　　（e）　　　（f）

图 8-4　从动件的种类

② 滚子从动件。如图 8-4（c）和（d）所示，从动件与凸轮轮廓之间为滚动摩擦，摩擦力

小，不易磨损，可承受较大的载荷，故应用最广。

③ 平底从动件。如图 8-4（e）和（f）所示，从动件的优点是凸轮对从动件的作用力始终垂直于从动件的底部（不计摩擦时），故受力比较平稳，而且凸轮轮廓与平底的接触面间易于形成楔形油膜，润滑情况良好，故常用于高速凸轮机构中。

另外，根据从动件相对于机架的运动形式的不同，有往复直线移动和往复摆动两种，分别称为直动从动件［图 8-4（a）、（c）和（e）］和摆动从动件［图 8-4（b）、（d）和（f）］。在直动从动件中，如果从动件的轴线通过凸轮回转轴心，称为对心直动从动件，否则称为偏置直动从动件，其偏置量的大小称为偏距，通常用 e 表示。

（3）按凸轮与从动件（推杆）保持接触的方式分

凸轮机构在运转过程中，其凸轮与从动件必须始终保持高副接触，以使从动件实现预定的运动规律。常用凸轮机构保持高副接触的方式如下：

① 几何封闭。几何封闭利用凸轮或从动件本身的特殊几何形状使从动件与凸轮保持接触。例如，在图 8-5（a）所示的凸轮机构中，凸轮轮廓曲线做成凹槽，从动件的滚子置于凹槽中，依靠凹槽两侧的轮廓曲线使从动件与凸轮在运动过程中始终保持接触。在图 8-5（b）所示的等宽凸轮机构中，因与凸轮轮廓曲线相切的任意两平行线间的距离始终相等，且等于从动件内框上、下壁间的距离，所以凸轮和从动件可以始终保持接触。而在图 8-5（c）所示的等径凸轮机构中，因在过凸轮轴心所作任一径向线上，与凸轮轮廓曲线相切的两滚子中心间的距离处处相等，故可以使凸轮与从动件始终保持接触。又如图 8-5（d）所示共轭凸轮（又称主回凸轮）机构中，用两个固连在一起的凸轮控制一个具有两滚子的从动件，从而形成几何形状封闭，使凸轮与从动件始终保持接触。

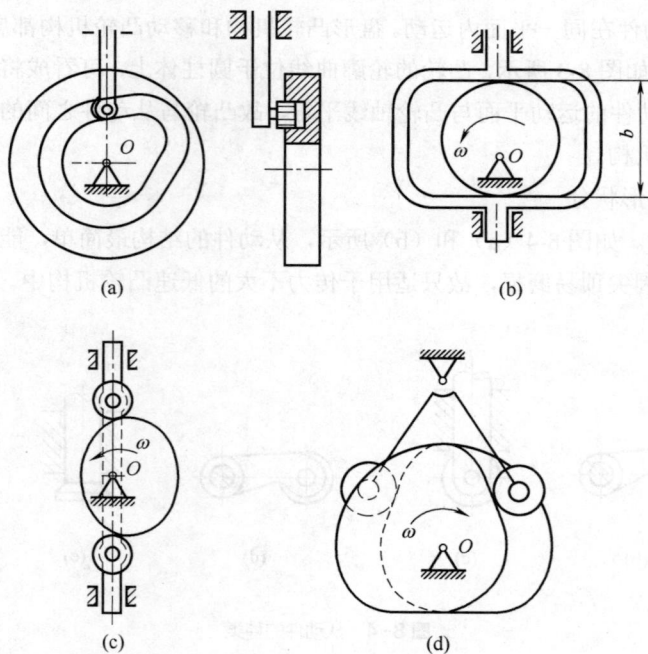

图 8-5 几何封闭的凸轮机构

② 力封闭。力封闭凸轮机构利用重力、弹簧力或其他外力使从动件推杆与凸轮保持接触。图 8-1 所示的凸轮机构就是利用弹簧力来维持高副接触。

以上介绍了凸轮机构的几种分类方法。将不同类型的凸轮和从动件组合起来，就可以得到各种不同形式的凸轮机构。设计时，可根据工作要求和使用场合的不同加以选择。

8.1.3 凸轮机构设计的基本内容与步骤

凸轮机构设计的基本内容与步骤为：

① 根据所设计机构的工作条件及要求，合理选择凸轮机构的类型和从动件的运动规律。

② 根据凸轮在机器中安装位置的限制、从动件行程、凸轮种类等，初步确定凸轮基圆半径。

③ 根据从动件的运动规律，设计凸轮轮廓曲线。

④ 校核压力角及轮廓最小曲率半径，并进行凸轮机构的结构设计。

8.2 从动件的基本运动规律

8.2.1 凸轮机构的基本名词术语

如图 8-6 所示为一对心尖顶直动从动件盘形凸轮机构，其基本名词术语如下。

① 基圆：以凸轮转动中心为圆心，以凸轮轮廓曲线上的最小向径为半径所作的圆，称为凸轮的基圆，基圆半径用 r_0 表示，是设计凸轮轮廓曲线的基准圆。

② 推程与推程运动角：从基圆开始，向径渐增的凸轮轮廓推动从动件，使其位移渐增的过程称为推程。从动件的位移为一个推程时，凸轮所转过的角度称为推程运动角，用 δ_0 表示，如图 8-6 中所示的 $\angle AOB$。

③ 远休止与远休止角：从动件在距凸轮转动中心最远位置静止不动时，称为远休止。此时凸轮所转过的角度称为远休止角，用 δ_{01} 表示，如图 8-6 中所示的 $\angle BOC$。

④ 回程与回程运动角：从动件在向径渐减的凸轮轮廓曲线的作用下返回的过程称为回程。此时凸轮所转过的角度称为回程运动角，用 δ_0' 表示，如图 8-6 中所示的 $\angle COD$。从动件在 CD 轮轮廓曲线的作用下，返回至原来的最低位置。

⑤ 近休止与近休止角：从动件在距凸轮转动中心最近位置 A 静止不动，称为近休止。此时凸轮所转过的角度称为近休止角，用 δ_{02} 表示，如图 8-6 中所示的 $\angle DOA$。

⑥ 行程：推程中，从动件的最大位移称为行程。直动从动件的行程用 h 表示，如图 8-6 中所示从动件端部始点 A 到终点 B 的线位移。

所谓从动件的运动规律，是指从动件的位移 s、速度 v 和加速度 a 随时间 t 的变化规律。因绝大多数凸轮机构工作时，凸轮做等速转动，其转角 δ 与时间 t 成正比，为了将凸轮的运动规律和凸轮的运动角相对应，常将从动件的运动规律表示为从动件的上述运动参数随凸轮转角 δ

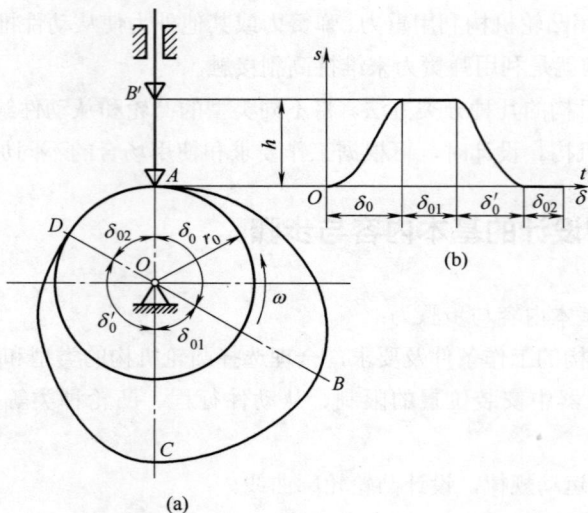

图 8-6 对心尖顶直动从动件盘形凸轮机构

变化的规律。表明从动件的位移随凸轮转角而变化的线图称为从动件的位移线图，如图 8-6（b）所示。通过上面分析可知：从动件的位移曲线取决于凸轮轮廓曲线的形状，也就是说，从动件的运动规律与凸轮轮廓曲线相对应。因此，在设计凸轮时首先应根据工作要求确定从动件的运动规律，绘制从动件的位移线图，然后据其设计凸轮轮廓曲线。

8.2.2 从动件常用的运动规律

工程实际中对从动件的运动要求是多种多样的，与其相适应的运动规律亦各不相同，下面介绍几种在工程实际中常用的从动件运动规律。

（1）多项式运动规律

从动件的运动规律用多项代数式表示时，多项式的一般表达式为：

$$s = C_0 + C_1\delta + C_2\delta^2 + \cdots + C_n\delta^n \qquad (8\text{-}1)$$

式中，δ 为凸轮转角；s 为从动件位移；C_0，C_1，C_2，…，C_n 为待定系数，可利用边界条件来确定。较为常用的有以下几种多项式运动规律。

① 一次多项式运动规律（等速运动规律）。

等速运动规律是指凸轮以等角速度 ω 转动时，从动件在推程或回程的运动速度为常数。在多项式运动规律的一般形式中，当 $n=1$ 时，有：

$$\begin{cases} s = C_0 + C_1\delta \\ v = \dfrac{\mathrm{d}s}{\mathrm{d}t} = C_1\omega \\ a = \dfrac{\mathrm{d}v}{\mathrm{d}t} = 0 \end{cases} \qquad (8\text{-}2)$$

取边界条件：$\delta = 0$，$s = 0$；$\delta = \delta_0$，$s = h$。代入式（8-2）中整理可得，从动件推程的运动方程为：

$$\begin{cases} s = \dfrac{h}{\delta_0}\delta \\ v = \dfrac{\mathrm{d}s}{\mathrm{d}t} = \dfrac{h}{\delta_0}\omega \\ a = \dfrac{\mathrm{d}v}{\mathrm{d}t} = 0 \end{cases} \tag{8-3}$$

根据运动方程可画出推程的运动线图，如图 8-7 所示。由图可知，位移曲线为一斜直线，故又称直线运动规律；而从动件在运动过程中 $a = 0$，但在运动开始和终止的瞬时，速度由零突变为 $h\omega/\delta_0$ 或由 $h\omega/\delta_0$ 突变为零，由加速度的定义可知，此时从动件的加速度在理论上为无穷大，致使从动件突然产生无穷大的惯性力，因而凸轮机构受到极大的冲击，这种冲击称为刚性冲击，且随凸轮转速升高而加剧。因此，等速运动规律只适用于低速轻载的场合。

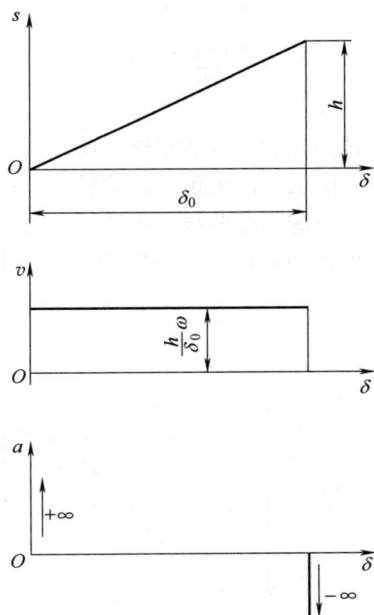

图 8-7 等速运动的运动线图

② 二次多项式运动规律（等加速等减速运动规律）。

等加速等减速运动规律是指从动件在一个运动行程中，前半个行程做等加速运动，后半个行程做等减速运动，且两段的加速度绝对值相等。在多项式运动规律的一般形式中，当 $n=2$ 时，有：

$$\begin{cases} s = C_0 + C_1\delta + C_2\delta^2 \\ v = \dfrac{\mathrm{d}s}{\mathrm{d}t} = C_1\omega + 2C_2\omega\delta \\ a = \dfrac{\mathrm{d}v}{\mathrm{d}t} = 2C_2\omega^2 \end{cases} \tag{8-4}$$

取边界条件：$\delta = 0$，$s = 0$，$v = 0$；$\delta = \delta_0/2$，$s = h/2$。代入式（8-4）中整理可得，前半行程从动件做等加速运动时的运动方程为：

$$\begin{cases} s = \dfrac{2h}{\delta_0^2}\delta^2 \\[2mm] v = \dfrac{4h\omega}{\delta_0^2}\delta \\[2mm] a = \dfrac{4h\omega^2}{\delta_0^2} \end{cases} \tag{8-5a}$$

根据位移曲线的对称性，可得从动件做等减速运动时的运动方程为：

$$\begin{cases} s = h - \dfrac{2h}{\delta_0^2}(\delta_0 - \delta)^2 \\[2mm] v = \dfrac{4h\omega}{\delta_0^2}(\delta_0 - \delta) \\[2mm] a = -\dfrac{4h\omega^2}{\delta_0^2} \end{cases} \tag{8-5b}$$

由于从动件的位移 s 与凸轮转角 δ 的平方成正比，所以其位移曲线为抛物线，故又称抛物线运动规律，其运动线图如图 8-8 所示。由图可见，这种运动规律的速度曲线是连续的，不会产生刚性冲击，但在 A、B 和 C 三点加速度曲线有突变，且为有限值，由此所产生的惯性力也为一有限值，将对机构产生一定的冲击，这种冲击称为柔性冲击。因此，等加速等减速运动规律也只适用于中低速场合。

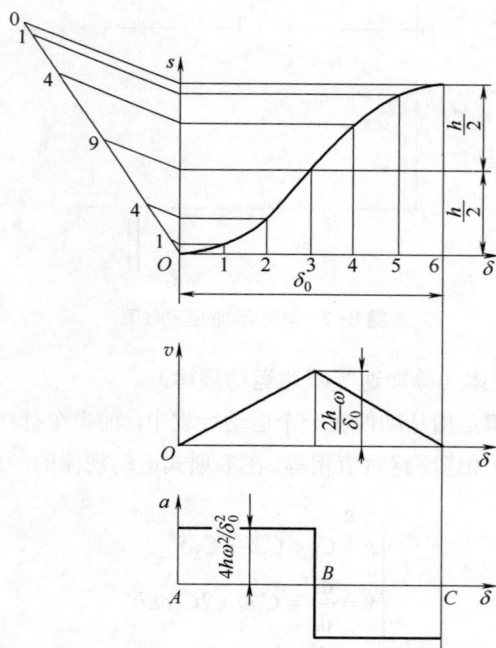

图 8-8 等加速等减速运动的运动曲线

③ 五次多项式运动规律。

在多项式运动规律的一般形式中，当 $n=5$ 时，其方程为：

$$\begin{cases} s = C_0 + C_1\delta + C_2\delta^2 + C_3\delta^3 + C_4\delta^4 + C_5\delta^5 \\ v = \dfrac{\mathrm{d}s}{\mathrm{d}t} = C_1\omega + 2C_2\omega\delta + 3C_3\omega\delta^2 + 4C_4\omega\delta^3 + 5C_5\omega\delta^4 \\ a = \dfrac{\mathrm{d}v}{\mathrm{d}t} = 2C_2\omega^2 + 6C_3\omega^2\delta + 12C_4\omega^2\delta^2 + 20C_5\omega^2\delta^3 \end{cases} \tag{8-6}$$

取边界条件：$\delta = 0$，$s = 0$，$v = 0$，$a = 0$；$\delta = \delta_0$，$s = h$，$v = 0$，$a = 0$。代入式（8-6）中整理可得，从动件推程的运动方程为：

$$\begin{cases} s = h\left(\dfrac{10}{\delta_0^3}\delta^3 - \dfrac{15}{\delta_0^4}\delta^4 + \dfrac{6}{\delta_0^5}\delta^5 \right) \\ v = h\omega\left(\dfrac{30}{\delta_0^3}\delta^2 - \dfrac{60}{\delta_0^4}\delta^3 + \dfrac{30}{\delta_0^5}\delta^4 \right) \\ a = h\omega^2\left(\dfrac{60}{\delta_0^3}\delta - \dfrac{180}{\delta_0^4}\delta^2 + \dfrac{120}{\delta_0^5}\delta^3 \right) \end{cases} \tag{8-7}$$

上式称为五次多项式（或 3-4-5 多项式），图 8-9 为其运动线图。由图可知，在整个运动过程中，加速度没有突变，此运动规律既无刚性冲击也无柔性冲击，因而运动平稳性好，可用于高速凸轮机构。

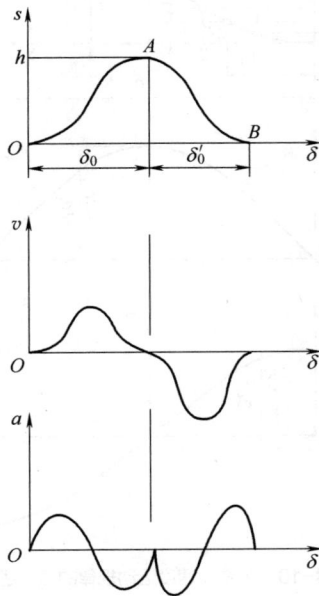

图 8-9　五次多项式运动线图

（2）三角函数运动规律

三角函数运动规律是指从动件的加速度按余弦曲线或正弦曲线变化的运动规律。

① 余弦加速度运动规律（简谐运动规律）。

这种运动规律是指从动件的加速度按 1/2 个周期的余弦曲线变化，其加速度一般方程为 $a = A\cos(B\omega t)$，式中 A 和 B 为常数。对此式积分并考虑边界条件，可得余弦加速度运动规律推程的运动方程为：

$$\begin{cases} s = \dfrac{h}{2}\left[1-\cos\left(\dfrac{\pi}{\delta_0}\delta\right)\right] \\[2mm] v = \dfrac{h\pi\omega}{2\delta_0}\sin\left(\dfrac{\pi}{\delta_0}\delta\right) \\[2mm] a = \dfrac{h\pi^2\omega^2}{2\delta_0^2}\cos\left(\dfrac{\pi}{\delta_0}\delta\right) \end{cases} \qquad (8\text{-}8)$$

根据运动方程可画出推程的运动线图，如图 8-10 所示。由图可知，位移曲线是一条简谐曲线，故又称简谐运动规律。这种运动规律在始、末两点加速度曲线有突变，且为有限值，故会产生柔性冲击，因此余弦加速度运动规律只适用于中低速场合。若从动件用此运动规律做升-降-升的循环运动，则无冲击，可用于高速凸轮机构。

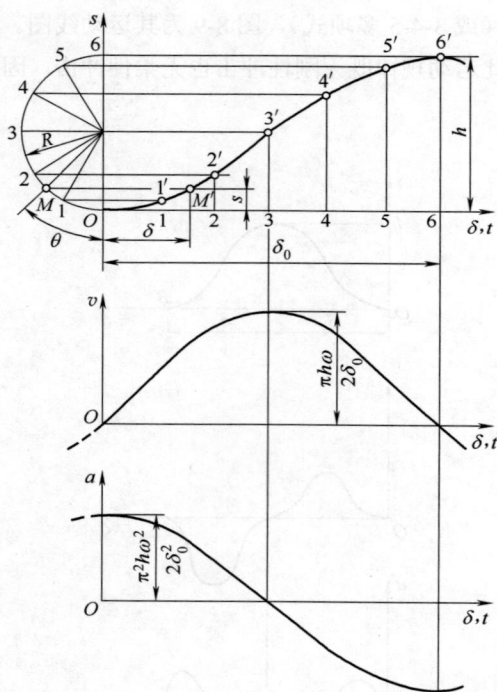

图 8-10 余弦加速度运动规律的运动线图

② 正弦加速度运动规律（摆线运动规律）。

这种运动规律是指从动件的加速度按 1 个完整周期的正弦曲线变化，其加速度一般方程为

$a = A\sin（B\omega t）$，式中 A 和 B 为常数。对此式积分并考虑边界条件，可得正弦加速度运动规律推程的运动方程为：

$$\begin{cases} s = h\left[\dfrac{\delta}{\delta_0} - \dfrac{1}{2\pi}\sin\left(\dfrac{2\pi}{\delta_0}\delta\right)\right] \\[2mm] v = \dfrac{h\omega}{\delta_0}\left[1 - \cos\left(\dfrac{2\pi}{\delta_0}\delta\right)\right] \\[2mm] a = \dfrac{2\pi h\omega^2}{\delta_0^2}\sin\left(\dfrac{2\pi}{\delta_0}\delta\right) \end{cases} \tag{8-9}$$

根据运动方程可画出推程的运动线图，如图 8-11 所示。由图可知，这种运动规律的速度和加速度都是连续变化的，没有刚性和柔性冲击，因此正弦加速度运动规律可用于高速场合。

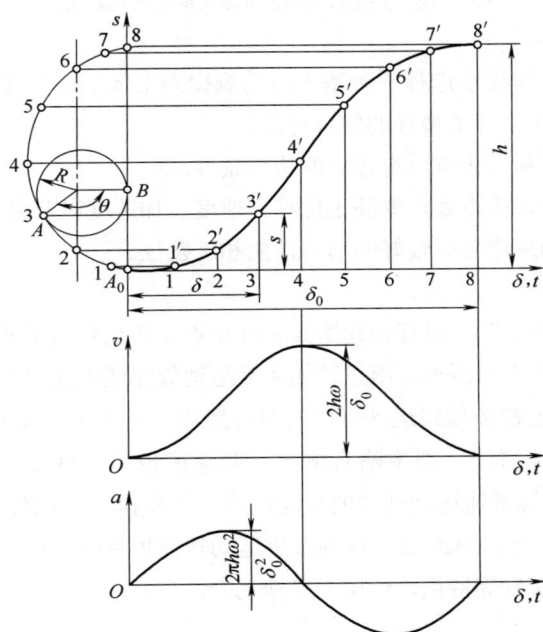

图 8-11　正弦加速度运动规律的运动线图

由式（8-9）可知，位移方程系由两部分组成，其中第一部分是一条斜直线方程，第二部分则是一条正弦曲线方程。因此，位移曲线可把这两部分用图解法叠加而成，其图解方法和步骤如图 8-12 所示。

（3）组合型运动规律

随着对机械性能要求的不断提高，对从动件运动规律的要求也越来越严格。上述单一型运动规律已不能满足工程的需要。随着制造技术的提高，利用基本运动规律的特点进行组合设计，继而形成新的组合型运动规律的应用已相当广泛。

基本运动规律的组合原则：

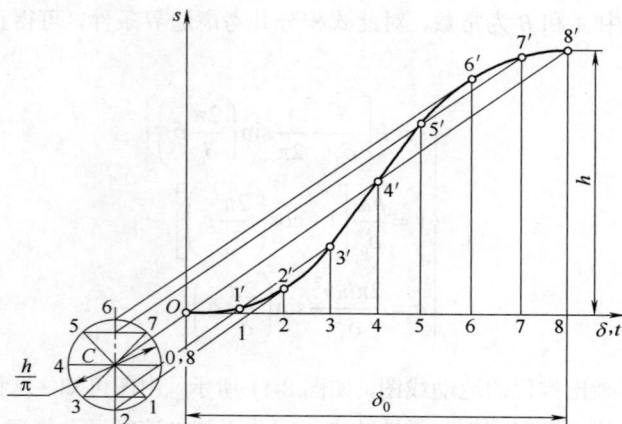

图 8-12 正弦加速度运动规律位移曲线图解方法

① 按凸轮机构的工作要求选择一种基本运动规律为主体运动规律，然后用其他运动规律与之组合，通过优化对比，寻求最佳的组合形式。

② 在行程的起始点和终止点，有较好的边界条件。

③ 各种运动规律的连接点处，要满足位移、速度、加速度以及更高一阶导数的连续。

④ 各段不同的运动规律要有较好的动力性能和工艺性。

组合型运动规律举例：

当要求从动件做等速运动，但行程起始点和终止点要避免任何形式的冲击时，以等速运动规律为主体，在行程的起点和终点可用正弦加速度运动规律或五次多项式运动规律来组合。图 8-13 为等速运动规律与五次多项式运动规律的组合型运动规律运动线图。改进后的等速运动位移曲线（AB 段）相比原直线，斜率略有变化，其速度也有一些变化，但对运动影响不大。图 8-14 为改进的等加速等减速运动规律的运动线图。图 8-14 中，OA、BC、CD、EF 段加速度曲线为 1/4 个正弦波，其周期为 $\delta_0/2$。这种改进运动规律也称改进梯形运动规律，具有最大加速度小且连续性、动力性好等特点，适用于高速场合。

8.2.3 从动件运动规律的选择

选择从动件运动规律时，涉及的问题很多，首先应考虑机器的工作过程对其提出的要求，同时又应使凸轮机构具有良好的动力性能和使设计的凸轮机构便于加工等，一般可从下面几个方面着手考虑。

（1）满足机器的工作要求

这是选择从动件运动规律的最基本的依据。有的机器工作过程要求从动件按一定的运动规律运动，例如图 8-3 所示的自动机床驱动刀架用凸轮机构，为保证加工厚度均匀、表面光滑，要求刀架工作行程的速度不变，故选用等速运动规律。

（2）使凸轮机构具有良好的动力性能

除了考虑各种运动规律的刚性和柔性冲击外，还应对其所产生的最大速度 v_{max} 和最大加速

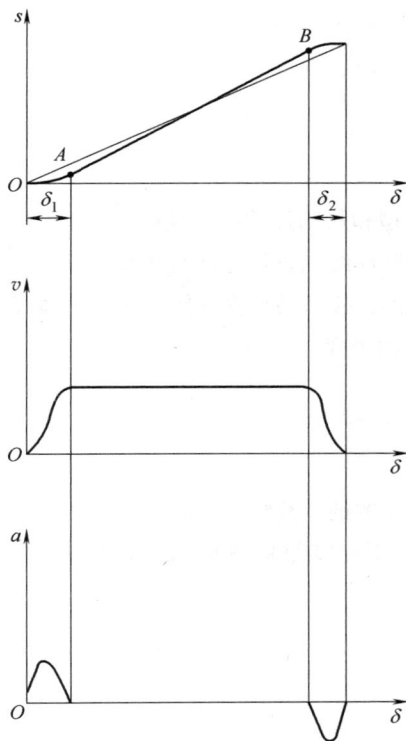

图 8-13 改进等速运动规律运动线图

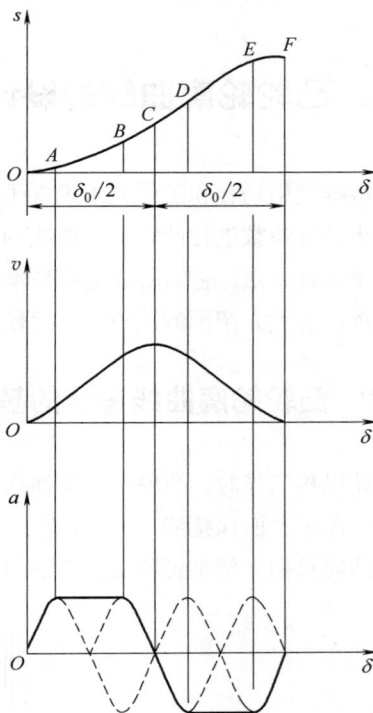

图 8-14 改进等加速等减速运动规律运动线图

度 $a_{\max}$ 及其影响加以分析和比较。通常最大速度 $v_{\max}$ 越大，从动件系统的最大动量 $mv_{\max}$ （m 为从动件系统的质量）越大，故在启动、停车或突然制动时，会产生很大冲击。因此，对于质量大的从动件系统，应选择 $v_{\max}$ 较小的运动规律。另外，最大加速度 $a_{\max}$ 越大，则惯性力越大。由惯性力引起的动压力对机构的强度和磨损都有很大的影响。$a_{\max}$ 是影响动力学性能的主要因素，因此，高速凸轮机构中，要注意 $a_{\max}$ 不宜太大。表 8-1 可供选择从动件运动规律时参考。

表 8-1 从动件常用运动规律特性比较

运动规律	$v_{\max} = \dfrac{h\omega}{\delta} \times$	$a_{\max} = \dfrac{h\omega^2}{\delta^2} \times$	冲击	适用范围
等速	1.00	∞	刚性	低速轻载
等加速等减速	2.00	4	柔性	中速轻载
余弦加速度	1.57	4.93	柔性	中速中载
正弦加速度	2.00	6.28	无	中高速轻载
五次多项式	1.88	5.77	无	高速中载

（3）使凸轮轮廓便于加工

在满足前两点的前提下，若实际工作中对从动件的推程和回程无特殊要求，则为了凸轮便于加工，可以考虑采用圆弧、直线等易加工曲线。

8.3 凸轮轮廓曲线的设计

当根据使用场合和工作要求确定了凸轮机构的类型和从动件的运动规律后，即可根据选定的基圆半径等参数进行凸轮轮廓曲线的设计。凸轮轮廓曲线的设计方法有图解法和解析法，但无论使用哪种方法，它们所依据的基本原理都是相同的，故本书首先介绍凸轮轮廓曲线设计的基本原理，着重介绍图解法设计凸轮轮廓曲线的方法和步骤。

8.3.1 凸轮轮廓曲线设计的基本原理

凸轮机构工作时，凸轮和从动件都在运动，为了在图纸上绘制出凸轮的轮廓曲线，希望凸轮相对于图纸平面保持静止不动，为此可采用反转法。下面以图 8-15 所示的对心直动尖顶从动件盘形凸轮机构为例来说明这种方法的基本原理。

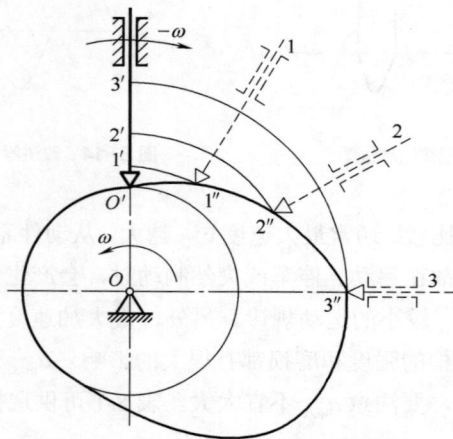

图 8-15 反转法原理

如图 8-15 所示，当凸轮以等角速度 ω 绕轴心 O 逆时针转动时，从动件在凸轮的推动下沿导路上、下往复移动，实现预期的运动规律。现设想将整个凸轮机构以 $-\omega$ 的公共角速度绕轴心 O 反向旋转，显然这样并不改变从动件与凸轮之间的相对运动关系，但凸轮此时则固定不动，而从动件将一方面随着导路一起以等角速度 $-\omega$ 绕凸轮轴心 O 旋转，同时又按已知的运动规律在导路中做往复相对移动。由于从动件尖顶始终与凸轮轮廓相接触，所以反转后尖顶的运动轨迹就是凸轮轮廓曲线，这就是反转法基本原理。凸轮机构的形式多种多样，反转法原理适用于各种凸轮轮廓曲线的设计。

8.3.2　用图解法设计凸轮轮廓曲线

（1）直动尖顶从动件盘形凸轮机构

图 8-16（a）所示为一偏置直动尖顶从动件盘形凸轮机构。设已知凸轮基圆半径 r_0、偏距 e 和从动件的运动规律，凸轮以等角速度 ω 沿逆时针方向回转，要求绘制凸轮轮廓曲线。凸轮轮廓曲线的设计步骤如下：

① 选取位移比例尺 μ_s，根据从动件的运动规律作出位移曲线 s-δ，如图 8-16（b）所示，并将推程运动角 δ_0 和回程运动角 δ_0' 分成若干等份；

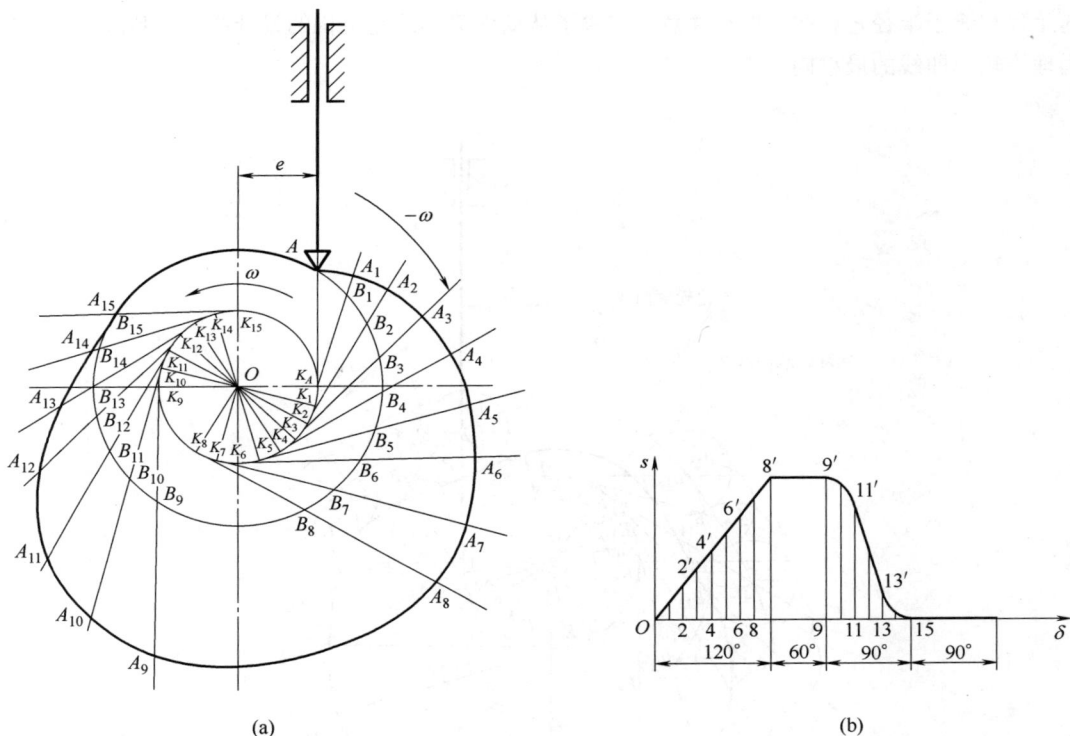

图 8-16　偏置直动尖顶从动件盘形凸轮设计

② 选定长度比例尺 $\mu_l = \mu_s$ 作基圆，取从动件与基圆的接触点 A 作为从动件的起始位置；

③ 以凸轮转动中心 O 为圆心，以偏距 e 为半径所作的圆称为偏距圆。在偏距圆沿 $-\omega$ 方向量取 δ_0，δ_{01}，δ_0'，δ_{02}，并在偏距圆上作等分点，即得到 K_1，K_2，…，K_{15} 各点；

④ 过 K_1，K_2，…，K_{15} 作偏距圆的切线，这些切线即为从动件轴线在反转过程中所占据的位置；

⑤ 上述切线与基圆的交点 B_1，…，B_{15} 则为从动件的起始位置，故在量取从动件位移量时，应从 B_1，…，B_{15} 开始，得到与之对应的 A_1，A_2，…，A_{15} 各点；

⑥ 将 A_1，A_2，…，A_{15} 各点光滑地连成曲线，便得到所求的凸轮轮廓曲线，其中等径圆弧段 $\overset{\frown}{\mu_s A_8 A_9}$ 和 $\overset{\frown}{\mu_s A_{15} A}$ 分别为使从动件远、近休止时的凸轮轮廓曲线。

对于对心直动尖顶从动件盘形凸轮机构，可认为是 $e=0$ 时的偏置凸轮机构，其设计方法与上述方法基本相同，只需将过偏距圆上各点作偏距圆的切线改为过基圆上各点作基圆的射线即可。

（2）直动滚子从动件盘形凸轮机构

图 8-17 所示为偏置直动滚子从动件盘形凸轮机构，其轮廓曲线具体图解步骤如下：将滚子中心 A 当作从动件的假想尖底，按照上述尖顶从动件盘形凸轮轮廓曲线的设计方法作出曲线 β_0，这条曲线是反转过程中滚子中心的运动轨迹，称为凸轮的理论轮廓曲线；以理论轮廓曲线上各点为圆心，以滚子半径 r_r 为半径，作一系列的滚子圆，然后作这簇滚子圆的内包络线 β，就是凸轮的实际轮廓曲线。很显然，该实际轮廓曲线是上述理论轮廓曲线的等距曲线，且其法向距离与滚子半径 r_r 相等。但须注意，在滚子从动件盘形凸轮机构的设计中，其基圆半径 r_0 应为理论轮廓曲线的最小向径。

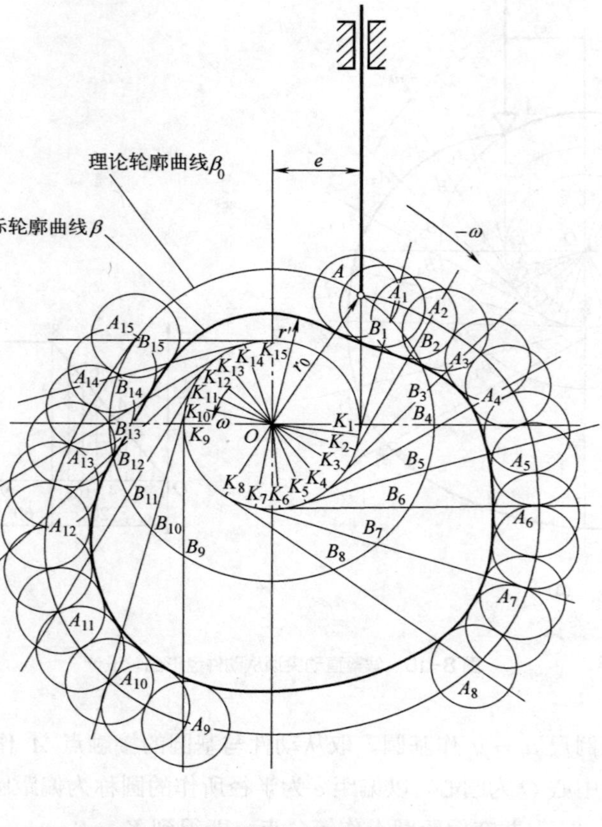

图 8-17 偏置直动滚子从动件盘形凸轮设计

（3）对心直动平底从动件盘形凸轮机构

图 8-18 所示为对心直动平底从动件盘形凸轮机构，其设计基本思路与上述滚子从动件盘形凸轮机构相似。轮廓曲线具体图解步骤如下：取平底与从动件轴线的交点 A 当作从动件的尖

顶，按照上述尖顶从动件盘形凸轮轮廓曲线的设计方法，求出该尖顶反转后的一系列位置 A_1，$A_2,\cdots,A_{15}$；然后过点 A_1，$A_2,\cdots,A_{15}$ 作一系列代表平底的直线，则得到平底从动件在反转过程中的一系列位置，再作这一系列位置的内包络线，即得到平底从动件盘形凸轮的实际轮廓曲线 β。

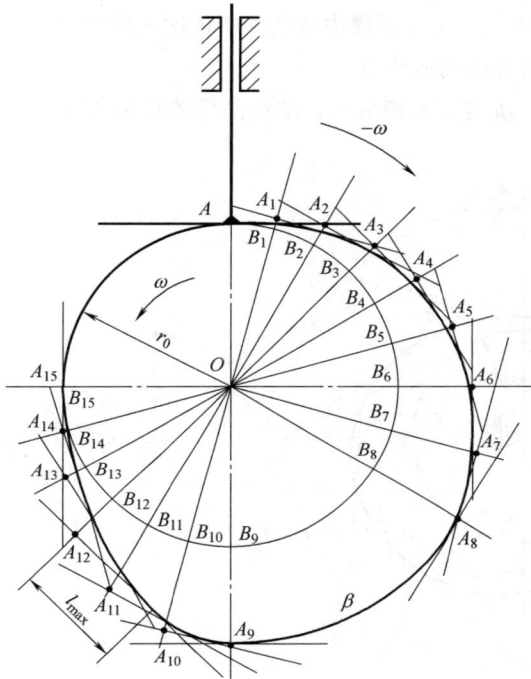

图 8-18　对心直动平底从动件盘形凸轮设计

（4）摆动尖顶从动件盘形凸轮机构

图 8-19（a）所示为一摆动尖顶从动件盘形凸轮机构。设已知凸轮基圆半径 r_0、凸轮轴心与摆杆中心的中心距 L_{OA}、从动件（摆杆）长度 L_{AB}、从动件的最大摆角 ψ_{max} 以及从动件的运动规律［如图 8-19（b）所示］，凸轮以等角速度 ω 沿逆时针方向回转，要求绘制凸轮轮廓曲线。

根据反转原理，当给整个机构以 $-\omega$ 反转后，凸轮将静止不动，而从动件的摆动中心 A 则以 $-\omega$ 绕 O 点做圆周运动，同时从动件按给定的运动规律相对机架 OA 摆动，因此凸轮轮廓曲线的设计步骤如下：

① 选取适当的比例尺，作出从动件的位移线图，在位移曲线的横坐标上将推程角和回程角区间各分成若干等份，如图 8-19（b）所示。与移动从动件不同的是，这里纵坐标代表从动件的角位移 ψ，其比例尺中 1mm 长度代表的是角度数值。

② 以 O 为圆心、以 r_0 为半径作出基圆，并根据已知的中心距 L_{OA}，确定从动件转轴 A 的位置 A_0。然后以 A_0 为圆心，以从动件杆长度 L_{AB} 为半径作圆弧，交基圆于 C_0 点。A_0C_0 即代表从动件的初始位置，C_0 即为从动件尖顶的初始位置。

③ 以 O 为圆心，以 OA_0 为半径作圆，并自 A_0 点开始沿着 $-\omega$ 方向将该圆分成与图 8-19（b）

中横坐标对应的区间相同的等分，得点 A_1，A_2，…，A_9。它们代表反转过程中从动件摆动中心 A 依次占据的位置。

④ 以上述各点为圆心，以从动件杆长度 L_{AB}（$=l$）为半径，分别作圆弧，交基圆于 C_1，C_2，…，C_9 各点，得到从动件各初始位置 A_1C_1，A_2C_2，…，A_9C_9；再分别作 $\angle C_1A_1B_1$，$\angle C_2A_2B_2$，…，$\angle C_9A_9B_9$，使它们与图 8.19（b）中对应的角位移相等，即得线段 A_1B_1，A_2B_2，…，A_9B_9。这些线段代表反转过程中从动件所依次占据的位置，而 B_1，B_2，…，B_9 诸点为反转过程中从动件尖顶所处的对应位置。

⑤ 将点 B_1，B_2，…，B_9 连成光滑曲线，即得凸轮的轮廓曲线。

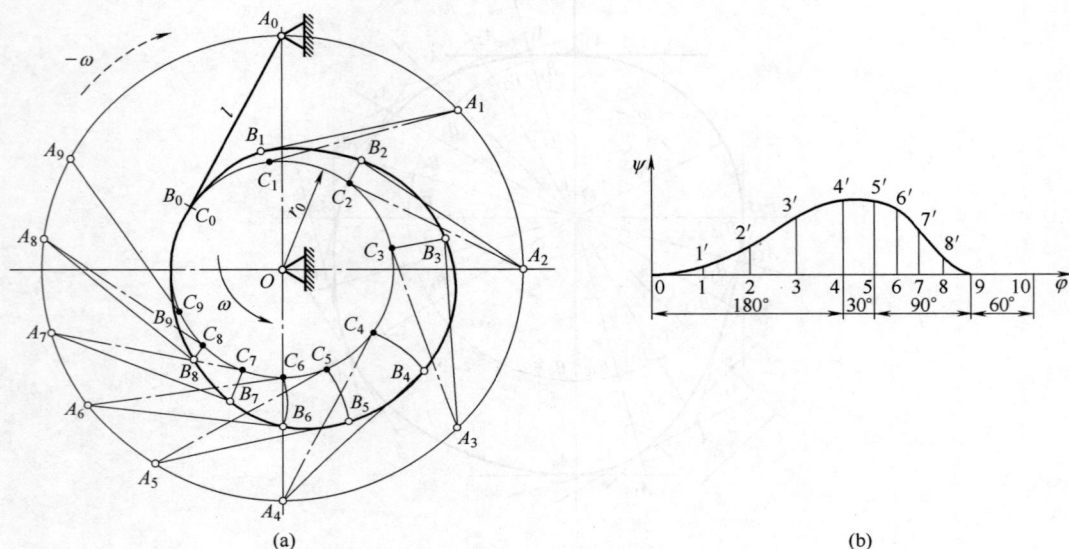

(a)   (b)

图 8-19 摆动尖顶从动件盘形凸轮设计

（5）直动从动件圆柱凸轮机构

圆柱凸轮的轮廓曲线是一条空间曲线，不能直接在平面上表示。但由于圆柱面可以展开成平面，故圆柱凸轮展开便成为平面移动凸轮，因此可以运用前述盘形凸轮的设计原理和方法来绘制它展开后的轮廓曲线。

图 8-20（a）所示为一直动从动件圆柱凸轮机构。设已知凸轮的平均圆柱体半径 R、滚子半径 r_r、从动件运动规律 [如图 8-20（c）所示] 以及凸轮的回转方向，则圆柱凸轮轮廓曲线的设计步骤为：

① 以 $2\pi R$ 为底边作一矩形，表示圆柱凸轮展开后的圆柱面，如图 8-20（b）所示，圆柱面的匀速回转运动就变成了展开面的横向匀速直移运动，且 $V = R\omega$；

② 将展开面底边沿 $-V$ 方向分成与从动件位移曲线对应的等份，得反转后从动件的一系列位置；

③ 在这些位置上量取相应的位移量 s，得 $1'$，$2'$，…，$11'$若干点，将这些点光滑连接，得展开面的理论轮廓曲线；

④ 以理论轮廓曲线上各点为圆心、滚子半径为半径，作一系列的滚子圆，并作滚子圆的上、下两条包络线，即得凸轮的实际轮廓曲线。

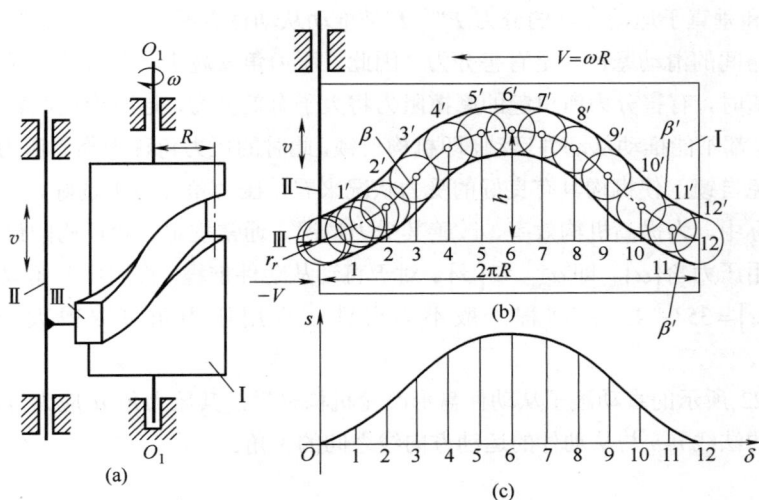

图 8-20 直动从动件圆柱凸轮轮廓曲线设计

8.4 凸轮机构基本尺寸的确定

如上所述，在设计凸轮轮廓前，除了需要根据工作要求选定从动件的运动规律，还需要确定凸轮机构的一些基本参数，如基圆半径 r_0、偏距 e、滚子半径 r_r 等。这些参数的选择除应保证从动件能够准确地实现预期的运动规律外，还应当保证机构具有良好的受力状态和满足机构尺寸紧凑的要求。下面将对此加以讨论。

8.4.1 凸轮机构的压力角及其校核

同连杆机构一样，压力角是衡量凸轮机构传力特性好坏的一个重要参数，而压力角是指在不计摩擦的情况下，凸轮对从动件作用力的方向线与从动件上受力点的速度方向之间所夹的锐角，用 α 表示。图 8-21 为一偏置尖顶直动从动件盘形凸轮机构在推程的一个任意位置。过凸轮与从动件的接触点 B 作公法线 n-n，与过凸轮轴心 O 且垂直于从动件导路的直线相交于点 P，P 点就是凸轮和从动件的相对速度瞬心，则 $L_{OP} = v_2/\omega = \mathrm{d}s/\mathrm{d}\delta$。因此，由图 8-21 可得偏置尖顶直动从动件盘形凸轮机构的压力角计算公式为：

$$\tan\alpha = \frac{OP \pm e}{s_0 + s} = \frac{\mathrm{d}s/\mathrm{d}\delta \pm e}{s + \sqrt{r_0^2 - e^2}} \tag{8-10}$$

在上式中，当导路和瞬心 P 在凸轮轴心 O 的同侧时，分子中"±"取"−"号，可使压力角减少；反之，当导路和瞬心 P 在凸轮轴心 O 的异侧时，分子中"±"取"+"号，压力角将增大。

由图 8-21 可以看出，凸轮对从动件的作用力 F 可以分解成两个分力，即沿着从动件运动方向的分力 F' 和垂直于运动方向的分力 F''。F' 是推动从动件克服载荷的有效分力，而 F'' 将增大从动件与导路间的滑动摩擦，是有害分力。因此，压力角 α 越大，有害分力越大；当压力角增加到某一数值时，有害分力所引起的摩擦阻力将大于有效分力，这时无论凸轮给从动件的作用力 F 有多大，都不能推动从动件运动，即机构自锁，此时的压力角称为临界压力角 α_c。因此，从减小推力避免自锁，使机构具有良好的受力状况来看，压力角 α 越小越好。

在生产实际中，为提高机构效率、改善其受力情况，通常规定凸轮机构的最大压力角 $\alpha_{\max}$ 应小于某一许用压力角 $[\alpha]$，即 $\alpha_{\max} \leqslant [\alpha]$。对于直动从动件推程，许用压力角取 $[\alpha]=30°$；摆动从动件取 $[\alpha]=35° \sim 45°$；回程一般不会自锁，许用压力角可取得大一些，一般取 $[\alpha]=70° \sim 80°$。

对于图 8-22 所示的直动滚子从动件盘形凸轮机构来说，其压力角 α 应为过滚子中心所作理论轮廓曲线的法线 $n\text{-}n$ 与从动件的运动方向线之间的夹角。

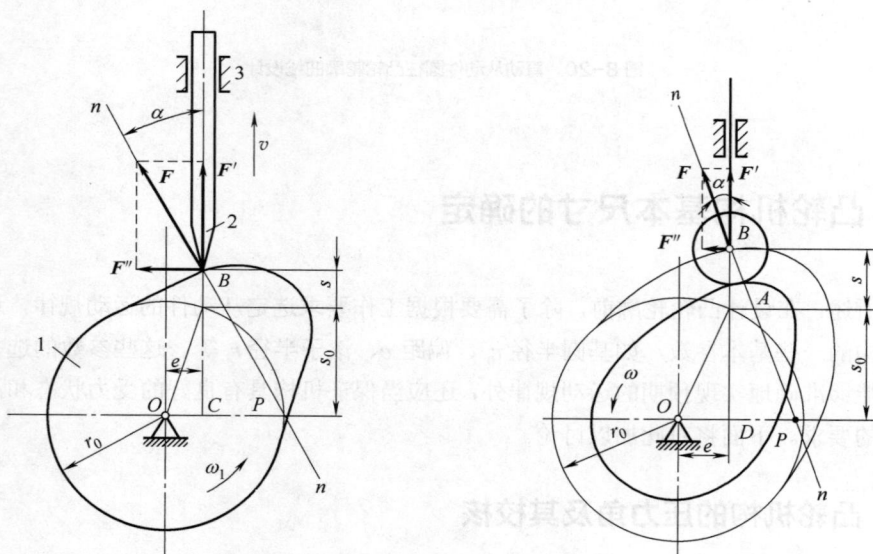

图 8-21 偏置尖顶直动从动件盘形凸轮机构的压力角   **图 8-22** 直动滚子从动件盘形凸轮机构的压力角

8.4.2 凸轮基圆半径的确定

对于偏置直动尖顶从动件盘形凸轮机构，如果限制推程的压力角 $\alpha \ll [\alpha]$，则可由式（8-10）推导出基圆半径的计算公式为：

$$r_0 \geqslant \sqrt{\left(\dfrac{\mathrm{d}s/\mathrm{d}\delta - e}{\tan[\alpha]} - s \right)^2 + e^2} \tag{8-11}$$

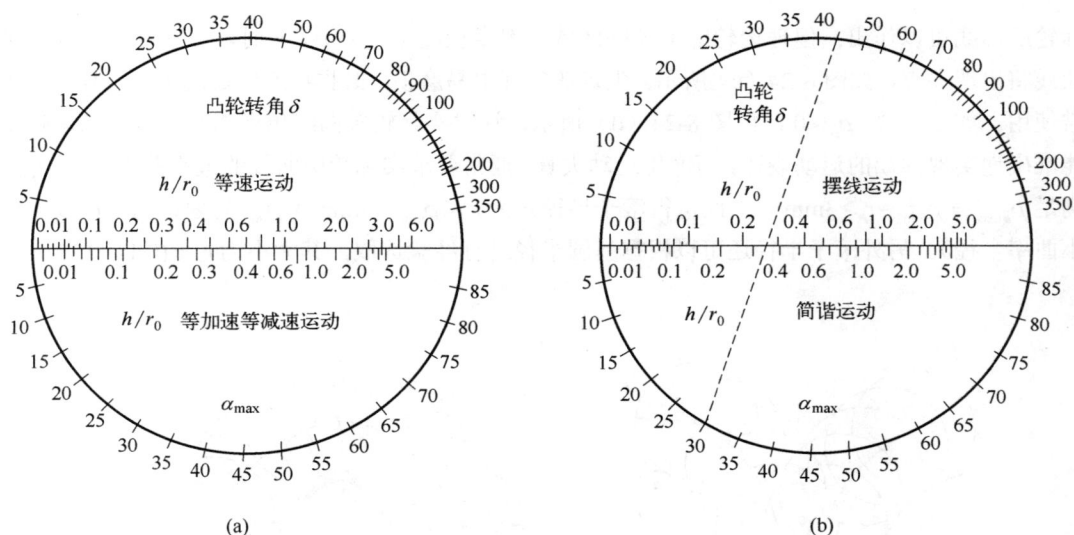

图 8-23 诺模图

当用上式来计算凸轮的基圆半径时，由于凸轮轮廓曲线上各点的 $ds/d\delta$ 和 s 值不同，计算得到的基圆半径也不同。所以在设计时，需确定基圆半径的极值，这就给应用带来了不便。为了使用方便，在工程上现已制备了根据从动件几种常用运动规律确定许用压力角和基圆半径关系的诺模图。图 8-23 所示即为用于对心直动滚子从动件盘形凸轮机构的诺模图，供近似确定凸轮的基圆半径或校核凸轮机构最大压力角时使用。这种图有两种用法：既可以根据工作要求的许用压力角近似地确定凸轮的最小基圆半径，也可以根据所选用的基圆半径来校核最大压力角是否超过了许用值。需要指出的是，上述根据许用压力角确定的基圆半径是为了保证机构能顺利工作的凸轮最小基圆半径。在实际设计工作中，凸轮基圆半径的最后确定，还需要考虑机构的具体结构条件等。例如，当凸轮与凸轮轴做成一体时，凸轮的基圆半径必须大于凸轮轴的半径；当凸轮是单独加工，然后装在凸轮轴上时，凸轮上要做出轴毂，凸轮的基圆直径应大于轴毂的外径。通常可取凸轮的基圆直径大于或等于轴径的 1.6~2 倍。若上述根据许用压力角所确定的基圆半径不满足该条件，则应加大基圆半径。

8.4.3 滚子从动件滚子半径的选择

滚子从动件盘形凸轮的实际轮廓曲线，是以理论轮廓曲线上各点为圆心作一系列滚子圆，然后作该圆族的包络线得到的。因此，凸轮实际轮廓曲线的形状将受滚子半径大小的影响。若滚子半径选择不当，有时可能使从动件不能准确地实现预期的运动规律。下面主要分析凸轮实际轮廓曲线与滚子半径的关系。

如图 8-24（a）所示为内凹型的凸轮轮廓曲线，a 为实际轮廓曲线，b 为理论轮廓曲线。实际轮廓曲线的曲率半径 ρ_a 等于理论轮廓曲线的曲率半径 ρ 与滚子半径 r_r 之和，即 $\rho_a = \rho + r_r$。这时无论滚子半径 r_r 大小如何，其凸轮实际轮廓曲线总可以平滑连接。但是，对于图 8-24（b）所示的外凸型的凸轮，由于其实际轮廓曲线的曲率半径为 $\rho_a = \rho - r_r$，故当 $\rho \gg r_r$ 时，$\rho_a > 0$，实际轮廓曲线可以作出；但理论轮廓上某些区域曲率半径较小，如 $\rho = r_r$ 时，$\rho_a = 0$，实际轮廓曲线将出现尖点，如图 8-24（c）所示。尖点在实际中易磨损，磨损后产生运动失真，故不能正常使用。如 $\rho < r_r$，$\rho_a < 0$，如图 8-24（d）所示，这时实际轮廓曲线出现相交，致使从动件不能准确地实现预期的运动规律，而产生运动失真。通常要求实际轮廓曲线的最小曲率半径 $\rho_{a\min}$ 满足 $\rho_{a\max} = \rho_{\min} - r_r > 3\text{mm}$，由此可得滚子半径 r_r 为 $r_r < \rho_{\min} - 3\text{mm}$（$\rho_{\min}$ 为理论轮廓曲线上最小曲率半径）。另外滚子半径还可以根据基圆半径进行经验选取，其大小为 $r_r = (0.1 \sim 0.15)r_0$。

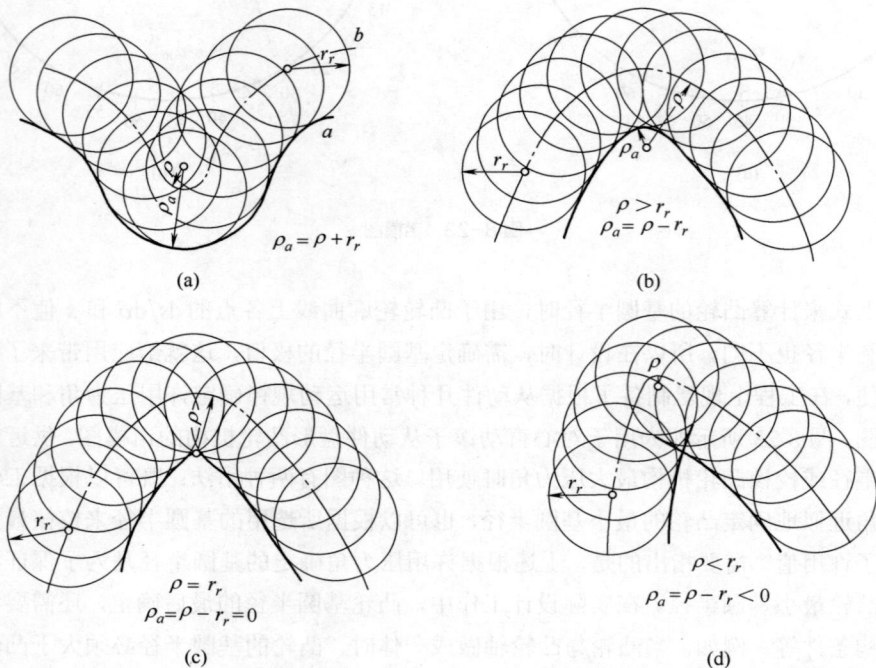

图 8-24 滚子半径的选择

8.4.4 平底从动件平底尺寸的确定

如图 8-18 所示，当用图解法设计出凸轮轮廓曲线后，即可确定出从动件平底中心至从动件平底与凸轮轮廓曲线的接触点间的最大距离 $L_{\max}$，而从动件平底长度 L 应取：

$$L = 2L_{\max} + (5 \sim 7) \text{（mm）} \tag{8-12}$$

平底尺寸也可以按下列公式计算。如图 8-25 所示，当从动件的中心线通过凸轮的轴心 O 时，则 $\overline{OP} = \overline{BC} = \mathrm{d}s/\mathrm{d}\delta$，因此：

$$L_{\max} = \left|\mathrm{d}s/\mathrm{d}\delta\right|_{\max} \tag{8-13}$$

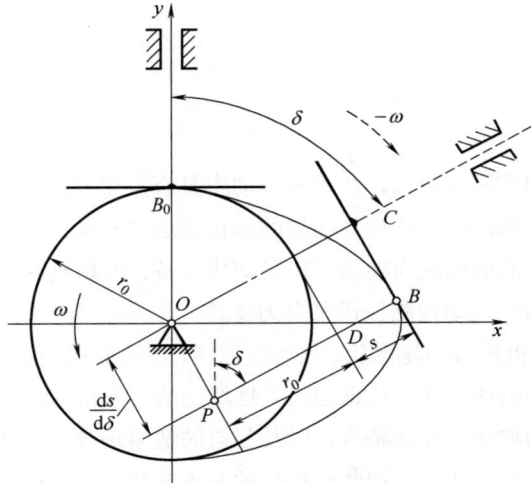

图 8-25　平底尺寸的计算

$|ds/d\delta|_{max}$ 应根据推程和回程时从动件的运动规律分别进行计算，取其较大值。将上式代入式（8-12）可得：

$$L = 2|ds/d\delta|_{max} + (5 \sim 7) \text{（mm）} \tag{8-14}$$

对于平底从动件凸轮机构，有时也会产生运动失真现象。如图 8-26 所示，由于从动件的平底在 B_1E_1 和 B_3E_3 位置时，相交于 B_2E_2 之内，因而凸轮的工作轮廓曲线不能与平底所有位置相切，导致从动件将不能按预定的运动规律运动，即出现运动失真现象。为解决这个问题，可适当增大凸轮的基圆半径。图中将基圆半径由 r_0 增大到 r_0'，从而避免了运动失真现象。

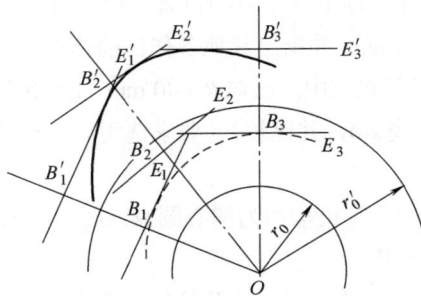

图 8-26　平底尺寸的确定

根据以上的讨论，在进行凸轮轮廓曲线设计之前，需先选定凸轮基圆的半径。而凸轮基圆半径的选择，需考虑到实际的结构条件、压力角以及凸轮的工作轮廓曲线是否会出现变尖和失真等因素。除此之外，当为直动从动件时，应在结构许可的条件下，尽可能取较大的导轨长度和较小的悬臂尺寸；当为滚子从动件时，应恰当地选取滚子半径；当为平底从动件时，应正确地确定平底尺寸等。当然，上述这些尺寸的确定，还必须考虑到强度和工艺等方面的要求。合理选择这些尺寸是保证凸轮机构具有良好的工作性能的重要因素。

本章小结

    凸轮机构是一种常用的高副机构，在机械传动中具有重要地位。其主要由凸轮、从动件和机架组成，通过凸轮的轮廓曲线与从动件的接触来传递运动和动力，使从动件获得预期的运动规律。凸轮机构以其独特的运动转换能力，在自动化设备、内燃机配气机构等众多领域广泛应用，为现代机械工程的精密运动控制提供了有力支撑。本章重难点如下。

    本章重点：了解凸轮机构按凸轮形状、从动件形状、运动形式、保持接触方式等分类方法；掌握等速运动、等加速等减速运动、简谐运动、摆线运动、五次多项式运动等从动件常用运动规律的运动方程、速度和加速度曲线特点，以及各自的适用场合；熟练运用反转法设计凸轮轮廓曲线，根据给定的从动件运动规律和凸轮机构的基本参数，通过反转法确定凸轮轮廓上各点的坐标，进而设计出凸轮轮廓曲线。

    本章难点：根据具体的工作要求和工况条件，综合考虑运动的平稳性、冲击特性、速度和加速度要求等因素，合理选择或组合从动件的运动规律；合理确定凸轮的基圆半径、滚子半径、偏距等基本尺寸；理解压力角的概念及其对凸轮机构受力和传动性能的影响，掌握压力角与基圆半径、偏距等参数的关系。

习题

    8-1   如图 8-27 所示，B_0 点为从动件尖顶离凸轮轴心 O 最近的位置，B' 点为凸轮从该位置逆时针方向转过 90° 后，从动件尖顶上升 s 时的位置。用图解法求凸轮轮廓上与 B' 点对应的 B 点时，应采用图示中的哪一种作法？并指出其他各作法的错误所在。

    8-2   图 8-28 所示的三个凸轮机构中，已知 $R=40$ mm，$a=20$ mm，$e=15$ mm，$r_r=20$mm。试用反转法求从动件的位移曲线 s-δ，并比较。（要求选用同一比例尺，画在同一坐标系中，均以从动件最低位置为起始点。）

    8-3   如图 8-29 所示的两种凸轮机构均为偏心圆盘。圆心为 O，半径为 $R=30$mm，偏心距 $l_{OA}=10$mm，偏距 $e=10$mm。试求：

    （1） 这两种凸轮机构从动件的行程 h 和凸轮的基圆半径 r_0；

    （2） 这两种凸轮机构的最大压力角 α_{max} 的数值及发生的位置（均在图上标出）。

    8-4   在图 8-30 上标出下列凸轮机构各凸轮从图示位置转过 45° 后从动件的位移 s 及轮廓上相应接触点的压力角 α。

    8-5   如图 8-31 所示为一偏置直动滚子从动件盘形凸轮机构，凸轮为一偏心圆，其直径 $D=32$ mm，滚子半径 $r_r=5$ mm，偏距 $e=6$mm。根据图示位置画出凸轮的理论轮廓曲线、偏距圆、基圆，求出最大行程 h、推程角及回程角，并回答是否存在运动失真。

    8-6   在如图 8-32 所示的凸轮机构中，已知凸轮的部分轮廓曲线。

    （1） 在图上标出滚子与凸轮由接触点 D_1 到接触点 D_2 的过程中，对应凸轮转过的角度。

（2）在图上标出滚子与凸轮在 D_2 点接触时凸轮机构的压力角 α。

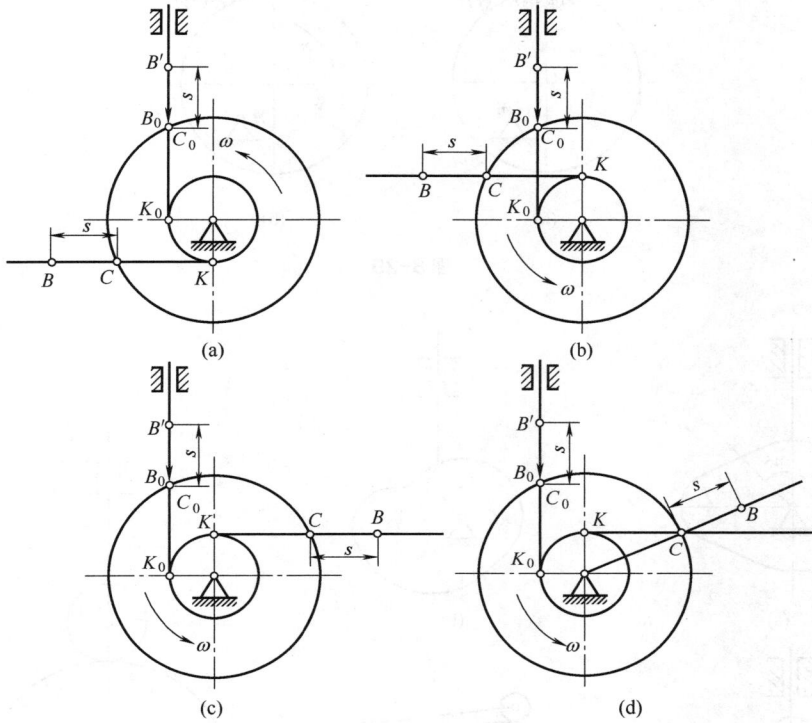

图 8-27

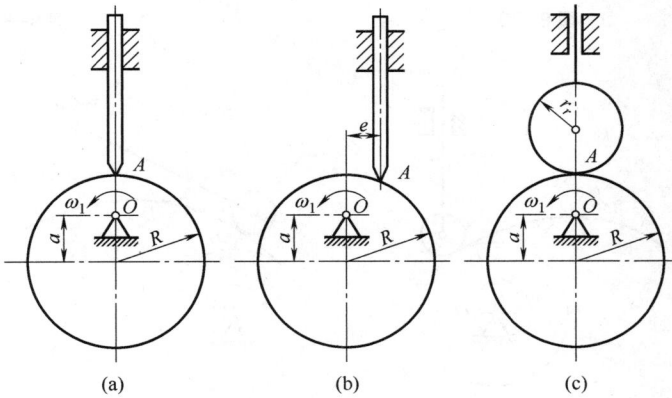

图 8-28

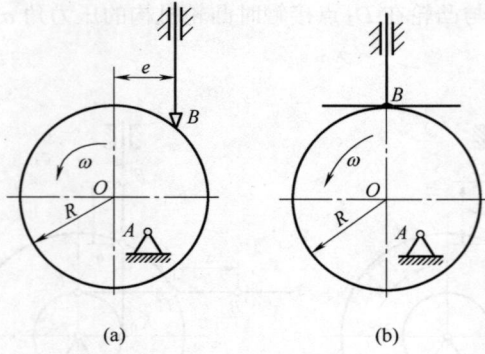

图 8-29

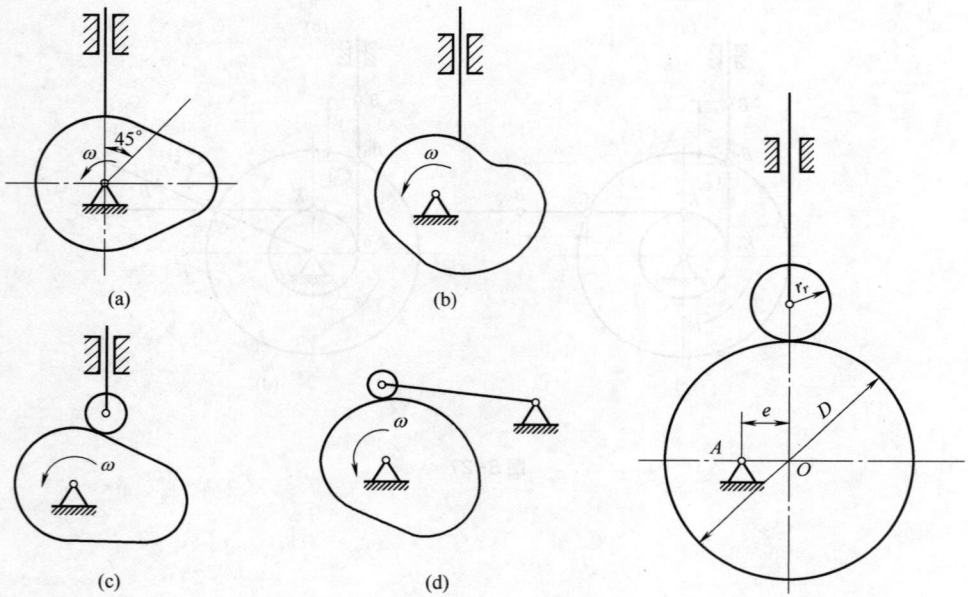

图 8-30

图 8-31

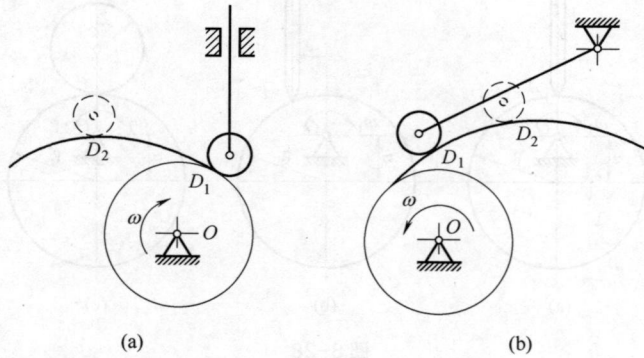

图 8-32

8-7　试以图解法设计一偏置直动滚子从动件盘形凸轮机构凸轮的轮廓曲线。凸轮以等角速度顺时针回转，从动件初始位置如图 8-33 所示，已知偏距 $e=10\text{mm}$，基圆半径 $r_0=40\text{mm}$，滚子半径 $r_r=10\text{mm}$。从动件运动规律为：凸轮转角 $\delta=0°\sim150°$ 时，从动件等速上升 $h=30\text{mm}$；$\delta=150°\sim180°$ 时，从动件远休止；$\delta=180°\sim300°$ 时，从动件等加速等减速回程 30mm；$\delta=300°\sim360°$ 时，从动件近休止。

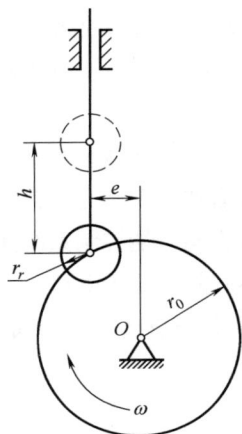 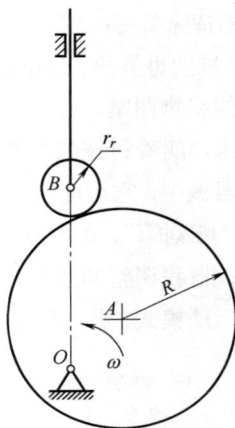

图 8-33　　　　　　　　　　　　　　图 8-34

8-8　在图 8-34 所示的对心直动滚子从动件盘形凸轮机构中，凸轮的实际轮廓曲线为圆形，圆心在 A 点，半径 $R=40\text{mm}$，凸轮绕轴心逆时针方向转动。$l_{OA}=25\text{ mm}$，滚子半径 $r_r=10\text{ mm}$。

（1）理论轮廓为何种曲线？　　　　　　（2）求凸轮基圆半径 r_0。

（3）求从动杆升程 h。　　　　　　　　（4）求推程中最大压力角 $\alpha_{\max}$。

（5）若把滚子半径改为 15 mm，从动杆的运动有无变化？为什么？

拓展阅读

在机械的奇妙世界里，凸轮机构宛如一位灵动的舞者，以独特的运动方式演绎着多样的机械传动之美。凸轮机构虽小巧却蕴含着巨大的能量，在众多机械装置中发挥着不可或缺的作用。

凸轮机构的运动过程恰似一场精心编排的舞蹈表演。推程时，从动件如被唤醒的精灵，缓缓远离凸轮轴心，开启一段独特的旅程；远休止阶段，仿若在舞台中央短暂驻足，稍作停歇；回程时，又似归巢的鸟儿，沿着既定路线返回起始位置；近休止期间，则安静地等待下一次的舞动指令。在这一过程中，从动件的位移、速度与加速度等运动参数如音乐的节奏般有规律地变化，位移是其位置的迁移记录，速度体现着运动的快慢韵律，而加速度则像是舞蹈中的力量爆发与舒缓，其变化的平稳性直接影响着机构的运行品质。

凸轮轮廓曲线的设计堪称艺术与科学的完美融合。反转法原理便是这一设计的"魔法棒"。想象整个凸轮机构被施加了一种神奇的反向旋转力量，凸轮瞬间静止，从动件则一边随着导路反向转动，一边依据预设的运动规律在导路中灵动地滑动，其轨迹所描绘出的便是凸轮的轮廓曲线。这一设计方法需要设计者具备深厚的几何与运动学知识，犹如一位高超的编舞师，根据舞者的表演需求设计出独一无二的舞台路径。

在实际应用的广阔"舞台"上，凸轮机构的身影随处可见。在内燃机的"心脏"部位，凸轮机构化身精准的"阀门管家"，有条不紊地控制着气阀的开启与闭合，确保燃油与空气的完美混合与高效燃烧，为发动机的强劲动力输出奠定基础。在自动化生产线上，凸轮机构又成为灵活的"搬运指挥家"，驱动机械臂精准地抓取、移送零部件，以高效的节奏保障生产线的顺畅运行。在纺织机械的世界里，凸轮机构则像一位细腻的纺织大师，巧妙地操控着织针的上下穿梭，编织出精美的织物图案。

展望未来，随着科技的不断进步与创新，凸轮机构有望在微观机械领域绽放新的光彩。在微小的医疗器械中，它可能成为精准的药物输送"调度员"，或者在微观制造工艺里，化身精细结构加工的"雕刻师"。在智能化浪潮的席卷下，凸轮机构或许会与智能控制系统深度融合，具备自我感知、自我调整的能力，如同拥有智慧的舞者，根据不同的工况环境和任务需求，实时优化自身的运动模式，进一步提高机械系统的性能与效率，续写其在机械工程领域的传奇篇章。

第 9 章　齿轮机构及其设计

本章知识导图

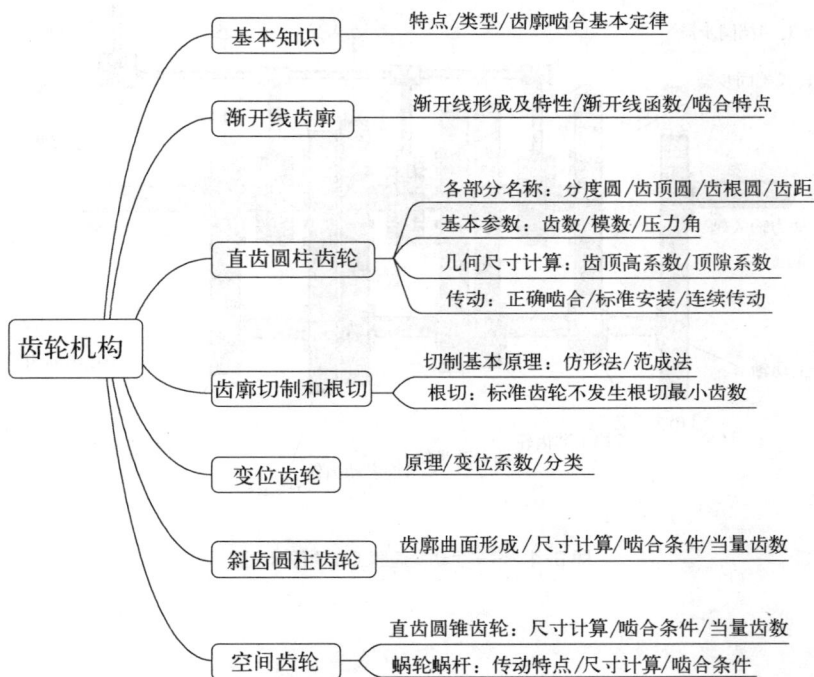

```
                              基本知识 ———— 特点/类型/齿廓啮合基本定律

                              渐开线齿廓 ———— 渐开线形成及特性/渐开线函数/啮合特点

                                            各部分名称：分度圆/齿顶圆/齿根圆/齿距
                                            基本参数：齿数/模数/压力角
                              直齿圆柱齿轮
                                            几何尺寸计算：齿顶高系数/顶隙系数
                                            传动：正确啮合/标准安装/连续传动
        齿轮机构
                              齿廓切制和根切 ———— 切制基本原理：仿形法/范成法
                                                根切：标准齿轮不发生根切最小齿数

                              变位齿轮 ———— 原理/变位系数/分类

                              斜齿圆柱齿轮 ———— 齿廓曲面形成/尺寸计算/啮合条件/当量齿数

                              空间齿轮 ———— 直齿圆锥齿轮：尺寸计算/啮合条件/当量齿数
                                          蜗轮蜗杆：传动特点/尺寸计算/啮合条件
```

本章学习目标

(1) 了解齿轮机构的类型及应用；

(2) 掌握齿廓啮合基本定律，掌握渐开线直齿圆柱齿轮各部分名称、基本参数及各部分几何尺寸的计算方法；

(3) 理解渐开线圆柱齿轮的啮合特性及渐开线直齿轮的啮合传动；

(4) 理解渐开线齿廓的范成法切齿原理、根切现象；

(5) 了解渐开线齿轮的变位修正和变位齿轮传动的概念；

(6) 了解斜齿圆柱齿轮齿廓曲面的形成、啮合特点，能计算标准斜齿圆柱齿轮的几何尺寸；

(7) 了解蜗轮蜗杆机构及直齿圆锥齿轮机构的特点、标准参数及基本尺寸计算方法。

汽车变速器是齿轮应用的典型例子。它通过不同大小的齿轮之间的啮合来实现不同的变速比。如图 9-1 所示为汽车手动变速器工作原理示意图。空挡时，由于各挡位所有从动齿轮和输出轴没有连接，此时输出轴是静止的。操纵变速杆挂 1 挡或其他挡位时，实际上是将 1 挡或其他挡位的从动轮通过对应的同步器（或称犬牙啮合套）和输出轴相结合来实现输出轴旋转；变换挡位时，相当于换成新挡位的从动轮和输出轴连接来实现输出轴旋转；挂倒挡时，由于主动齿轮和从动齿轮之间加了一个中间轮，因此可以实现输出轴的反向旋转。试想，在输入轴转速一定的情况下，输出轴是如何实现转速的变化的？齿轮传动比如何计算？两个齿轮要正确啮合需满足什么条件？

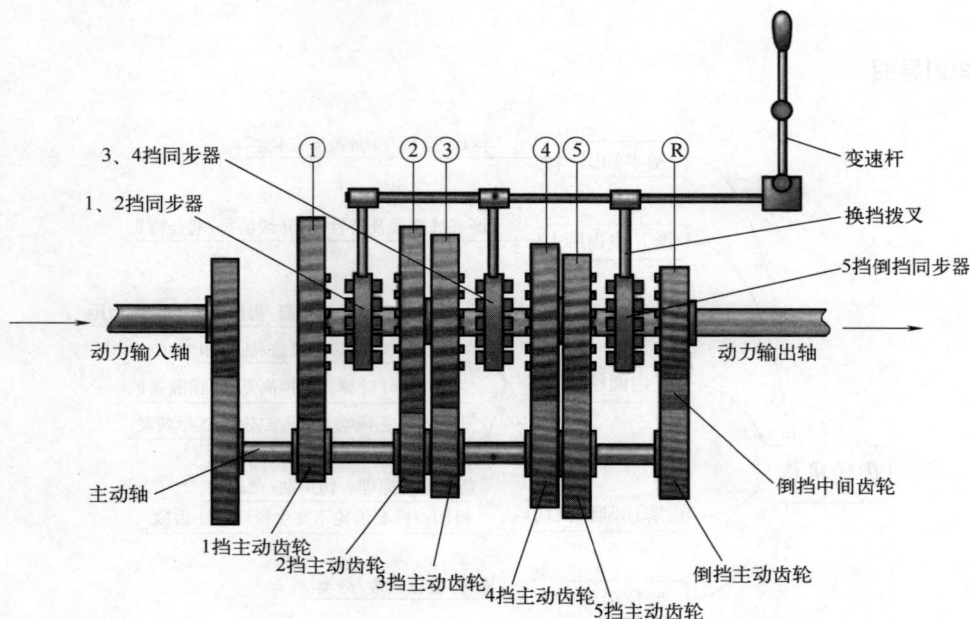

图 9-1 汽车手动变速器工作原理示意图

9.1 齿轮机构的特点和分类

齿轮机构作为机械传动中应用最广的一种机构，主要用来传递空间两轴之间的运动和动力。与带传动机构、链传动机构等相比，它具有传递功率范围大、效率高、适用的圆周速度范围大、传动比准确、使用寿命长、工作安全可靠等优点。缺点是制造及安装精度要求高，价格较贵，不宜用于两轴间距离较远的场合。

根据两齿轮啮合传动时，其相对运动是平面运动还是空间运动，可将齿轮机构分为平面齿轮机构和空间齿轮机构两大类。

（1）平面齿轮机构

做平面相对运动的齿轮机构称为平面齿轮机构，用于两平行轴间的传动。常见的平面齿轮机构有如下几种类型：

① 直齿圆柱齿轮机构。直齿圆柱齿轮，其齿廓曲面母线与齿轮轴线相平行，又简称直齿

轮。按其啮合方式又分为：a.外啮合齿轮机构［图 9-2（a）］，两个外齿轮互相啮合，两齿轮的转动方向相反；b.内啮合齿轮机构［图 9-2（b）］，一个外齿轮与一个内齿轮互相啮合，两齿轮的转动方向相同；c.齿轮齿条机构［图 9-2（c）］，一个外齿轮与齿条互相啮合，齿轮转动，齿条做平移运动。

② 平行轴斜齿轮机构。平行轴斜齿轮机构如图 9-2（d）所示，其轮齿与轴线倾斜某一角度而成螺旋线。平行轴斜齿轮也有外啮合、内啮合和齿轮齿条啮合三种啮合方式。

③ 人字齿轮机构。人字齿轮机构如图 9-2（e）所示，可看作由螺旋角相反的两个平行轴斜齿轮所组成。

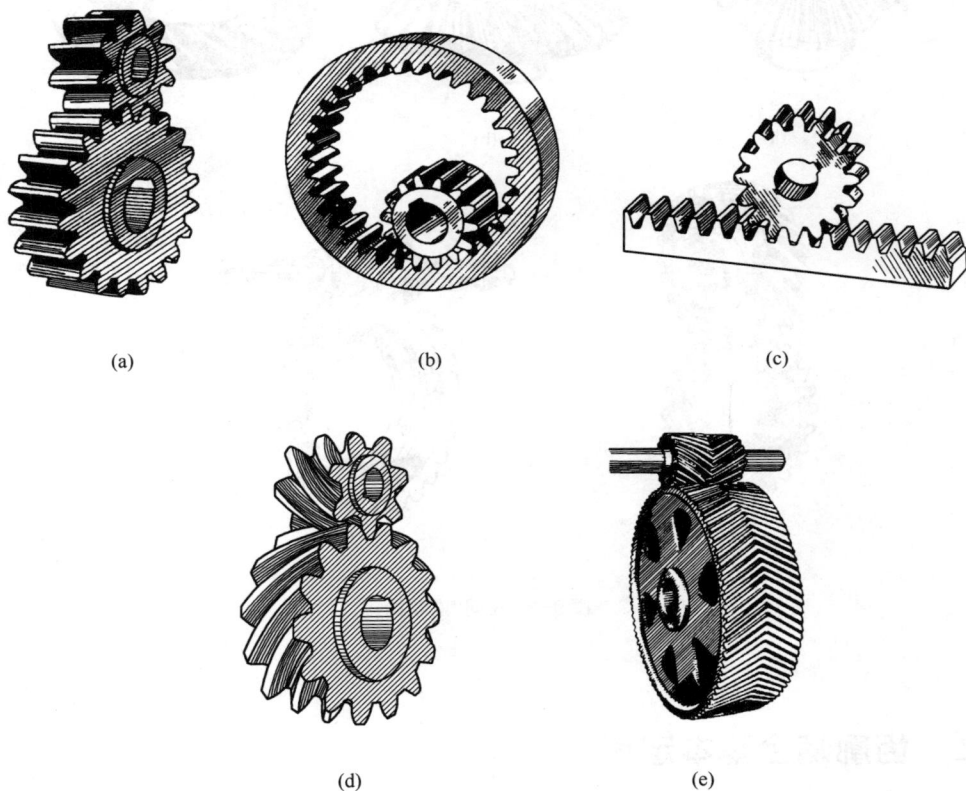

(a)　　　　　　　　　(b)　　　　　　　　　(c)

(d)　　　　　　　　　(e)

图 9-2　平面齿轮机构

（2）空间齿轮机构

空间齿轮机构用来传递两个平行轴之间的运动和动力。按照两轴线的相对位置不同，又可将空间齿轮机构分为两类：

① 传递两相交轴转动的齿轮机构。这种齿轮的轮齿排列在轴线相交的两个圆锥体的表面上，故称为圆锥齿轮或伞齿轮。按其轮齿形状，又分为三种类型：a.直齿圆锥齿轮［图 9-3（a）］，应用最为广泛；b.斜齿圆锥齿轮［图 9-3（b）］，因不易制造，故很少应用；c.曲齿圆锥齿轮［图

9-3（c）]，可用在高速、重载的场合，但需用专门的机床加工。

    ② 传递两交错轴转动的齿轮机构。这类齿轮机构常见的有两种：a.交错轴斜齿轮机构［图 9-3（d）]，其单个齿轮为斜齿圆柱齿轮，但两齿轮的轴线既不相交也不平行，而是相互交错的；b.蜗轮蜗杆机构［图 9-3（e）]，两轴交错角通常为 90°。

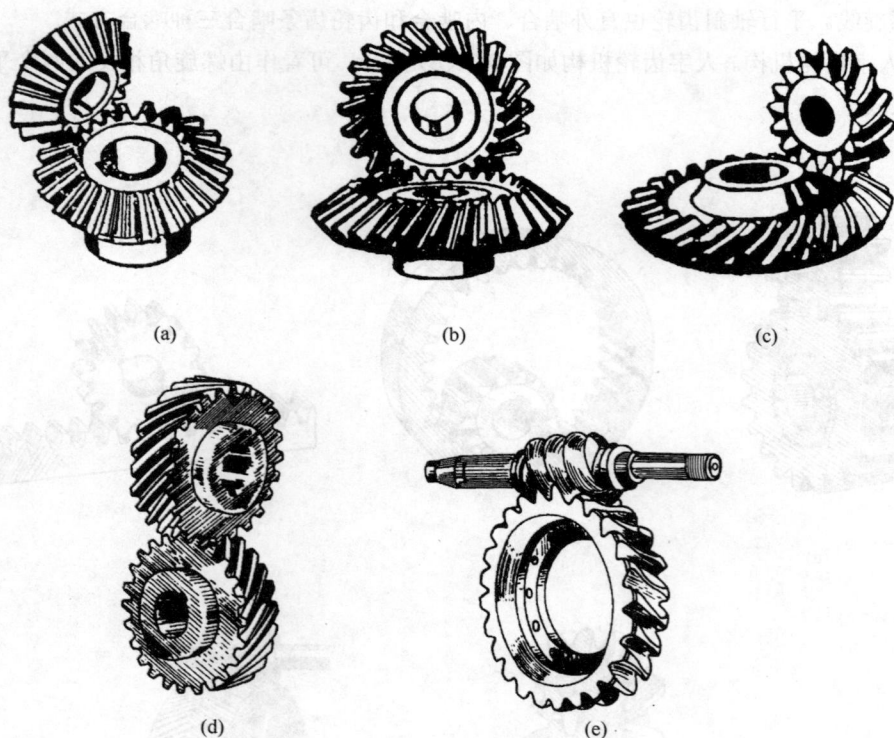

(a)   (b)   (c)

(d)   (e)

图 9-3 空间齿轮机构

9.2 齿廓啮合基本定律

    齿轮传动要求传动准确平稳，即保证瞬时传动比不变。否则，当主动轮等速回转时，从动轮做变速转动，将会引起机器的振动和噪声，进而影响传动的精度。为此需要研究轮齿的齿廓形状应符合什么条件才能保证齿轮瞬时传动比不变的要求，即齿廓啮合基本定律。

    如图 9-4 所示为两齿廓 C_1、C_2 某一瞬时在 K 点啮合，设主、从动轮角速度分别为 ω_1、ω_2，过 K 点作两齿廓的公法线 n-n，根据速度瞬心的概念，其与两轮连心线 O_1O_2 的交点 P 为两齿轮的相对瞬心，即两齿轮在 P 点的线速度应相等，即：

$$\omega_1 \overline{O_1P} = \omega_2 \overline{O_2P}$$

    故两齿轮此时的瞬时传动比为：

$$i_{12} = \frac{\omega_1}{\omega_2} = \frac{\overline{O_2P}}{\overline{O_1P}} \tag{9-1}$$

式（9-1）表明，相互啮合的一对齿轮，在任意瞬时的传动比等于齿廓接触点公法线 $n\text{-}n$ 将其连心线 O_1O_2 所分成的两线段长度的反比，这一规律称为齿廓啮合基本定律。由该基本定律可知，若要求一对齿轮的传动比为常数，则上述点 P 应为连心线 O_1O_2 上一固定点。故两齿轮做定传动比传动的条件是：不论两齿廓在任何位置相啮合，过其啮合点所作的公法线应与两齿轮的连心线交于一固定点。通常称该固定点 P 为节点，以 O_1、O_2 为圆心过 P 点所作的两个相切的圆称为两齿轮的节圆，其半径分别用 r_1'、r_2' 表示。因此，一对圆柱齿轮传动相当于其两节圆做纯滚动。

凡能满足齿廓啮合基本定律的一对齿廓称为共轭齿廓。只要给定轮 1 的齿廓曲线 C_1，则可根据齿廓啮合基本定律确定轮 2 的共轭齿廓曲线 C_2，因此在理论上满足一定传动比规律的共轭齿廓曲线很多。在生产实践中，选择齿廓曲线时，还必须从设计、制造、安装和使用等方面予以综合考虑。对定传动比齿轮传动，其齿廓曲线目前最常用的有渐开线、摆线、变态摆线、圆弧曲线等。而渐开线齿廓由于具有良好的传动性能，同时具有便于制造、安装、测量等优点，被广泛应用。

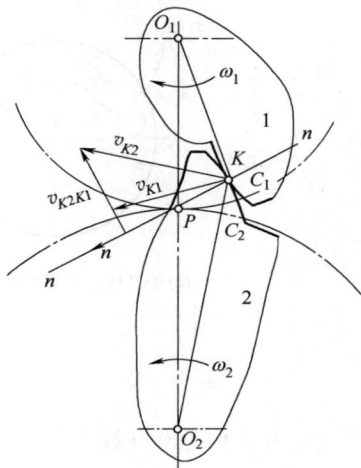

图 9-4　齿廓啮合基本定律

9.3　渐开线齿廓及其啮合特点

9.3.1　渐开线及其方程

（1）渐开线及其特性

如图 9-5（a）所示，当一直线 NK 沿一圆周做纯滚动时，直线上任意点 K 的轨迹 AK 就是该圆的渐开线。该圆称为渐开线的基圆，半径用 r_b 表示，直线 NK 叫作渐开线的发生线，角 $\theta_K = \angle AOK$ 叫作渐开线 AK 段的展角，r_K 称为任意点向径。

根据渐开线的形成过程可得出渐开线具有下列特性：

① 发生线沿基圆滚过的长度，等于基圆上被滚过的圆弧长度，即 $\overline{KN} = \overset{\frown}{AN}$。

② 渐开线上任一点 K 处的法线与基圆相切，且切点 N 是渐开线上 K 点的曲率中心，线段 NK 是渐开线上 K 点的曲率半径。渐开线上各点的曲率不同，离基圆越近，其曲率半径越小。在基圆上其曲率半径为零。

③ 渐开线的形状取决于基圆的大小。如图 9-5（b）所示，基圆越小，渐开线越弯曲；基圆越大，渐开线越平直。当基圆半径为无穷大时，其渐开线就变成一条直线。

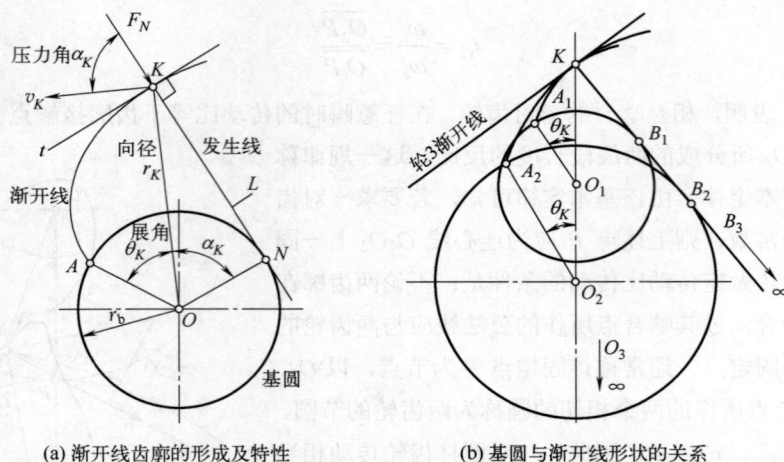

(a) 渐开线齿廓的形成及特性　　　　(b) 基圆与渐开线形状的关系

图 9-5 渐开线的形成及性质

④ 基圆内无渐开线。

（2）渐开线的极坐标方程

如图 9-5（a）所示，设 AK 为某齿轮的渐开线齿廓，它与另一齿轮的渐开线齿廓于 K 点啮合，K 点的向径 $\overline{KO}$ 用 r_K 表示。传动时，K 点的力的方向线 NK 与该点的速度方向 v_K 所夹的锐角 α_K 称为渐开线在该点的压力角。由图 9-5（a）可得：

$$\cos \alpha_K = \frac{r_b}{r_K} \tag{9-2}$$

从式（9-2）可看出，渐开线上每一点的压力角是不相等的，当 $r_K = r_b$ 时，则 $\alpha_b = 0$，即基圆处的压力角等于零。

根据图 9-5（a）并结合渐开线性质，可得：

$$\theta_K = \angle AON - \alpha_K = \frac{\overline{KN}}{ON} - \alpha_K = \tan \alpha_K - \alpha_K$$

故：

$$\theta_K = \tan \alpha_K - \alpha_K \tag{9-3}$$

由式（9-3）可知，展角 θ_K 随压力角 α_K 的变化而变化，故 θ_K 为压力角的渐开线函数，并用 $\mathrm{inv}\alpha_K$ 表示，即：

$$\mathrm{inv}\alpha_K = \tan \alpha_K - \alpha_K$$

在图 9-5（a）中，若以渐开线起始点 A 的向径 OA 为极轴，渐开线上任一点 K 的向径 r_K 与极轴的夹角为极角，则渐开线上任一点 K 的位置可以用 r_K 和 θ_K 表示。因此，渐开线的极坐标参数方程为：

$$\begin{cases} r_K = \dfrac{r_b}{\cos \alpha_K} \\[2mm] \theta_K = \tan \alpha_K - \alpha_K \end{cases} \tag{9-4}$$

为了计算方便，工程上已将不同压力角 α_K 的渐开线函数制成表格。

9.3.2 渐开线齿廓的啮合特点

（1）渐开线齿廓能保证定传动比传动

由前述可知，若使两齿轮做定传动比传动，则两轮的齿廓不论在任何位置接触，过其接触点所作的齿廓公法线必与两轮的连心线交于一定点 P。

如图 9-6 所示，渐开线齿廓在任意点 K 啮合时，过点 K 作这对齿廓的公法线 N_1N_2，根据渐开线的特性可知，此法线 N_1N_2 必同时与两轮的基圆相切，即 N_1N_2 为两基圆的一条内公切线。由于两轮的基圆为定圆，其在同一方向的内公切线只有一条，所以不论这对齿廓在何位置啮合，过啮合点 K 所作两齿廓的公法线 N_1N_2 必为一定线，其与连心线的交点 P 必为一定点。故两个以渐开线作为齿廓曲线的齿轮相啮合时，其传动比为常数，即：

$$i_{12} = \frac{\omega_1}{\omega_2} = \frac{\overline{O_2P}}{\overline{O_1P}} = 常数$$

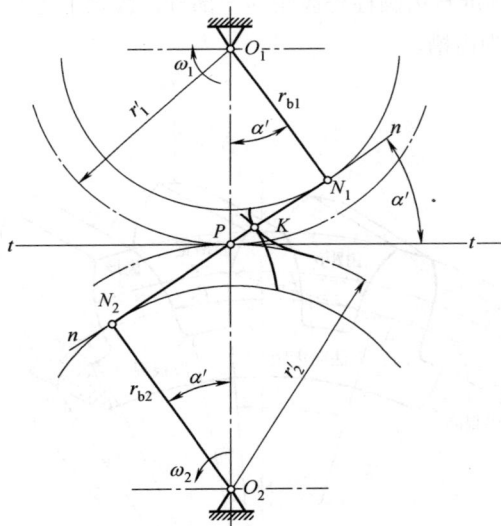

图 9-6 渐开线齿廓的啮合传动

（2）渐开线齿廓之间的正压力方向不变

既然一对渐开线齿廓在任何位置啮合时，接触点的公法线都是同一直线 N_1N_2，说明一对渐开线齿廓从开始啮合到脱离啮合，接触点均应在 N_1N_2 线上。由于 N_1N_2 线是两齿廓接触点的集合，故称 N_1N_2 线为渐开线齿廓的啮合线，它在整个传动过程中为一条定直线。又由于 N_1N_2 线也是两齿廓接触点的公法线，而齿轮传动中两啮合齿廓间的正压力沿其接触点的公法线方向，故知渐开线齿轮在传动过程中，两啮合齿廓之间的正压力方向是始终不变的，这对保证齿轮传动的平稳性极为有利。

（3）渐开线齿廓的啮合具有中心距可分性

在图 9-6 中，由于 $\triangle O_1N_1P \sim \triangle O_2N_2P$，所以有：

$$i_{12} = \frac{\omega_1}{\omega_2} = \frac{\overline{O_2P}}{\overline{O_1P}} = \frac{r_{b2}}{r_{b1}}$$

可知，渐开线齿轮的传动比取决于两齿轮基圆半径的大小，由于两齿轮已经加工完成，其基圆大小不会再改变，所以即使在安装中两齿轮实际中心距 a' 与所设计的中心距 a 有偏差，也不会影响两齿轮的传动比，渐开线齿轮传动的这一特性称为中心距可分性。这一性质对于渐开线的加工、装配十分有利。

9.4 渐开线标准直齿圆柱齿轮及其几何尺寸计算

9.4.1 齿轮各部分的名称和符号

图 9-7 所示为渐开线标准直齿圆柱外齿轮的一部分，齿轮上每个凸起部分称为轮齿，相邻左右两齿廓之间的空间称为齿槽。

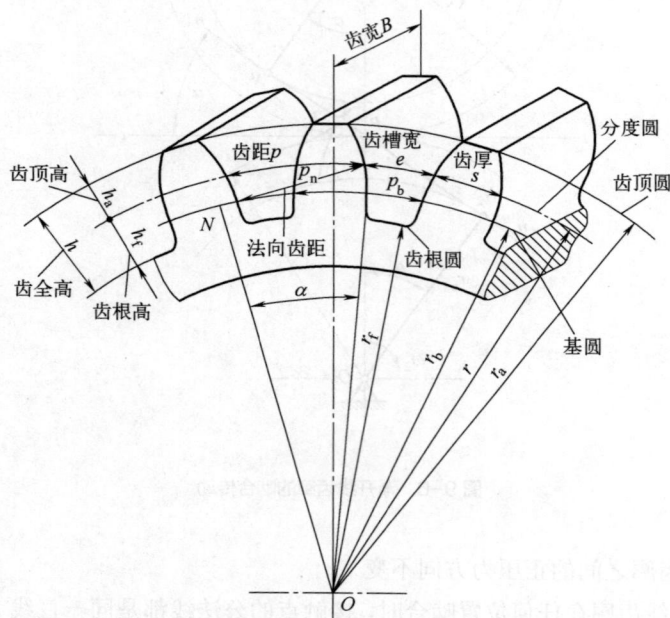

图 9-7 外齿轮各部分的名称和符号

① 齿顶圆：以齿轮的轴心为圆心，过齿轮各轮齿顶端所作的圆。其直径和半径分别用 d_a 和 r_a 表示。

② 齿根圆：以齿轮的轴心为圆心，过齿轮各齿槽底部所作的圆。其直径和半径分别用 d_f

和 r_f 表示。

③ 齿厚：在任意半径的圆周上，一个轮齿两侧齿廓所截该圆的弧长，称为该圆周上的齿厚，用 s_k 表示。

④ 齿槽宽：一个齿槽两侧齿廓所截任意圆周的弧长，称为该圆周上的齿槽宽，用 e_k 表示。

⑤ 齿距：任意圆上相邻两齿同侧齿廓所截任意圆周的弧长，称为该圆周上的齿距，用 p_k 表示，在同一圆周上，齿距等于齿厚与齿槽宽之和，即：

$$p_k = s_k + e_k \tag{9-5}$$

⑥ 分度圆：为了便于齿轮各部分尺寸的计算，在齿轮上选择的作为计算基准的圆，其直径和半径分别用 d 和 r 表示。

在分度圆上的齿距、齿厚和齿槽宽，分别用 p、s 和 e 表示，且 $p = s + e$。在基圆上的齿距、齿厚和齿槽宽，分别用 p_b、s_b 和 e_b 表示，且 $p_b = s_b + e_b$。

⑦ 齿顶高：介于分度圆与齿顶圆之间的轮齿部分的径向高度，用 h_a 表示。

⑧ 齿根高：介于分度圆与齿根圆之间的轮齿部分的径向高度，用 h_f 表示。

⑨ 齿全高：齿顶圆与齿根圆之间的径向距离。用 h 表示，有：

$$h = h_a + h_f \tag{9-6}$$

9.4.2 齿轮的基本参数

（1）齿数

在齿轮整个圆周上轮齿的总数称为齿数，用 z 表示。

（2）模数

齿轮的分度圆是设计、计算齿轮各部分尺寸的基准，而齿轮分度圆的周长 $= \pi d = zp$，于是得分度圆的直径 $d = \dfrac{p}{\pi} z$。由于 π 为一无理数，不便于作为基准的分度圆的定位，因此人为地把 $\dfrac{p}{\pi}$ 规定为标准值，称此值为模数，用 m 表示，单位为 mm。模数是齿轮尺寸计算中的一个基本参数，模数愈大，则齿距愈大，轮齿也就愈大（如图 9-8 所示），轮齿的抗弯曲能力便愈强。计算齿轮几何尺寸时应采用我国规定的标准模数系列，如表 9-1 所示。

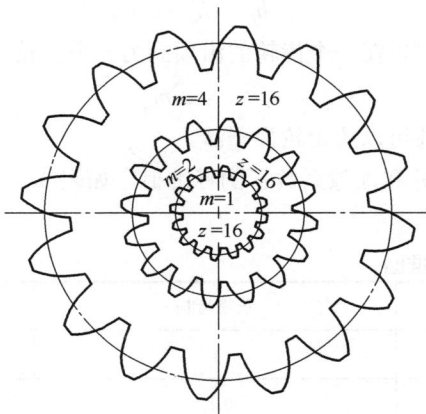

图 9-8 齿轮不同模数的比较

因此，分度圆的直径：

$$d = mz \tag{9-7}$$

分度圆的齿距：

$$p = \pi m \tag{9-8}$$

（3）分度圆压力角

由式（9-2）可知，同一渐开线齿廓上各点的压力角是不同的。通常所说的齿轮压力角指分度圆上的压力角（简称压力角），以 α 表示，并规定为标准值，我国取 $\alpha = 20°$。在某些装置中，也有用分度圆压力角为 14.5°、15°、22.5° 和 25° 等的齿轮。

至此，可以给分度圆一个完整的定义：分度圆是设计齿轮时给定的一个圆，该圆上的模数 m 和压力角 α 均为标准值。

若分度圆半径为 r，压力角为 α，则根据式（9-2）可求得基圆半径：

$$r_b = r\cos\alpha \tag{9-9}$$

表 9-1　标准模数系列（GB/T 1357—2008）

第一系列	1	1.25	1.5	2	2.5	3	4	5	6	8
	10	12	16	20	25	32	40	50		
第二系列	1.125	1.375	1.75	2.25	2.75	3.5	4.5	5.5	(6.5)	7
	9	11	14	18	22	28	35	45		

注：1.本表适用于渐开线圆柱齿轮，对斜齿轮是指法面模数。

　　2. 选用模数时，应优先选用第一系列，其次是第二系列，括号内的模数尽可能不用。

（4）齿顶高系数 h_a^*

齿顶高系数定义为齿顶高与模数的比值，即 $h_a^* = h_a / m$。齿轮的齿顶高：

$$h_a = h_a^* m \tag{9-10}$$

（5）顶隙系数 c^*

顶隙系数定义为顶隙与模数的比值，即 $c^* = c / m$。齿轮的齿根高：

$$h_f = (h_a^* + c^*)m \tag{9-11}$$

齿根高略大于齿顶高，可以在一个齿轮的齿顶到另一个齿轮的齿根的径向形成顶隙 c：

$$c = c^* m \tag{9-12}$$

顶隙可以存储润滑油，并可以防止轮齿干涉。

我国规定了齿顶高系数 h_a^* 和顶隙系数 c^* 的标准值，如表 9-2 所示。

表 9-2　齿顶高系数和顶隙系数标准值

系数	正常齿制	短齿制
齿顶高系数 h_a^*	1	0.8
顶隙系数 c^*	0.25	0.3

9.4.3　齿轮几何尺寸计算

满足基本参数 m、α、h_a^*、c^* 为标准值，且满足分度圆齿厚与齿槽宽相等（即 $s=e$）条件的齿轮，称为标准齿轮。

渐开线标准直齿圆柱齿轮外啮合传动几何尺寸计算公式见表 9-3。

表 9-3　渐开线标准直齿圆柱齿轮外啮合传动几何尺寸计算公式

名称	符号	计算公式 小齿轮	大齿轮
模数	m	（根据齿轮受力情况和结构需要确定，选取标准值）	
压力角	α	选取标准值	
分度圆直径	d	$d_1 = mz_1$	$d_2 = mz_2$
齿顶高	h_a	$h_a = h_a^* m$	
齿根高	h_f	$h_f = (h_a^* + c^*)m$	
齿全高	h	$h = (2h_a^* + c^*)m$	
齿顶圆直径	d_a	$d_{a1} = (z_1 + 2h_a^*)m$	$d_{a2} = (z_2 + 2h_a^*)m$
齿根圆直径	d_f	$d_{f1} = (z_1 - 2h_a^* - 2c^*)m$	$d_{f2} = (z_2 - 2h_a^* - 2c^*)m$
基圆直径	d_b	$d_{b1} = d_1 \cos\alpha$	$d_{b2} = d_2 \cos\alpha$
齿距	p	$p = \pi m$	
基圆齿距	p_b	$p_b = p\cos\alpha$	
法向齿距	p_n	$p_n = p\cos\alpha$	
齿厚	s	$s = p/2 = \pi m/2$	
齿槽宽	e	$e = p/2 = \pi m/2$	
顶隙	c	$c = c^* m$	
标准中心距	a	$a = m(z_1 + z_2)/2$	
节圆直径	d'	（当中心距为标准中心距 a 时）$d' = d$	
传动比	i	$i_{12} = \dfrac{\omega_1}{\omega_2} = \dfrac{z_2}{z_1} = \dfrac{d_2'}{d_1'} = \dfrac{d_2}{d_1} = \dfrac{d_{b2}}{d_{b1}}$	

9.4.4　内齿轮和齿条

（1）内齿轮

图 9-9 所示为一直齿内齿轮。由于内齿轮的轮齿是分布在空心圆柱体的内表面上，所以它与外齿轮比较有下列不同点：

① 内齿轮的齿顶圆小于分度圆，齿根圆大于分度圆。其齿顶圆和齿根圆的计算公式为：

$$d_a = d - 2h_a \tag{9-13}$$

$$d_f = d + 2h_f \qquad\qquad (9\text{-}14)$$

② 内齿轮的轮齿相当于外齿轮的齿槽，内齿轮的齿槽相当于外齿轮的轮齿。所以外齿轮的齿廓是外凸的，而内齿轮的齿廓是内凹的。

③ 为使内齿轮齿顶的齿廓全部为渐开线，则其齿顶圆直径必须大于基圆直径。

（2）齿条

图 9-10 所示为一标准齿条，它可以看作一个齿数为无穷多的齿轮的一部分，这时齿轮的各圆均变为直线，作为齿廓曲线的渐开线也变成直线。齿条与齿轮相比有以下两个主要特点：

① 由于齿条齿廓是直线，所以齿廓上各点的法线是相互平行的。又由于齿条在传动时做直线移动，齿廓上各点速度的大小和方向相同，所以齿条齿廓上各点的压力角相同，且等于齿廓直线的倾斜角（此角称为齿形角）。

② 齿条上各齿同侧齿廓平行，因此与齿顶线平行的各直线上的齿距都相同。其中，齿厚与齿槽宽相等且与齿顶线平行的直线称为分度线，它是确定齿条各部分尺寸的基准线。

标准齿条的部分基本尺寸（h_a、h_f、s、e、p 等）可参照外齿轮几何尺寸计算公式进行计算。

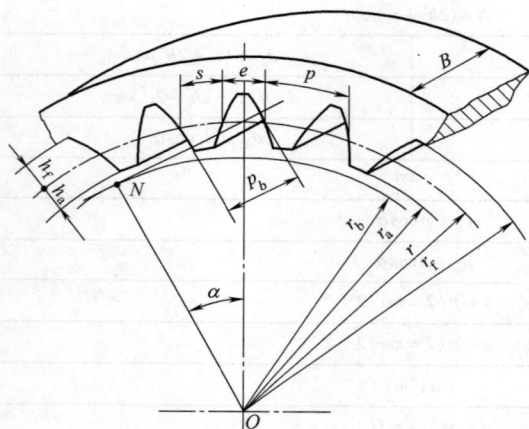

图 9-9　内齿轮

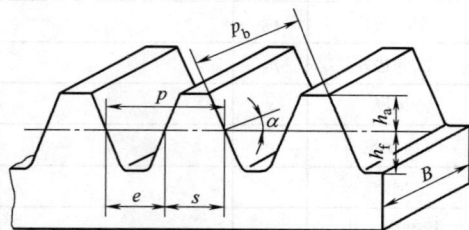

图 9-10　齿条

9.5　渐开线标准直齿圆柱齿轮的啮合传动

9.5.1　齿轮正确啮合的条件

一对齿轮必须满足一定的条件才能进行啮合传动。图 9-11 为一对齿轮正确啮合条件，其齿廓的啮合点都应在啮合线 N_1N_2 上，当前一对齿廓在啮合线上 K 点接触时，为了保证能正确啮合，后一对齿廓应在啮合线上另一点 K' 接触，即轮 1 相邻两齿同侧齿廓沿其法线上的距离 $\overline{K_1K_1'}$

应等于轮 2 相邻两齿同侧齿廓沿其法线上的距离 $\overline{K_2K_2'}$。而齿轮上相邻两齿同侧齿廓间的法线距离称为法向齿距 p_n。若两轮能正确啮合，则它们的法向齿距必相等。由渐开线的性质，齿轮的法向齿距 p_n 等于基圆齿距 p_b，所以有：

$$p_{n1} = p_{b1} = p_{n2} = p_{b2}$$

又：

$$p_{b1} = p_1 \cos \alpha_1 = \pi m_1 \cos \alpha_1$$
$$p_{b2} = p_2 \cos \alpha_2 = \pi m_2 \cos \alpha_2$$

因此有：

$$\pi m_1 \cos \alpha_1 = \pi m_2 \cos \alpha_2$$

由于齿轮副的模数 m 和压力角 α 都是标准值，故有：

$$m_1 = m_2 = m \qquad \alpha_1 = \alpha_2 = \alpha \qquad\qquad (9\text{-}15)$$

所以渐开线齿轮正确啮合条件为：两轮的模数和压力角应该分别相等。

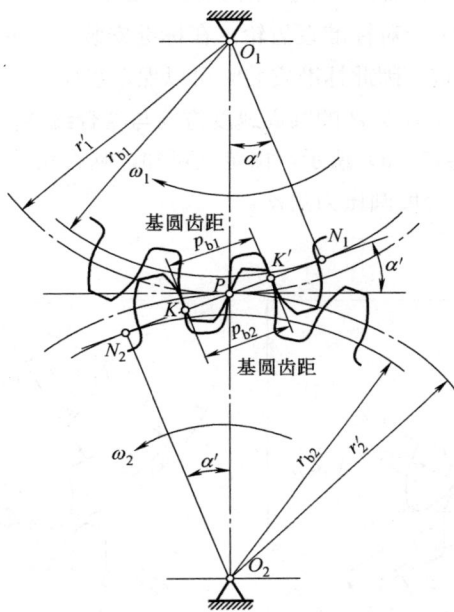

图 9-11 齿轮副的正确啮合条件

9.5.2 齿轮标准安装的条件

一对齿轮标准安装的条件为：①具有标准顶隙；②无齿侧间隙啮合。

（1）具有标准顶隙

一对渐开线齿轮互相啮合时，为避免一轮的齿顶与另一轮的齿根底部抵触，并能有一定的空隙来储存润滑油，要求留有顶隙，顶隙的标准值为 $c = c^* m$。由图 9-12（a）可知，当顶隙为标准值时，两齿轮中心距 a 为：

$$a = r_{a1} + c + r_{f2} = (r_1 + h_a^* m) + c^* m + (r_2 - h_a^* m - c^* m)$$
$$= r_1 + r_2 = m(z_1 + z_2)/2 \tag{9-16}$$

即两齿轮的中心距等于两齿轮的分度圆半径之和。这种中心距又称为标准中心距。当两标准齿轮按标准中心距安装时称为标准安装。

一对齿轮啮合时两齿轮的节圆总是相切的，式（9-16）表明，标准安装时，两齿轮的分度圆也是相切的，即 $r_1' + r_2' = r_1 + r_2$。又由传动比 $i_{12} = r_2'/r_1' = r_2/r_1$ 可知，此种安装条件下，两齿轮的分度圆与节圆重合。

（2）无齿侧间隙啮合

为了使齿轮在正转和反转两个方向的传动中避免撞击，要求相啮合的轮齿的齿侧没有间隙。但是为了便于在相互啮合的齿廓间进行润滑，避免由于制造和装配误差，以及轮齿受力变形和因摩擦发热而膨胀所引起的挤轧现象，在两轮的非工作齿侧间总要留有一定的间隙。这种齿侧间隙一般都很小，通常由制造公差来保证。设计时都是按无齿侧间隙（侧隙）来考虑的。

为保证两齿轮的侧隙为零，需使一个齿轮在节圆上的齿厚等于另一个齿轮在节圆上的齿槽宽，即 $s_1' = e_2'$，$s_2' = e_1'$。对于一对标准直齿轮，在标准安装时，两齿轮的分度圆与节圆重合，而分度圆上的齿厚等于齿槽宽，因此标准安装时可以保证齿轮无齿侧间隙啮合传动。

两齿轮在啮合传动时，其节点 P 的圆周速度方向与啮合线 N_1N_2 之间所夹的锐角称为啮合角，通常用 α' 表示，如图 9-12（a）所示。由定义可知，啮合角等于节圆压力角。当两齿轮标准安装时，啮合角 α' 也等于分度圆压力角 α。

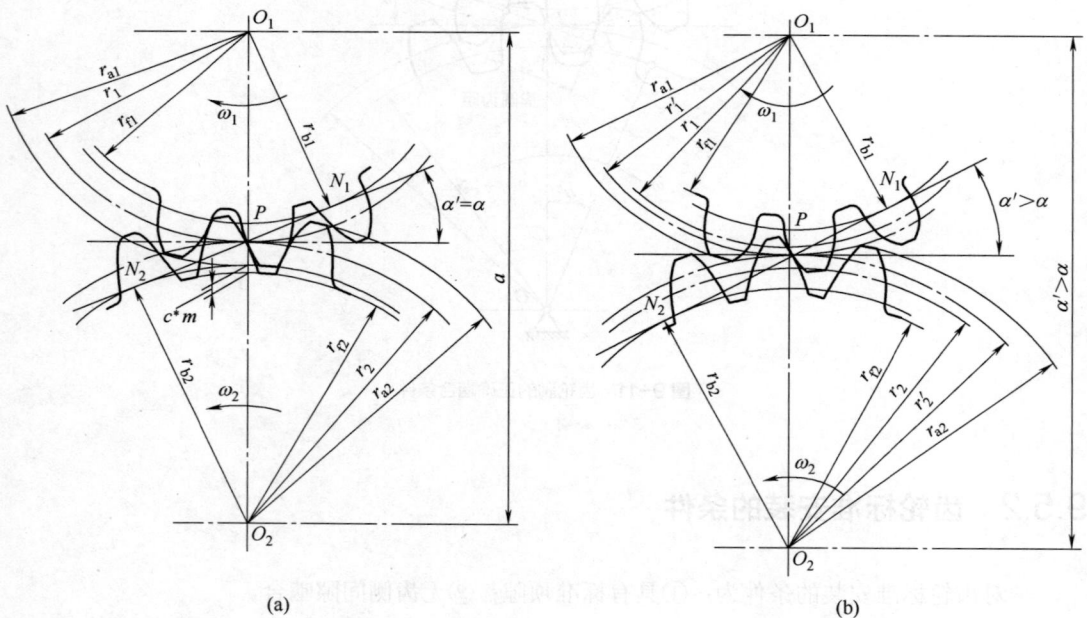

图 9-12 标准齿轮外啮合传动

上述的标准安装是一种理想状态，在实际中由于存在安装误差，不可能绝对保证中心距为标准值，此时的中心距称为实际中心距 a'，如图 9-12（b）所示。当实际中心距 a' 不等于标准中心距 a 时称为非标准安装。这时两轮的分度圆不再重合，而是相互分离，两轮的节圆半径将大于各自的分度圆半径，其啮合角 α' 也将大于分度圆的压力角 α。实际中心距 a' 与标准中心距 a 的关系为：

$$a' = r_1' + r_2' = \frac{r_1 \cos \alpha}{\cos \alpha'} + \frac{r_2 \cos \alpha}{\cos \alpha'} = \frac{a \cos \alpha}{\cos \alpha'}$$

即：

$$a \cos \alpha = a' \cos \alpha' \tag{9-17}$$

注意，分度圆和节圆是两个不同性质的圆，对单个齿轮不存在节圆，只有分度圆，只有当一对齿轮进行啮合出现节点后才存在节圆，并且只有当标准安装时两者才重合，此时 $a = a'$、$\alpha = \alpha'$；若为非标准安装，两者不重合，此时两节圆相切，分度圆不再相切，其 $a \neq a'$、$\alpha \neq \alpha'$。

9.5.3　齿轮连续传动的条件及重合度

（1）一对轮齿的啮合过程

如图 9-13 所示为一对渐开线标准直齿轮的啮合情况，N_1N_2 为啮合线。当两轮的一对轮齿进入啮合时，主动轮的齿根部分与从动轮齿顶接触于 B_2 点；反之，脱离啮合时，从动轮的齿根部分与主动轮的齿顶接触于 B_1 点，即啮合终止。因此，B_2 点为啮合起始点，B_1 点为啮合终止点。由此可看出，一对轮齿只在啮合线 N_1N_2 上一段 B_1B_2 区间参加啮合，故 B_1B_2 称为实际啮合线。由于基圆内无渐开线，因此，实际啮合线不能超过 N_1、N_2 两点，这两点为两轮齿廓啮合的极限位置，故称 N_1N_2 为理论啮合线。

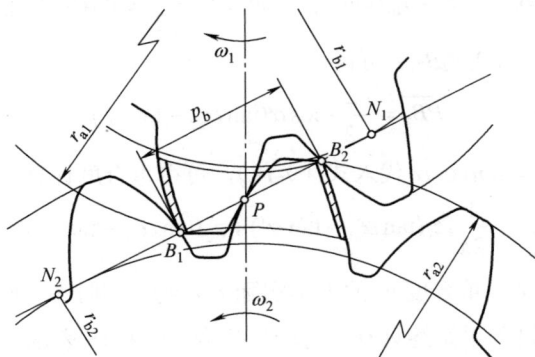

图 9-13　齿轮连续传动条件

另外，在两轮齿啮合过程中，轮齿的齿廓并非全部参加啮合，只是从齿顶到齿根的一段参加接触，该段称为齿廓的工作段（如图 9-13 中的阴影部分）。由此可知，主动轮和从动轮的齿廓工作段长度并不相等，这说明两轮齿廓在啮合过程中其相对运动为滚动兼滑动（节点除外），而齿根部分的工作段又较短，所以齿根磨损最严重。

（2）齿轮连续传动条件及重合度

由一对轮齿的啮合过程可知，要使齿轮连续传动，必须保证在前一对轮齿啮合点尚未移到 B_1 点脱离啮合前，后一对轮齿能及时到达 B_2 点进入啮合。显然两轮连续传动的条件为：

$$\overline{B_1B_2} \geqslant p_b$$

通常把实际啮合线长度与基圆齿距的比称为重合度，以 ε_α 表示，即：

$$\varepsilon_\alpha = \frac{\overline{B_1B_2}}{p_b} \tag{9-18}$$

故齿轮连续传动条件为：

$$\varepsilon_\alpha = \frac{\overline{B_1B_2}}{p_b} \geqslant 1$$

从理论上讲，重合度 ε_α 大于等于 1 就能保证齿轮连续传动，但考虑到制造和安装的误差，实际上应使 ε_α 大于或等于其推荐的许用值，即 $\varepsilon_\alpha \geqslant [\varepsilon_\alpha]$。$[\varepsilon_\alpha]$ 推荐值是随齿轮机构的使用要求和制造精度而定的，常用的推荐值见表 9-4。

表 9-4　$[\varepsilon_\alpha]$ 的推荐值

使用场合	一般机械制造业	汽车拖拉机	金属切削机床
$[\varepsilon_\alpha]$	1.4	1.1~1.2	1.3

由图 9-14 可知，实际啮合线长 $\overline{B_1B_2} = \overline{PB_1} + \overline{PB_2}$，而在 $\triangle O_1N_1P$ 和 $\triangle O_1N_1B_1$ 中，有：

$$\overline{PB_1} = \overline{N_1B_1} - \overline{N_1P} = r_{b1}(\tan\alpha_{a1} - \tan\alpha') = \frac{mz_1}{2}\cos\alpha(\tan\alpha_{a1} - \tan\alpha')$$

同理，在 $\triangle O_2N_2P$ 和 $\triangle O_2N_2B_2$ 中可得：

$$\overline{PB_2} = \frac{mz_2}{2}\cos\alpha(\tan\alpha_{a2} - \tan\alpha')$$

将 $\overline{B_1B_2}$ 表达式及 $p_b = \pi m\cos\alpha$ 代入式 (9-18)，可得重合度计算公式为：

$$\varepsilon_\alpha = \frac{1}{2\pi}[z_1(\tan\alpha_{a1} - \tan\alpha') + z_2(\tan\alpha_{a2} - \tan\alpha')] \tag{9-19}$$

重合度 ε_α 的物理意义：重合度 ε_α 的大小实际上表明了同时参与啮合轮齿对数的平均值。当 $\varepsilon_\alpha = 1$，则表示在传动过程中始终只有一对轮齿啮合。图 9-15 表示了重合度为 ε_α 时在实际啮合线 $\overline{B_1B_2}$ 上双齿啮合区和单齿啮合区的分布情况。

由式 (9-19) 可知，重合度 ε_α 与模数 m 无关，而随着齿数 z 增多而增大，还随啮合角 α' 减少和齿顶高系数 h_a^* 增大而加大。当两齿轮齿数趋于无穷大时，其极限重合度为 $\varepsilon_{\alpha max} = 1.981$。重合度值愈大则意味着参与啮合的轮齿对数愈多，传动愈平稳，每一对轮齿所受力就愈小。这对于提高齿轮传动平稳性、提高承载能力有重要意义。因此，重合度是衡量齿轮传动的重要指标之一。

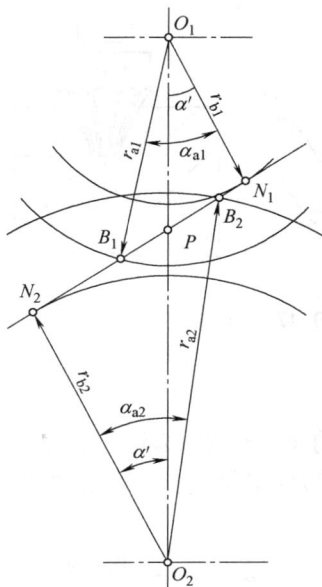

图 9-14 重合度计算

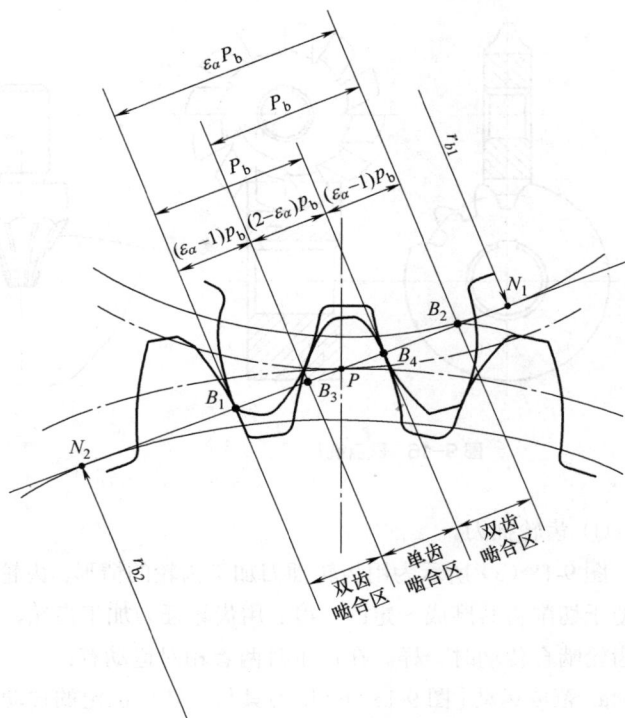

图 9-15 啮合区的分布

9.6 渐开线齿廓的切制与根切

9.6.1 齿廓切制的基本原理

齿轮的加工方法有很多，有铸造、模锻、冲压、粉末冶金和切削加工等，其中最常用的是切削加工法。就其原理来说，切削加工法又可分为仿形法和范成法两种。

（1）仿形法

仿形法是利用与被加工齿轮的齿槽形状相同的刀具来加工齿轮，在刀具的轴向剖面内，刀刃的形状与齿槽的形状相同，且在加工过程中，刀具是逐个齿槽进行切制。仿形法加工所用的刀具有：圆盘铣刀（图 9-16）和指状铣刀（图 9-17）。

仿形法加工缺点是齿形不准确，分齿不均匀，切削不连续，生产率低；优点是可在普通铣床上加工，加工费用低。仿形法一般适用于小批量或修配齿轮加工。

（2）范成法

范成法也称展成法，是目前加工中常用的方法。它根据一对齿轮啮合传动时，两轮的齿廓互为共轭曲线的原理来加工齿轮的轮齿。范成法加工常用的刀具有齿轮型刀具（如齿轮插刀）和齿条型刀具（如齿条插刀和齿轮滚刀等）两大类。

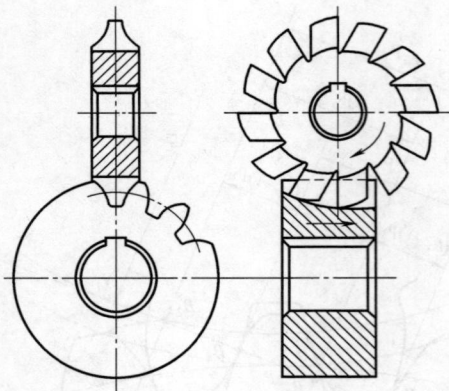

图 9-16 圆盘铣刀

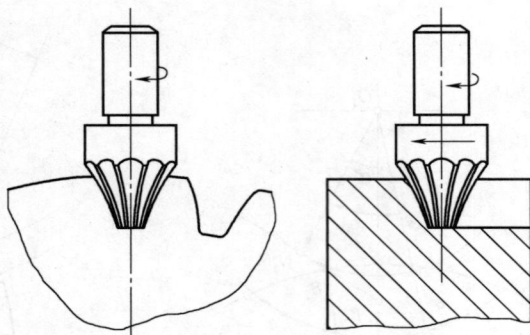

图 9-17 指状铣刀

① 齿轮插刀。

图 9-18（a）所示为用齿轮插刀加工齿轮的情形。齿轮插刀的端面形状与齿轮完全相同，为了便于切削将其磨成一定的角度。用齿轮插刀加工齿轮，要求插刀与齿轮之间的相对转动与一对齿轮啮合传动时一样。在加工时两者相对运动有：

a. 范成运动 [图 9-18（b）]：刀具与轮坯以恒定的传动比 $i = \omega_刀 / \omega_坯 = z_坯 / z_刀$ 做回转运动，此传动比由机床传动链保证，不存在主动、从动之分。

b. 切削运动：插刀沿轮坯宽度方向做往复切削运动。

c. 进给运动：为切出轮齿高度，在切削过程中插刀还应向轮坯中心径向移动，直至切出规定齿高。

d. 让刀运动：为防止刀具向上退刀时擦伤已加工好的齿面，轮坯需做微量让刀运动。

这样刀具的渐开线齿廓就在轮坯上切出与其共轭的渐开线齿廓。

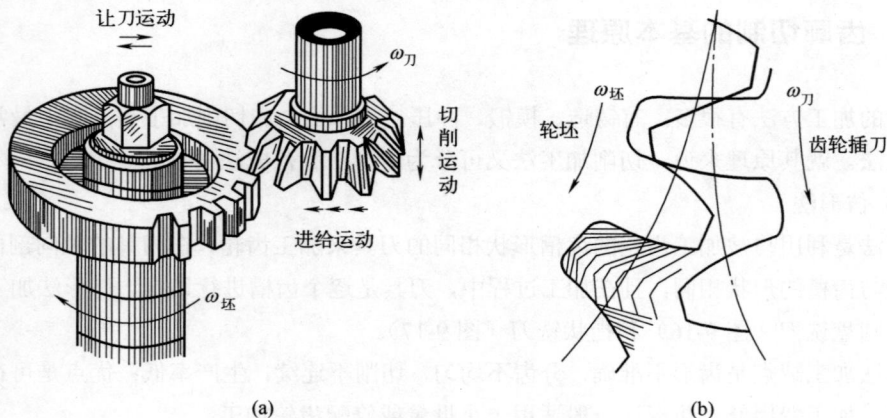

图 9-18 用齿轮插刀加工齿轮

② 齿条插刀。

图 9-19（a）所示为用齿条插刀加工齿轮的情形。轮坯以角速度 $\omega_坯$ 转动，齿条插刀以 $v = r\omega_坯$

移动，这就是范成运动，式中 r 为被加工齿轮的分度圆半径。刀具的切削运动仍然是齿条插刀沿轮坯轴线的上下运动。其切齿原理与齿轮插刀加工原理一样。插刀刃相对轮坯各个位置所组成的包络线 [图 9-19（b）]，就是被加工齿轮的齿廓。

不论用齿轮插刀还是齿条插刀加工齿轮，其切削都是不连续的，故生产率较低。但插齿加工齿轮时可加工内齿轮。为了提高生产率，在生产中更广泛地采用在滚齿机上用齿轮滚刀来加工齿轮。

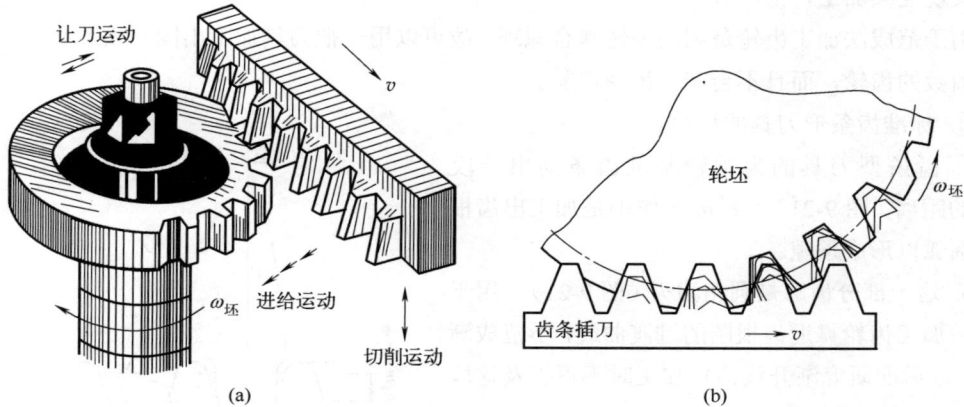

图 9-19 用齿条插刀加工齿轮

③ 齿轮滚刀。

图 9-20（a）为用齿轮滚刀加工齿轮的情形。滚刀的形状像一个螺杆，在与螺旋线垂直的方向开有若干个槽，从而形成切削刃 [图 9-20（b）]。加工齿轮时，滚刀的轴线与齿轮轮坯端面

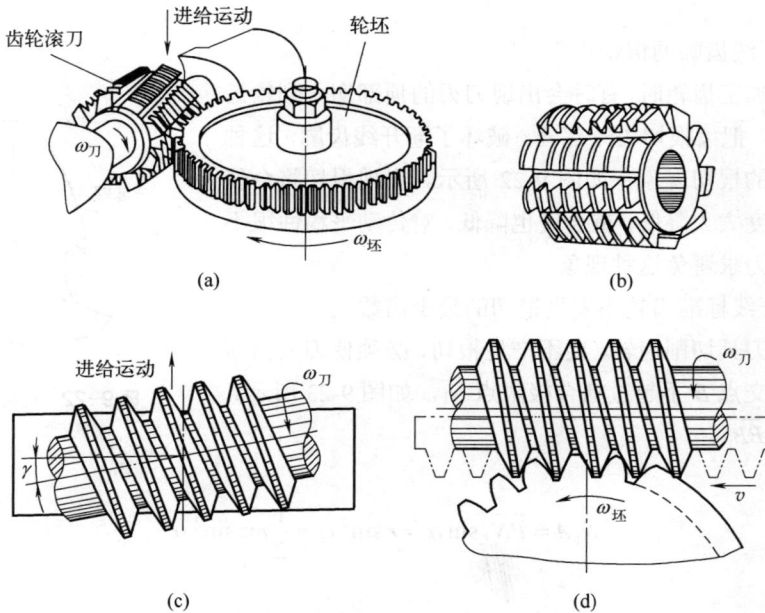

图 9-20 用齿轮滚刀加工齿轮

的夹角等于滚刀的导程角 γ [图 9-20（c）]。这样，在轮坯被切削点上，滚刀螺纹的切线方向与轮坯的齿向相同，滚刀在轮坯端面上的投影相当于齿条。滚刀转动时，即完成了对轮坯的切削运动。滚刀转动在轮坯端面上的投影相当于齿条在移动，从而与轮坯的转动一起形成了范成运动 [图 9-20（d）]。可以看出，滚刀与齿条插刀切制齿轮的工作原理相似，都属于齿条型刀具，只是滚刀用连续的旋转运动代替了插齿刀的切削运动和范成运动。此外，为了切制具有一定轴向宽度的齿轮，滚刀还需沿轮坯轴线方向做慢速进给运动。使用齿轮滚刀在滚齿机上加工齿轮，可以实现连续加工，生产效率高。

由于范成法加工齿轮是利用齿轮啮合原理，故可以用一把刀具加工出同一模数和压力角而不同齿数的齿轮，而且不会产生齿形误差。

④ 标准齿条形刀具的特征。

a. 齿条型刀具的齿顶较基准齿条高出一段 c^*m 的距离（图 9-21），c^*m 的作用是加工出齿根过渡圆弧以形成顶隙。

b. 这一部分齿廓是圆角刀刃（图 9-21），用于切制被加工齿轮靠近齿根圆的过渡曲线，不范成渐开线，故后面研究渐开线齿轮加工时不再提及这段高度。

用范成法加工时，若刀具的分度线（或分度圆）刚好与齿坯的分度圆相切，这样切出的齿轮分度圆齿厚与齿槽宽相等，即为标准齿轮。

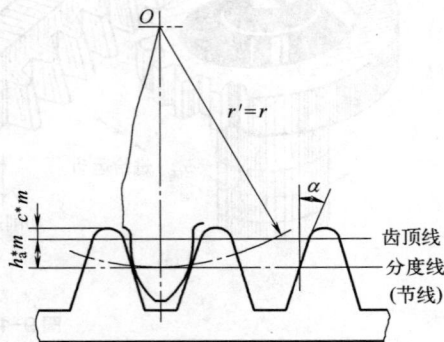

图 9-21 标准齿条形刀具

9.6.2　渐开线齿廓的根切及不发生根切的最小齿数

（1）渐开线齿廓的根切现象

用范成法加工齿轮时，有时会出现刀刃的顶部切入到轮齿的根部的现象，把齿根切去一部分，破坏了渐开线齿廓，这种现象称为轮齿的根切现象，如图 9-22 所示。出现根切将会使轮齿的弯曲强度大大降低，重合度也降低，对传动平稳性很不利，因此必须力求避免这种现象。

（2）渐开线标准齿轮不发生根切的最少齿数

用齿条型刀具切削齿轮，要不产生根切，必须使刀具齿顶线与啮合线的交点 B 不超过啮合极限点 N_1，如图 9-23 所示。即应使 $\overline{N_1A} \geqslant \overline{BB_1}$。

因为：

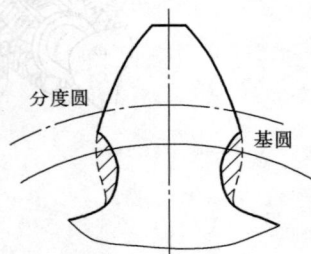

图 9-22 轮齿的根切现象

$$N_1A = \overline{PN_1}\sin\alpha = r\sin^2\alpha = \frac{1}{2}mz\sin^2\alpha$$

而：

$$\overline{BB_1} = h_a^*m$$

故：

$$\frac{1}{2} m z \sin^2 \alpha \geqslant h_a^* m$$

则不根切的最少齿数为：

$$z_{min} = \frac{2h_a^*}{\sin^2 \alpha} \tag{9-20}$$

令 $\alpha = 20°$。当 $h_a^* = 1$ 时，$z_{min} = 17$；而 $h_a^* = 0.8$ 时，$z_{min} = 14$。

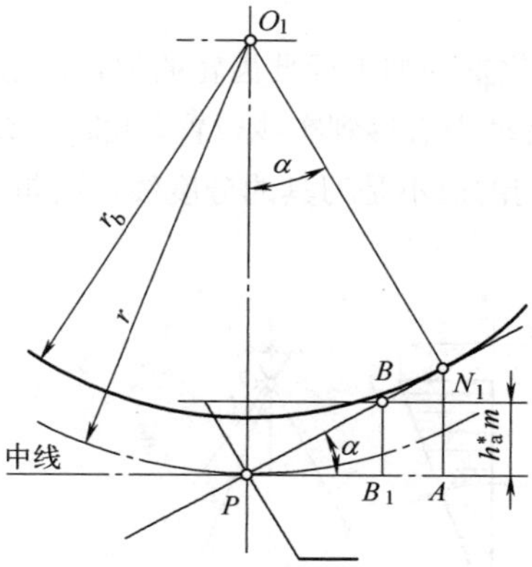

图 9-23　不发生根切的条件

9.7　渐开线变位齿轮

9.7.1　齿轮变位修正问题的提出

标准齿轮传动虽有许多优点并得到了广泛应用，但随着生产的发展，各种机械对齿轮传动性能提出了更高的要求，这时标准齿轮也暴露出了一些缺点：

① 必须使齿轮的齿数 z 大于不产生根切的最少齿数 z_{min}，从而限制了齿轮机构不能更紧凑。

② 必须使实际中心距 a' 等于标准中心距 a。若实际中心距 a' 大于标准中心距 a，则齿侧间隙增大，传动不平稳；若实际中心距 a' 小于标准中心距 a，则无法安装。

③ 由于小齿轮基圆半径 r_{b1} 小于大齿轮基圆半径 r_{b2}，则小齿轮齿根厚度较薄，且小齿轮啮合次数又多，故小齿轮强度低于大齿轮强度。

为克服上述缺点，人们提出了对齿轮进行变位修正的加工方法。

9.7.2　变位原理及变位齿轮的种类

（1）变位原理

变位原理是在既要求被加工齿轮的齿数 z 小于不产生根切的最少齿数 z_{min}，又要求不产生根切的情况下提出来的。为了加工齿数 $z < z_{min}$ 而又不发生根切的齿轮,由式(9-20)可知,可以减小刀具的齿顶高系数 h_a^*,增大刀具的压力角 α。由于减小齿顶高系数 h_a^* 会使重合度减小,增大压力角 α 将使功率损耗增加,降低传动效率,而且要采用非标准刀具,因此该方法尽量不用。

解决上述问题的最好方法是在加工齿轮时,将齿条刀具由标准位置相对于轮坯中心向外移出一段距离 xm(由图 9-24 中的虚线位置移至实线位置),从而使刀具的齿顶线不超过 N_1 点,这样就不会再发生根切现象了。这种用改变刀具与轮坯位置来切制齿轮的方法称作变位修正法。刀具的这种移动过程称为变位,由此加工出来的齿轮称为变位齿轮。

(2)变位齿轮的种类

图 9-24 所示,刀具的虚线位置为加工标准齿轮的位置,这时刀具齿顶线超过 N_1 点,故会产生根切;现将刀具远离轮坯转动中心移到实线位置,此时刀具齿顶线已不超过 N_1 点,故不产生根切,这时与轮坯分度圆相切的已不是刀具的分度线,而是一条与其平行的节线。

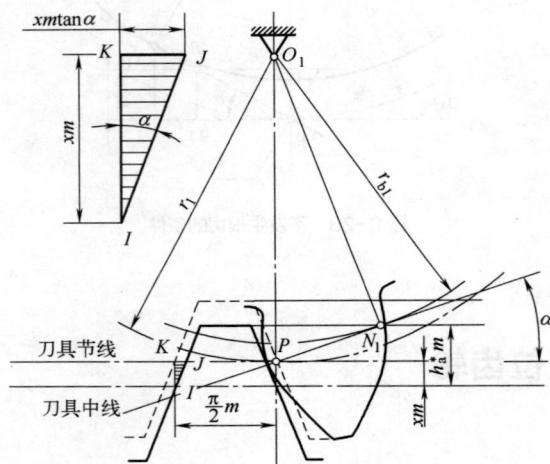

图 9-24 变位齿轮几何尺寸的变化

相对加工标准齿轮时的位置,刀具所移动的距离称为变位量 xm,其中 x 称为变位系数。当刀具由齿轮轮坯中心移远时,称为正变位($x>0$),这样加工出来的齿轮称为正变位齿轮;当刀具移近齿轮轮坯中心时,称为负变位($x<0$),这样加工出来的齿轮称为负变位齿轮。

由于刀具上与分度线平行的任一条节线上的齿距 p、模数 m、压力角 α 均相等,故变位齿轮的 p、m、α 也与刀具的一样,因此刀具变位后,其齿轮的分度圆直径 d、基圆直径 d_b 不变。由此可知,变位齿轮和标准齿轮的齿廓曲线为同一基圆上的渐开线,只是所截取的部分不同而已,如图 9-25 所示。由于不同部位的渐开线的曲率半径不同,故可以利用变位齿

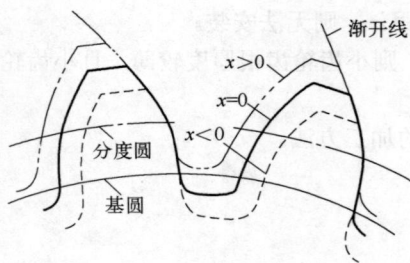

图 9-25 变位齿轮与标准齿轮比较

轮来改善齿轮的传动质量。但变位齿轮的齿厚、齿槽宽、齿顶高和齿根高相对标准齿轮均有所
改变。

（3）避免发生根切的最小变位系数 x_{min}

最小变位系数 x_{min} 的大小可由刀具齿顶线刚好通过 N_1 点这一条件求出。如图 9-24 所示，
不发生根切的条件是：

$$h_a^* m - xm \leqslant \overline{PN_1} \sin \alpha$$

而 $\overline{PN_1} \sin \alpha = r \sin \alpha \sin \alpha = \dfrac{zm}{2} \sin^2 \alpha$ ，所以 $h_a^* m - xm \leqslant \dfrac{zm}{2} \sin^2 \alpha$ ，得：

$$x \geqslant h_a^* - \frac{z}{2} \sin^2 \alpha$$

而由 $z_{min} = \dfrac{2h_a^*}{\sin^2 \alpha}$ 得：

$$x \geqslant h_a^* - \frac{z h_a^*}{z_{min}} = \frac{h_a^*(z_{min} - z)}{z_{min}}$$

所以有：

$$x_{min} = \frac{h_a^*(z_{min} - z)}{z_{min}} \tag{9-21}$$

其含义：①当加工齿轮 $z < z_{min}$ 时，为了避免根切可用上式求出 x_{min}，如当 $z = 14$，$h_a^* = 1$ 时，
$x_{min} = 3/17$，这说明当加工 $z = 14$ 的齿轮时，刀具必须采用正变位，其最少移动量至少应为 m
x_{min} 才不会产生根切；②当加工 $z = 34$，$h_a^* = 1$ 的齿轮时，此时 $x_{min} = -1$，这说明当齿轮 $z > z_{min}$
时，其刀具即使相对标准位置靠近工件中心移动也不会发生根切，即可采用负变位，但负变位
最大移动量不能超过 $-m x_{min}$，若超过也会发生根切。也就是说，当 $z > z_{min}$ 时也有可能发生根
切，这时根切是由于采用负变位造成的。

9.7.3 变位齿轮的几何尺寸计算

（1）分度圆齿厚 s 和齿槽宽 e

如图 9-24 所示，当采用正变位时，由于刀具节线上的齿槽宽较分度线上的齿槽宽增大了
$2\overline{KJ}$，所以被切齿轮分度圆上的齿厚也增加了 $2\overline{KJ}$，由△IKJ 得，$\overline{KJ} = xm \tan \alpha$。因此正变位
齿轮的齿厚为：

$$s = \frac{\pi m}{2} + 2\overline{KJ} = \frac{\pi m}{2} + 2xm \tan \alpha \tag{9-22}$$

由于刀具节线的齿距恒等于 πm，所以齿轮分度圆上的齿槽宽相应减少了 $2\overline{KJ}$，由此得到
正变位齿轮的齿槽宽为：

$$e = \frac{\pi m}{2} - 2\overline{KJ} = \frac{\pi m}{2} - 2xm \tan \alpha \tag{9-23}$$

对于负变位齿轮，正好与正变位齿轮相反，其齿厚减薄，齿槽宽变大，但计算式仍为式
（9-22）与式（9-23），只要注意此时变位系数为负值即可。

（2）齿顶高 h_a 和齿根高 h_f

如图 9-24 所示，当用正变位法切制齿轮时，刀具由切制标准齿轮的位置移出 xm 的距离，

这样切出的正变位齿轮，其齿根高较标准齿轮减小了一段 xm，则：

$$h_f = (h_a^* + c^* - x)m \tag{9-24}$$

$$r_f = r - h_f = (z/2 - h_a^* - c^* + x)m \tag{9-25}$$

至于齿轮的齿顶圆，若想保证其全齿高不变，仍为标准值 $h = (2h_a^* + c^*)m$，则正变位齿轮的齿顶高较标准齿轮增加 xm，即：

$$h_a = (h_a^* + x)m \tag{9-26}$$

$$r_a = r + h_a = (z/2 + h_a^* + x)m \tag{9-27}$$

必须指出，变位齿轮的全齿高是否为标准全齿高，须根据齿轮的传动类型来确定。

9.7.4 变位齿轮啮合传动

（1）变位齿轮正确啮合及连续传动的条件

变位齿轮正确啮合及连续传动的条件与标准齿轮相同。

（2）变位齿轮传动的中心距

与标准齿轮传动一样，在确定变位齿轮传动的中心距时也需要满足两轮的齿侧间隙为零和两轮的顶隙为标准值的要求。

按照满足无侧隙啮合传动条件，可推导出无侧隙啮合方程为：

$$inv\alpha' = \frac{2\tan\alpha(x_1 + x_2)}{z_1 + z_2} + inv\alpha \tag{9-28}$$

式中，z_1，z_2 为两轮齿数；α 为分度圆压力角；α' 为啮合角；x_1，x_2 为两轮的变位系数。

设无侧隙啮合传动时变位齿轮传动的中心距为 a'，其与标准齿轮传动的中心距 a 之差值称为中心距变动量，用 ym 表示，y 称为中心距变动系数，则：

$$a' = a + ym \tag{9-29}$$

可知：

$$ym = a' - a = \frac{(r_1 + r_2)\cos\alpha}{\cos\alpha'} - (r_1 + r_2) = \frac{m(z_1 + z_2)}{2}\left(\frac{\cos\alpha}{\cos\alpha'} - 1\right)$$

故：

$$y = \frac{z_1 + z_2}{2}\left(\frac{\cos\alpha}{\cos\alpha'} - 1\right) \tag{9-30}$$

此外，为保证两轮之间具有标准顶隙 $c = c^*m$，则两轮中心距 a'' 应为：

$$a'' = r_{a1} + c + r_{f2} = r_1 + (h_a^* + x_1)m + c^*m + r_2 - (h_a^* + c^* - x_2)m$$

可得：

$$a'' = a + (x_1 + x_2)m \tag{9-31}$$

由式（9-29）和式（9-31）可知，如果 $y = x_1 + x_2$，就可同时满足上述两个条件。但经证明，只要 $x_1 + x_2 \neq 0$，总有 $y < x_1 + x_2$，即 $a' < a''$。工程上为了解决这一矛盾，采用如下办法：两轮按无侧隙中心距 $a' = a + ym$ 安装，而将两齿轮的齿顶高各减小 Δym，以满足标准顶隙要求。Δy 称为齿顶高降低系数，其值为：

$$\Delta y = (x_1 + x_2) - y \tag{9-32}$$

这时，齿轮的齿顶高为：

$$h_a = (h_a^* + x)m - \Delta ym = (h_a^* + x - \Delta y)m \tag{9-33}$$

（3）变位齿轮传动的类型以及特点

根据相互啮合两齿轮变位系数 $x_1 + x_2$ 之值的不同，变位齿轮传动可分为三种基本类型：

① 标准齿轮传动（$x_1 + x_2 = 0$，且 $x_1 = x_2 = 0$）。可以把标准齿轮视为变位系数为零的变位齿轮，它是变位齿轮的一个特例。

② 等变位齿轮传动（$x_1 + x_2 = 0$，且 $x_1 = -x_2 \neq 0$）。此类又称高度变位齿轮传动。等变位齿轮传动时其节圆与分度圆重合，其中 $a = a'$、$\alpha = \alpha'$、$y = 0$、$\Delta y = 0$。但此时齿顶高与齿根高有变化，即 h_{a1} 增加、h_{f1} 减小、h_{a2} 减小、h_{f2} 增加，而全齿高不变。一般 $x_1 > 0$，即小齿轮采用正变位，大齿轮采用负变位，故可使小齿轮齿根厚度增加，大齿轮齿根厚度减小，从而使两轮齿根厚度接近，强度接近，进而提高承载能力。另外使小齿轮齿顶圆半径 r_{a1} 增大，大齿轮齿顶圆半径 r_{a2} 减小，可以使两轮滑动系数接近，故可改善小齿轮磨损情况。

③ 不等变位齿轮传动（$x_1 + x_2 \neq 0$）。当 $x_1 + x_2 > 0$ 时称为正传动；当 $x_1 + x_2 < 0$ 时称为负传动。

a. 正传动：此时 $x_1 + x_2 > 0$，可以使 x_1、x_2 均大于零，也可以使一个为正变位，另一个为负变位，且负变位量的绝对值小于正变位量，其中 $a' > a$、$\alpha' > \alpha$、$y > 0$、$\Delta y > 0$。正传动的特点为：使滑动系数降低，减轻轮齿的磨损；改善强度，使强度提高；使重合度降低，传动平稳性下降。

b. 负传动：此时 $x_1 + x_2 < 0$，可以使 x_1、x_2 均小于零，也可以使一个为正变位，另一个为负变位，且负变位量的绝对值大于正变位量，其中 $a' < a$、$\alpha' < \alpha$、$y < 0$、$\Delta y > 0$。负传动的特点主要有：使重合度提高，传动平稳性好；可拼凑中心距；强度降低；磨损增大。

正传动和负传动的啮合角发生了改变，故又称为角度变位齿轮传动。另外，变位齿轮传动必须成对设计使用，没有互换性。

9.8　斜齿圆柱齿轮传动

9.8.1　斜齿圆柱齿轮齿廓曲面的形成

前面研究直齿圆柱齿轮的啮合原理时，仅就齿轮的一个端面（即垂直于齿轮轴线的平面）而言，实际上齿轮具有一定的宽度，其齿廓曲面如图 9-26（a）所示，是发生面绕基圆柱面做纯滚动时，其上与基圆柱母线平行的直线 KK' 在空间形成的渐开线曲面。由此可知，一对直齿圆柱齿轮进行啮合传动时，两轮齿廓曲面的接触线是齿廓曲面与啮合面（即两齿轮基圆柱的内公切面）的交线。该接触线为与齿轮轴线平行的直线，如图 9-26（b）所示。因此，直齿圆柱齿轮啮合传动时，其轮齿沿整个齿宽同时进入啮合和同时退出啮合，故在传动过程中易发生冲击、振动、噪声，传动平稳性差，不宜用于高速传动。

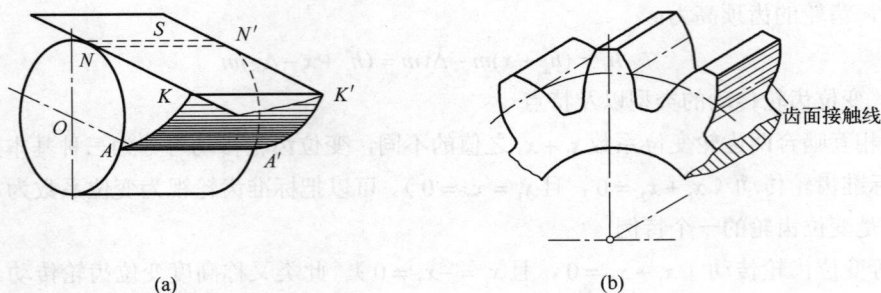

图 9-26 直齿圆柱齿轮齿廓曲面的形成及齿面接触线

斜齿圆柱齿轮（斜齿轮）的齿廓曲面的形成与直齿圆柱齿轮的基本相同，除了发生面上的直线 KK' 不与基圆柱母线平行，而是与其相交成角度 β_b，如图 9-27（a）所示，β_b 称为斜齿轮基圆柱上的螺旋角。因此，当发生面 S 相对基圆柱面做纯滚动时，KK' 直线在空间形成渐开线螺旋面，此即为斜齿轮的齿廓曲面，该齿廓曲面与基圆柱面的交线 AA' 是一条螺旋线。当一对斜齿圆柱齿轮啮合传动时，两轮齿廓曲面上的瞬时接触线是与齿轮轴线相倾斜的一条斜直线，如图 9-27（b）所示。

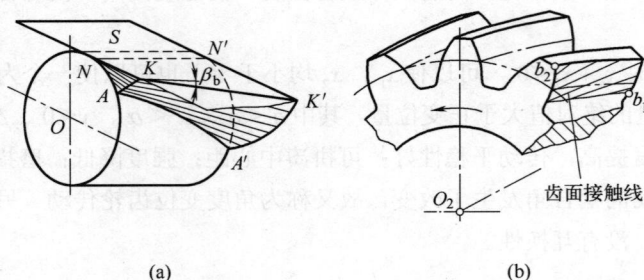

图 9-27 斜齿圆柱齿轮齿廓曲面的形成及齿面接触线

可知，两斜齿轮齿廓的接触是从点到线、从线到点地渐次进行的。因此，当一对斜齿轮啮合传动时，其轮齿是逐渐进入啮合和逐渐退出啮合的，其轮齿上的载荷是逐渐加大，再逐渐卸掉的。故斜齿轮传动平稳，冲击、振动和噪声小，适用于高速传动。

9.8.2 斜齿圆柱齿轮几何尺寸计算

（1）斜齿圆柱齿轮的基本参数

由于斜齿轮的齿廓曲面是渐开线螺旋面，因而在不同方向的截面上其轮齿的齿形各不相同。斜齿轮主要有两类基本参数，即：垂直于齿轮回转轴线的截面内的端面参数（下角标为 t）与垂直于轮齿方向的截面内的法面参数（下角标为 n）。由于在制造斜齿轮时，刀具通常是沿着螺旋线方向进刀的，所以斜齿轮的法面参数与刀具参数相同，即为标准值。但是在计算斜齿轮的大部分几何尺寸时却需要按端面参数进行计算，因此必须建立法面参数与端面参数之间的换算关系。

① 螺旋角。

如前所述，斜齿轮与直齿轮的根本区别在于其齿廓曲面为螺旋面，该螺旋面与分度圆柱面的交线亦为螺旋线，其上任一点的切线方向与轴线的夹角称为分度圆柱面上的螺旋角，用 β 表示。斜齿轮按照螺旋线的方向不同分为左旋和右旋，如图 9-28 所示，如果将斜齿轮轴线垂直放置，螺旋线向右上升的为右旋，向左上升的为左旋。

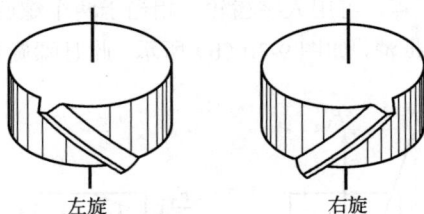

图 9-28　螺旋线旋向

设想把斜齿轮的分度圆柱面展开成一个长方形，如图 9-29（a）所示。设螺旋线的导程为 p_z，则由图 9-29（b）可知：

$$\tan \beta = \frac{\pi d}{p_z} \qquad (9\text{-}34)$$

对于同一个斜齿轮，任一圆柱面上螺旋线的导程 p_z 都是相等的，故基圆柱面上的螺旋角 β_b 为：

$$\tan \beta_b = \frac{\pi d_b}{p_z} \qquad (9\text{-}35)$$

将式（9-34）和式（9-35）两式相除可得：

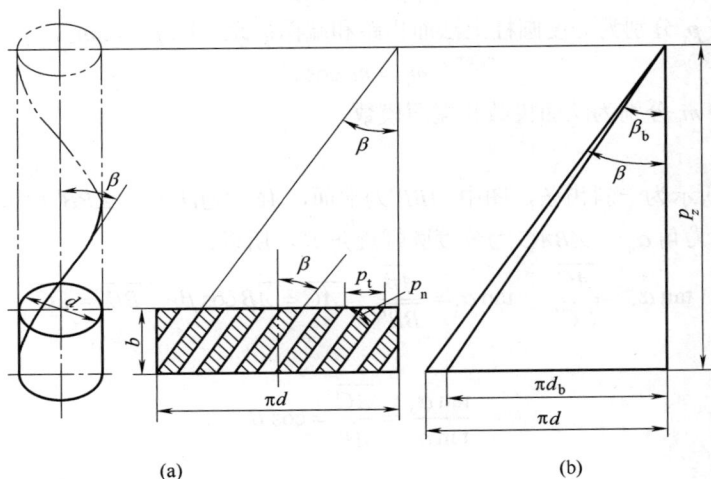

图 9-29　分度圆柱面展开图

$$\frac{\tan \beta}{\tan \beta_b} = \frac{d}{d_b} = \frac{1}{\cos \alpha_t}$$

即：

$$\tan \beta_b = \tan \beta \cos \alpha_t \qquad (9\text{-}36)$$

式中，α_t 为斜齿轮的分度圆端面压力角。

对斜齿轮传动而言，螺旋角是重要的基本参数之一，螺旋角越大，轮齿越倾斜，传动平稳性越好，但此时轴向分力 F_a 也越大，如图 9-30（a）所示，故通常取 $\beta=8°\sim20°$。在实际中，为克服轴向力而发挥斜齿轮的优点，可用人字齿轮（相当于两个螺旋角相等但旋向不同的斜齿轮组装而成），这时轴向力互相抵消，如图 9-30（b）所示，此时螺旋角可取大些（$\beta=25°\sim45°$）。

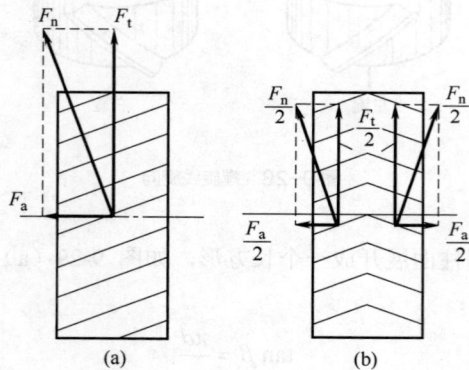

图 9-30 斜齿轮和人字齿轮的轴向分力

② 法面参数和端面参数。

由图 9-29（a）的几何关系可得：

$$p_n = p_t \cos \beta \qquad (9\text{-}37)$$

式中，p_n、p_t 分别为分度圆柱上法面齿距和端面齿距。因 $p_n = \pi m_n$，$p_t = \pi m_t$，所以：

$$m_n = m_t \cos \beta \qquad (9\text{-}38)$$

式中，m_n、m_t 分别为法面模数和端面模数。

③ 压力角。

如图 9-31 所示为一斜齿条，图中 ABB' 为端面，ACC' 为法面，$\angle BB'A$ 为端面压力角 α_t，$\angle CC'A$ 为法面压力角 α_n，$\angle BAC$ 为分度圆螺旋角 β，所以：

$$\tan \alpha_n = \frac{\overline{AC}}{\overline{CC'}} \qquad \tan \alpha_t = \frac{\overline{AB}}{\overline{BB'}} \qquad \overline{AC} = \overline{AB} \cos \beta \qquad \overline{BB'} = \overline{CC'}$$

故有：

$$\frac{\tan \alpha_n}{\tan \alpha_t} = \frac{\overline{AC}}{\overline{AB}} = \cos \beta$$

则：

$$\tan \alpha_n = \tan \alpha_t \cos \beta \qquad (9\text{-}39)$$

法面压力角 α_n 为标准值，我国规定为 20°。

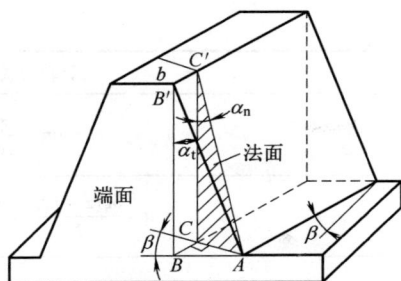

图 9-31 斜齿条的法面压力角和端面压力角

④ 齿顶高系数和顶隙系数。

斜齿轮的齿顶高系数和顶隙系数在法平面内均为标准值，即 $h_{an}^{*} = 1$，$c_{n}^{*} = 0.25$。由于斜齿轮的齿顶高和顶隙不论从法面或端面来看都分别相等，即 $h_{a} = h_{an}^{*} m_{n} = h_{at}^{*} m_{t}$，$c = c_{n}^{*} m_{n} = c_{t}^{*} m_{t}$，考虑到 $m_{n} = m_{t} \cos \beta$，故有：

$$h_{at}^{*} = h_{an}^{*} \cos \beta \tag{9-40}$$

$$c_{t}^{*} = c_{n}^{*} \cos \beta \tag{9-41}$$

（2）标准斜齿轮传动的几何尺寸计算

标准斜齿轮传动的几何尺寸计算按表 9-5 进行。

表 9-5 标准斜齿轮传动的几何尺寸计算公式

名称	符号	计算公式
螺旋角	β	（通常取 $\beta = 8° \sim 20°$）
基圆螺旋角	β_{b}	$\tan \beta_{b} = \tan \beta \cos \alpha_{t}$
法面模数	m_{n}	（按表 9-1，取标准值）
端面模数	m_{t}	$m_{t} = m_{n} / \cos \beta$
法面压力角	α_{n}	$\alpha_{n} = 20°$
分度圆直径	d	$d = m_{t} z = \dfrac{m_{n} z}{\cos \beta}$
基圆直径	d_{b}	$d_{b} = m_{t} z \cos \alpha_{t} = \dfrac{m_{n} z \cos \alpha_{t}}{\cos \beta}$
齿顶圆直径	d_{a}	$d_{a} = m_{t}(z + 2h_{at}^{*}) = m_{n}\left(\dfrac{z}{\cos \beta} + 2h_{an}^{*}\right)$
齿根圆直径	d_{f}	$d_{f} = m_{t}(z - 2h_{at}^{*} - 2c_{t}^{*}) = m_{n}\left(\dfrac{z}{\cos \beta} - 2h_{an}^{*} - 2c_{n}^{*}\right)$
齿顶高	h_{a}	$h_{a} = h_{at}^{*} m_{t} = h_{an}^{*} m_{n}$
齿根高	h_{f}	$h_{f} = (h_{at}^{*} + c_{t}^{*}) m_{t} = (h_{an}^{*} + c_{n}^{*}) m_{n}$
全齿高	h	$h = (2h_{at}^{*} + c_{t}^{*}) m_{t} = (2h_{an}^{*} + c_{n}^{*}) m_{n}$
端面齿厚	s_{t}	$s_{t} = \dfrac{\pi m_{t}}{2} = \dfrac{\pi m_{n}}{2 \cos \beta}$

续表

名称	符号	计算公式
端面齿距	p_t	$p_t = \pi m_t = \dfrac{\pi m_n}{\cos\beta}$
中心距	a	$a = \dfrac{m_t(z_1+z_2)}{2} = \dfrac{m_n(z_1+z_2)}{2\cos\beta}$
当量齿数	z_v	$z_v = \dfrac{z}{\cos^3\beta}$

9.8.3 斜齿圆柱齿轮的啮合传动

（1）斜齿圆柱齿轮正确啮合的条件

由于斜齿轮的端面齿廓曲线为渐开线，故其传动时的啮合条件与直齿轮的基本相同。但由于螺旋角 β 对啮合传动的影响，故一对斜齿轮传动的正确啮合条件应为：

$$\begin{cases} m_{n1} = m_{n2} = m_n \\ \alpha_{n1} = \alpha_{n2} = \alpha_n \\ \beta_1 = \pm\beta_2 \end{cases} \tag{9-42}$$

即两斜齿轮法面模数与法面压力角应分别相等，且均为标准值，两斜齿轮的螺旋角应大小相等，外啮合传动的两轮螺旋角的方向相反（$\beta_1 = -\beta_2$），内啮合传动的两轮螺旋角的方向相同（$\beta_1 = +\beta_2$）。

（2）斜齿圆柱齿轮传动的重合度

为便于分析斜齿轮传动的重合度，将端面尺寸相当的一对直齿轮与一对斜齿轮进行比较，如图 9-32 所示，上面为直齿轮传动的啮合面，下面为斜齿轮传动的啮合面。直齿轮轮齿从 B_2B_2 开始沿整个齿宽进入啮合，到 B_1B_1 整齿完全退出啮合，其重合度为：

$$\varepsilon_\alpha = \frac{L}{p_{bt}}$$

斜齿轮轮齿从 B_2B_2 开始逐渐进入啮合，到 B_1B_1 处仅轮齿的一端开始退出啮合，而整齿全部退出啮合时还要啮合一段 ΔL，所以斜齿轮实际啮合区较直齿轮要多一段 $\Delta L = b\tan\beta_b$，因而其重合度也要大些。设其增量为 ε_β，则有：

$$\varepsilon_\beta = \frac{\Delta L}{p_{bt}} = \frac{b\tan\beta_b}{p_t\cos\alpha_t} = \frac{b\tan\beta\cos\alpha_t\cos\beta}{p_t\cos\alpha_t} = \frac{b\tan\beta}{\pi m_n} \tag{9-43}$$

所以斜齿轮传动的总重合度 ε_γ 为 ε_α 与 ε_β 两部分之和，即：

$$\varepsilon_\gamma = \varepsilon_\alpha + \varepsilon_\beta \tag{9-44}$$

式中，ε_β 与轴向宽度有关，故称轴面重合度；ε_α 称端面重合度，其值与端面参数完全相同的直齿圆柱齿轮传动的重合度相同，即：

$$\varepsilon_\alpha = \frac{1}{2\pi}[z_1(\tan\alpha_{at1} - \tan\alpha_t') + z_2(\tan\alpha_{at2} - \tan\alpha_t')] \tag{9-45}$$

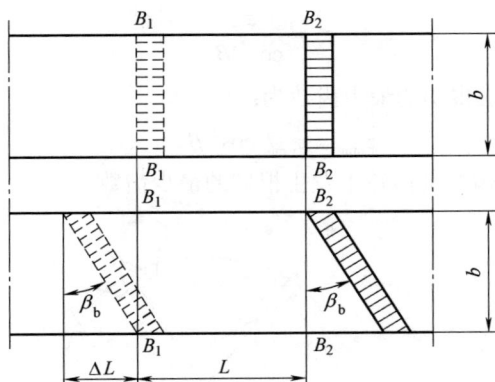

图 9-32　斜齿轮的实际重合度

　　由此可知，斜齿轮传动的重合度随齿宽 b 和螺旋角 β 的增大而增大，故承载能力比直齿轮高，传动平稳，适用于高速重载的场合。但是增大螺旋角，齿轮工作时所产生的轴向力也随之增大，会对轴承受力产生不利影响。

9.8.4　斜齿圆柱齿轮的当量齿数

　　斜齿圆柱齿轮的法面齿形与端面齿形不同，而加工斜齿轮的刀具参数与斜齿轮法面参数相同；另外，在计算斜齿轮的强度时，斜齿轮的作用力作用在轮齿的法面上。因而，斜齿轮的设计和制造都是以轮齿的法面为依据。因此需要知道斜齿圆柱齿轮的法面齿形。一般可以采用近似的方法，用一个与斜齿轮法面齿形相当的直齿轮来替代，这个直齿轮称为斜齿轮的当量齿轮，其齿数称为斜齿轮的当量齿数。

　　图 9-33 所示为实际齿数为 z 的斜齿轮的分度圆柱，过分度圆柱螺旋线上的点 C 作此轮齿螺旋线的法面 n-n，将此斜齿轮的分度圆柱剖开得一椭圆剖面。在此剖面上 C 点附近的齿形可以近似地视为该斜齿轮的法面齿形。如果以椭圆上 C 点的曲率半径 ρ 作为相当的直齿轮的分度圆半径，并设此相当的直齿轮的模数和压力角分别等于该斜齿轮的法面模数和压力角，则该相当的直齿轮的齿形就与上述斜齿轮的法面齿形十分相近。故此相当的直齿轮即为斜齿轮的当量齿轮，其齿数即为当量齿数 z_v，该当量齿轮的分度圆半径可以表示为：

$$\rho = \frac{m_\mathrm{n} z_\mathrm{v}}{2} \tag{9-46}$$

由图 9-33 可知，椭圆形 C 点的曲率半径 ρ 为：

$$\rho = \frac{a^2}{b} = \left(\frac{r}{\cos\beta}\right)^2 \frac{1}{r} = \frac{r}{\cos^2\beta} \tag{9-47}$$

式中，a 与 b 分别是椭圆的长半轴和短半轴。

　　结合式（9-46）和式（9-47），再将斜齿轮的分度圆半径 $r = \dfrac{m_\mathrm{n} z}{2\cos\beta}$ 代入，经整理后得到斜齿轮的当量齿数为：

$$z_v = \frac{z}{\cos^3 \beta} \tag{9-48}$$

由此可得斜齿轮不发生根切的最少齿数为：

$$z_{\min} = z_{v\min} \cos^3 \beta \tag{9-49}$$

式中，$z_{v\min}$ 为当量直齿标准齿轮不发生根切的最少齿数。

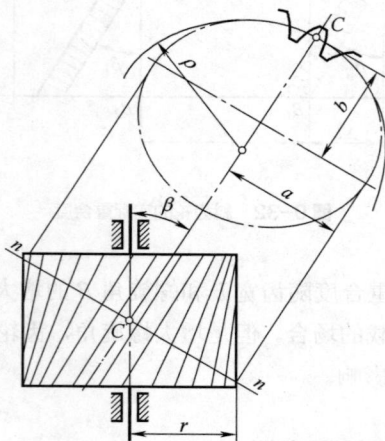

图 9-33 斜齿轮的当量齿轮

9.9 蜗轮蜗杆机构

蜗轮蜗杆机构是由交错轴斜齿轮传动演化而来的，它也用于传递交错轴之间的运动，通常取交错角 $\Sigma=90°$。

9.9.1 蜗轮蜗杆传动及特点

如图 9-34 所示，在分度圆柱上具有完整螺旋齿的构件 1 为蜗杆。蜗杆可认为是一个齿数少、直径小且轴向长度较大、螺旋角 β_1 很大的斜齿轮，看上去很像螺杆，故称为蜗杆；而与蜗杆相啮合的构件 2，其齿数多、直径大、螺旋角 β_2 小，可将之视为一个宽度不大的斜齿轮，称为蜗轮。通常，以蜗杆为原动件做减速运动。当其反行程不自锁时，也可以蜗轮为原动件做增速运动。蜗杆与斜齿轮相似，也有右旋与左旋之分，但通常以右旋居多。

蜗轮蜗杆机构主要具有以下特点：

① 传动比大。由于蜗杆齿数 z_1（头数）很少或为 1，

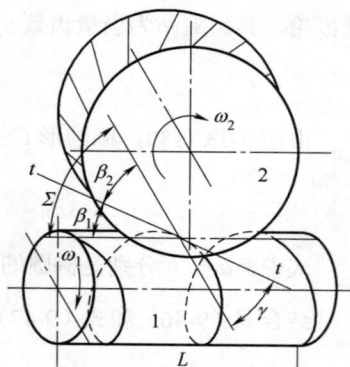

图 9-34 蜗轮蜗杆传动

故单级传动比大（动力传动时 i =10~80，分度传动时 i 可达 1000），结构紧凑。

② 传动平稳，振动、冲击、噪声小。这是由于蜗杆的轮齿是连续不断的螺旋齿。

③ 具有自锁性。当蜗杆导程角 γ 小于啮合轮齿间的当量摩擦角 φ_v 时，机构会实现自锁，此时只能以蜗杆为主动件。

④ 传动效率低，磨损大。由于啮合轮齿间的滑动速度较大，摩擦及发热损耗较大，传动效率低（一般为 0.7~0.9，自锁时传动效率小于 0.5），故常采用减摩性能好的有色金属（如青铜）来制造蜗轮齿圈。

蜗轮蜗杆机构主要用于中小功率、间断工作的场合，广泛用于机床、冶金、矿山及起重设备中。

蜗轮蜗杆传动的类型很多，其中阿基米德蜗轮蜗杆传动是最基本的，下面仅就这种蜗轮蜗杆传动做简略介绍。

9.9.2　蜗轮蜗杆正确啮合的条件

图 9-35 所示为阿基米德蜗轮蜗杆机构的啮合传动情况。过蜗杆轴线并垂直于蜗轮轴线作一平面，该平面称为蜗轮蜗杆传动的中间平面（主平面）。由于蜗轮加工的特点，在中间平面内，蜗轮蜗杆传动相当于齿轮齿条传动，而中间平面对蜗杆来说是轴面，对蜗轮来说是端面，故蜗轮蜗杆传动的正确啮合条件为：在中间平面内蜗轮蜗杆的模数和压力角应分别相等，且等于标准值。即：

$$m_{x1} = m_{t2} = m \qquad \alpha_{x1} = \alpha_{x2} = \alpha \qquad (9\text{-}50)$$

式中，m_{x1}、α_{x1} 分别为蜗杆的轴面模数和压力角；m_{t2}、α_{t2} 分别为蜗轮的端面模数和压力角。

当交错角 Σ = 90° 时，还必须满足 $\gamma_1 = \beta_2$，且蜗轮与蜗杆旋向相同。

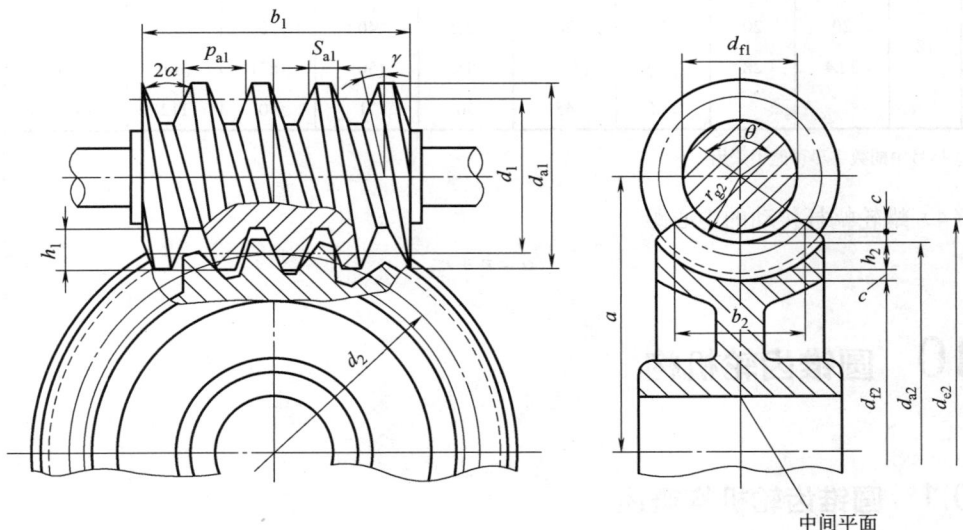

图 9-35　阿基米德蜗轮蜗杆机构的啮合传动

9.9.3 蜗轮蜗杆机构的基本参数及几何尺寸

（1）齿数

蜗杆的齿数亦称为蜗杆的头数，用 z_1 表示。一般取蜗杆头数 $z_1=1\sim10$，推荐 $z_1=1, 2, 4, 6$。当要求传动比 i_{12} 大且要求自锁时，蜗杆头数 z_1 取小值；当要求效率 η 高时，则蜗杆头数 z_1 取大值。而蜗轮齿数一般根据传动比来定，其 $z_2=i_{12}z_1$，一般取 $z_2=29\sim70$。

（2）压力角和模数

在中间平面内，蜗杆与蜗轮的啮合相当于齿条与齿轮的啮合，其模数 m 和压力角 α 均规定为标准值。国标 GB/T 10087—2018 规定，阿基米德蜗杆的压力角 $\alpha=20°$。在动力传动中，允许增大压力角，推荐用 $\alpha=25°$；在分度传动中，允许减小压力角，推荐用 $\alpha=15°$或 $12°$。蜗杆模数系列与齿轮模数系列有所不同，蜗杆模数 m 见表 9-6。

表 9-6　蜗杆模数 m 值

第一系列	1；1.25；1.6；2；2.5；3.15；4；5；6.3；8；10；12.5；16；20；25；31.5；40
第二系列	1.5；3；3.5；4.5；5.5；6；7；12；14

注：优先采用第一系列。

（3）蜗杆分度圆直径

用蜗轮滚刀切制蜗轮时，滚刀分度圆直径必须与工作蜗杆的分度圆直径相同，为了限制滚刀数量，国家标准中规定将蜗杆的分度圆直径标准化，且与其模数相匹配。d_1 与 m 匹配的标准系列见表 9-7。

表 9-7　蜗杆分度圆直径与其模数的匹配标准系列

m	1	1.25	1.6	2	2.5	3.15	4	5	6.3	8	10
d_1	18	20 22.4	20 28	(18) 22.4 (28) 35.5	(22.4) 28 (35.5) 45	(28) 35.5 (45) 56	(31.5) 40 (50) 71	(40) 50 (63) 90	(50) 63 (80) 112	(63) 80 (100) 140	(71) 90 (112) 160

注：括号中的数字尽可能不采用。

（4）蜗轮蜗杆传动的中心距

$$a = r_1 + r_2 \tag{9-51}$$

9.10　圆锥齿轮机构

9.10.1　圆锥齿轮机构概述

圆锥齿轮用来传递两相交轴之间的运动和动力，其轮齿分布在圆锥面上，齿形从大端到小端逐渐减小，如图 9-36 所示。对应于圆柱齿轮机构，圆锥齿轮机构有分度圆锥、基圆锥、齿顶圆锥、齿根圆锥和节圆锥等。又因圆锥齿轮的轮齿分布在圆锥面上，所以齿轮两端尺寸的大小是不同的。为了计算和测量的方便，通常取圆锥齿轮大端的参数为标准值，即大端的模数按表 9-8 选取，其压力角一般为 20°。

表 9-8 锥齿轮模数（摘注 GB 12368—1990）

···	1	1.125	1.25	1.375	1.5	1.75	2	2.25	2.5	2.75	3	3.25	3.5	4	4.5	5	5.5	6
6.5	7	8	9	10	···													

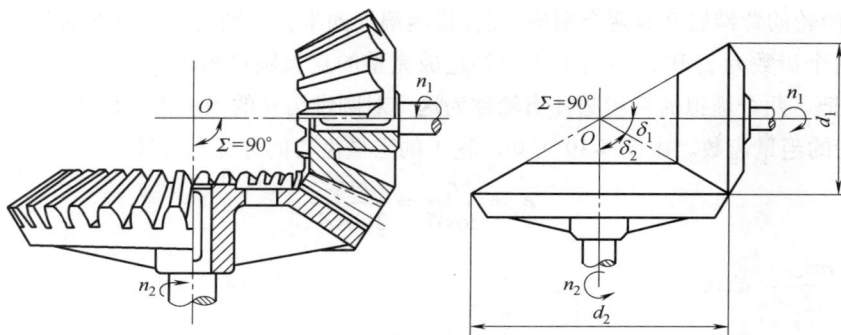

图 9-36 圆锥齿轮传动

一对圆锥齿轮两轴之间的夹角 Σ 可根据传动的需要来确定，一般机构中多采用 $\Sigma=90°$ 传动。圆锥齿轮轮齿有直齿、斜齿、曲齿等多种形式。由于直齿圆锥齿轮在设计、制造和安装等方面都比较简单，应用较广，这里只讨论直齿圆锥齿轮传动的有关理论和计算方法。

9.10.2 直齿圆锥齿轮齿廓曲面的形成和当量齿数

（1）直齿圆锥齿轮齿廓曲面的形成

直齿圆锥齿轮齿廓曲面的形成与圆柱齿轮相似。如图 9-37 所示，圆平面 s 为发生面，圆心 O 与基圆锥顶相重合，当它绕基圆锥做纯滚动时，该平面上任一点 B 在空间展开一条球面渐开线。而直线 OB 上各点展开的无数条球面渐开线形成球面渐开面，即为直齿圆锥齿轮的齿廓曲面。

（2）直齿圆锥齿轮的当量齿数

球面无法展开成平面，这给圆锥齿轮的设计、制造带来困难，故实际中采用近似方法来替代锥齿轮的球面渐开线的齿廓曲面。

图 9-38 所示的圆锥齿轮，△OAB 表示分度圆锥，△Obb 及 △Oaa 分别表示齿顶圆锥和齿根圆锥。因圆锥齿

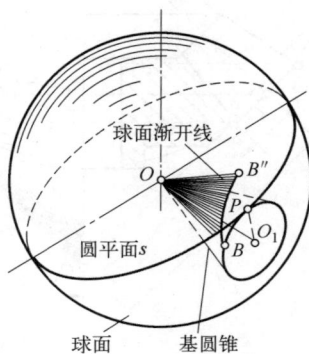

图 9-37 锥齿轮齿廓曲面的形成

轮的齿廓曲面由球面渐开线组成，所以其轮齿的大端（球面）与轴向剖面的交线 $\overset{\frown}{ab}$ 理论上应为一圆弧。

在轴向剖面，过大端上的 A 点作球面的切线与其轴线相交于 O_1，以 OO_1 为轴，以 O_1A 为母线作一圆锥 AO_1B 与该轮的大端球面相切，则 $\triangle AO_1B$ 所代表的圆锥，即称为该轮的背锥。显然，背锥与球面相切于该轮大端分度圆直径上。将球面渐开线齿廓向背锥上投影，在轴剖面上得 a' 及 b' 点。由图 9-38 可以看出，$a'b'$ 与 ab 相差甚微，所以可把球面渐开线齿廓在背锥上的投影近似地作为圆锥齿轮的齿廓。

如图 9-39 所示为一对相互啮合的圆锥齿轮，两齿轮齿数分别为 z_1、z_2，分度圆直径为 r_1、r_2，分度圆锥角为 δ_1、δ_2，模数为 m。按照上述方法得到两齿轮背锥，由于背锥可以展开成平面，因此将两轮的背锥展开成两个扇形平面，设两扇形的半径分别为其两背锥的锥距 r_{v1} 及 r_{v2}。如果将这两个齿数为 z_1 和 z_2 的扇形齿轮补足成完整的直齿圆柱齿轮，则它们的齿数将增加为 z_{v1} 和 z_{v2}。把这两个虚拟的直齿圆柱齿轮称为这一对圆锥齿轮的当量齿轮，其齿数 z_{v1} 和 z_{v2} 称为圆锥齿轮的当量齿数。由图 9-39 可知，轮 1 的当量齿轮的分度圆直径为：

$$r_{v1} = \frac{r_1}{\cos\delta_1} = \frac{mz_1}{2\cos\delta_1}$$

而 $r_{v1} = \frac{mz_{v1}}{2}$，故得：

$$z_{v1} = \frac{z}{\cos\delta_1}$$

同理，对于任一圆锥齿轮，其当量齿数与实际齿数的关系有：

$$z_v = \frac{z}{\cos\delta} \tag{9-52}$$

式中，δ 代表圆锥齿轮的分度圆锥角。

由式（9-52）求得的 z_v 一般不是整数，也无须圆整为整数。

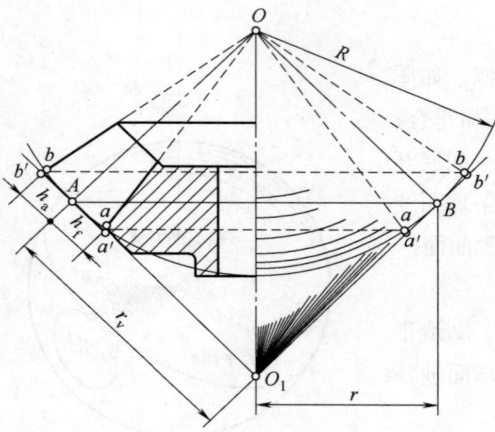

图 9-38 圆锥齿轮的背锥

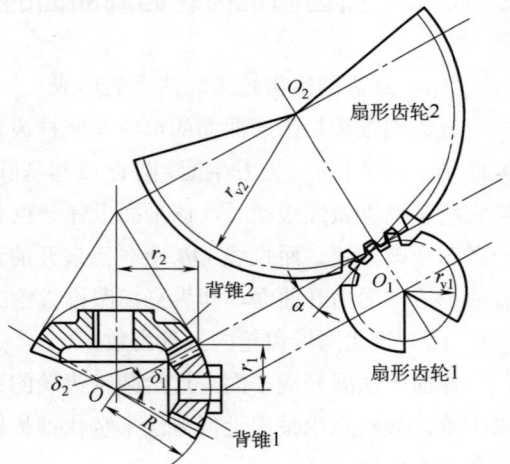

图 9-39 圆锥齿轮的当量齿轮

引入当量齿轮的概念后，就可以将直齿圆柱齿轮的某些原理近似地应用到圆锥齿轮上。例如，用仿形法加工直齿圆锥齿轮时，可按当量齿数来选择铣刀的号码；又如，在进行圆锥齿轮的齿根弯曲疲劳强度计算时，可按当量齿数来查取齿形系数。此外，标准直齿圆锥齿轮不发生根切的最少齿数 $z_{\min}$ 可根据其当量齿轮不发生根切的最少齿数 $z_{v\min}$ 来换算，即：

$$z_{\min} = z_{v\min}\cos\delta \tag{9-53}$$

由上式可知，直齿圆锥齿轮的最少齿数比直齿圆柱齿轮的最少齿数少。例如，当 $\delta = 45°$，$\alpha = 20°$，$h_{an}^* = 1$ 时，$z_{v\min} = 17$，而 $z_{\min} = z_{v\min}\cos\delta = 17\cos 45° = 12$。

9.10.3　直齿圆锥齿轮的啮合传动

如上所述，一对直齿圆锥齿轮的啮合传动，就相当于其当量齿轮的啮合传动。因此，圆锥齿轮的啮合传动可以通过其当量齿轮（直齿圆柱齿轮）的啮合传动来研究。

（1）正确啮合条件

一对直齿圆锥齿轮的正确啮合条件为：两个当量齿轮的模数和压力角分别相等，亦即两个圆锥齿轮大端的模数和压力角应分别相等。即：

$$\begin{cases} m_1 = m_2 = m \\ \alpha_1 = \alpha_2 = \alpha \end{cases} \tag{9-54}$$

（2）连续传动条件

为保证一对直齿圆锥齿轮能够实现连续传动，其重合度也必须大于等于 1。其重合度可按其当量齿轮进行计算，即：

$$\varepsilon = \frac{1}{2\pi}[z_{v1}(\tan\alpha_{va1} - \tan\alpha_v') + z_{v2}(\tan\alpha_{va2} - \tan\alpha_v')] \tag{9-55}$$

9.10.4　直齿圆锥齿轮基本参数及几何尺寸计算

由前述可知，直齿圆锥齿轮的基本参数有 m、α、h_a^*、c^*、z，并以大端的参数为标准参数，且规定 $\alpha = 20°$，$h_a^* = 1$，$c^* = 0.2$（$m \geqslant 1$）。

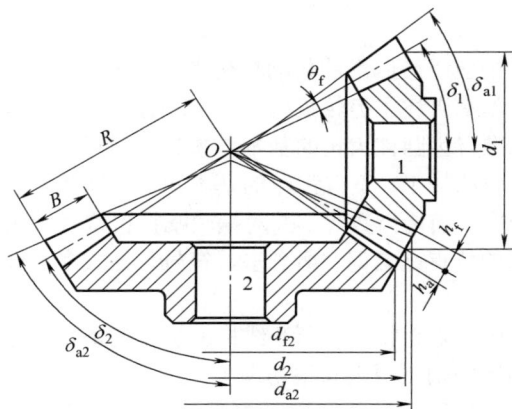

图 9-40　圆锥齿轮的各部分尺寸

根据国家标准（GB/T 12369—1990，GB/T 12370—1990）规定，现多采用等顶隙锥齿轮传动，如图 9-40 所示。其两轮的顶隙从齿轮大端到小端是相等的，两轮的分度圆锥及齿根圆锥的锥顶重合于一点。但两轮的齿顶圆锥，因其母线各自平行于与之啮合传动的另一锥齿轮的齿根圆锥的母线，故其锥顶不再与分度圆锥锥顶相重合。其几何尺寸计算公式列于表 9-9，供设计时查用。

表 9-9　标准直齿圆锥齿轮几何尺寸计算公式（$\Sigma=90°$）

名称	符号	计算公式	
		小齿轮	大齿轮
分度圆锥角	δ	$\delta_1 = \arctan \dfrac{z_1}{z_2}$	$\delta_2 = 90° - \delta_1$
齿顶高	h_a	$h_{a1} = h_{a2} = h_a^* m$	
齿根高	h_f	$h_{f1} = h_{f2} = (h_a^* + c^*)m$	
分度圆直径	d	$d_1 = mz_1$	$d_2 = mz_2$
齿顶圆直径	d_a	$d_{a1} = d_1 + 2h_a \cos\delta_1$	$d_{a2} = d_2 + 2h_a \cos\delta_2$
齿根圆直径	d_f	$d_{f1} = d_1 - 2h_f \cos\delta_1$	$d_{f2} = d_2 - 2h_f \cos\delta_2$
锥距	R	$R = m\sqrt{z_1^2 + z_2^2}/2$	
齿根角	θ_f	$\tan\theta_{f2} = \tan\theta_{f1} = h_f/R$	
分度圆齿厚	s	$s = \pi m/2$	
顶隙	c	$c = c^* m$	
当量齿数	z_v	$z_{v1} = z_1/\cos\delta_1$	$z_{v2} = z_2/\cos\delta_2$
顶锥角	δ_a	$\delta_{a1} = \delta_1 + \theta_f$	$\delta_{a2} = \delta_2 + \theta_f$
根锥角	δ_f	$\delta_{f1} = \delta_1 - \theta_f$	$\delta_{f2} = \delta_2 - \theta_f$
齿宽	B	$B \leqslant R/3$（取整数）	

本章小结

齿轮机构是现代机械中应用最广泛的传动机构之一，它通过轮齿的直接接触来传递空间任意两轴间的运动和动力。本章讲述了齿轮机构的特点和分类、齿廓啮合基本定律、渐开线齿廓及其啮合特性、渐开线标准直齿圆柱齿轮的基本参数和几何尺寸计算、渐开线标准直齿圆柱齿轮的啮合传动、渐开线齿轮的加工、变位齿轮的基本知识，以及斜齿圆柱齿轮机构几何尺寸计算、正确啮合条件、重合度、当量齿数等，并对蜗轮蜗杆机构和锥齿轮机构的知识及几何尺寸计算作了简要介绍。本章的特点是名词、概念多，符号、公式多，理论性较强。学习时要理解基本概念，掌握主要知识脉络。

本章重点：渐开线齿廓的啮合特点；渐开线标准齿轮的基本参数、几何尺寸和啮合传动参数的计算方法；渐开线齿廓的切制原理与根切现象。

本章难点：渐开线变位齿轮的性能和运动参数计算方法；渐开线齿廓的切制原理与根切现象。

习题

9-1 渐开线直齿圆柱标准齿轮的分度圆具有哪些特性？

9-2 一对渐开线直齿圆柱齿轮传动中齿廓之间是否有相对滑动？一般在齿廓的什么位置相对滑动较大？什么位置无相对滑动？

9-3 一对轮齿的齿廓曲线应满足什么条件才能使其传动比为常数？渐开线齿廓为什么能满足定传动比的要求？

9-4 当 $\alpha = 20°$，$h_a^* = 1$，$c^* = 0.25$ 时，若渐开线直齿圆柱标准齿轮的齿根圆和基圆相重合，其齿数应为多少？当齿数大于以上求得的齿数时，试问基圆与齿根圆哪个大？

9-5 一对渐开线直齿圆柱标准齿轮传动，已知齿数 $z_1 = 25$，$z_2 = 55$，模数 $m = 2\text{mm}$，压力角 $\alpha = 20°$，$h_a^* = 1$，$c^* = 0.25$。试求：

（1）齿轮 1 分度圆直径 d_1 与基圆直径 d_{b1}；

（2）齿轮 2 在齿顶圆上的压力角 α_{a2}；

（3）如果这对齿轮安装后的实际中心距 $a' = 81\text{mm}$，求啮合角 α' 和两齿轮的节圆半径 r_1'、r_2'。

9-6 一对外啮合标准直齿轮，已知两齿轮的齿数 $z_1 = 23$、$z_2 = 67$，模数 $m = 3\text{mm}$，压力角 $\alpha = 20°$，正常齿制。试求：

（1）正确安装时的中心距 a、啮合角 α' 及重合度 ε_α，并绘出单齿及双齿啮合区；

（2）实际中心距 $a' = 136\text{ mm}$ 时的啮合角 α' 和重合度 ε_α。

9-7 已知一对正确安装的渐开线直齿圆柱标准齿轮传动，中心距 $a = 100\text{ mm}$，模数 $m = 4\text{mm}$，压力角 $\alpha = 20°$，小齿轮主动，传动比 $i = \omega_1 / \omega_2 = 1.5$。

（1）计算齿轮 1 和 2 的齿数，以及分度圆、基圆、齿顶圆和齿根圆半径，并在图中画出；

（2）在图中标出开始啮合点 B_2、终了啮合点 B_1、节点 P、啮合角和理论啮合线与实际啮合线。

9-8 一对按标准中心距安装的外啮合渐开线直齿圆柱标准齿轮，其小齿轮已损坏，需要配制，今测得两轴中心距 $a = 310\text{mm}$，大齿轮齿数 $z_2 = 100$，齿顶圆直径 $d_{a2} = 408\text{ mm}$，$\alpha = 20°$，$h_a^* = 1$，$c^* = 0.25$，试确定小齿轮的基本参数及其分度圆和齿顶圆的直径。

9-9 一对渐开线外啮合直齿圆柱标准齿轮传动，其有关参数如下：$z_1 = 21$，$z_2 = 40$，$m = 5\text{mm}$，$\alpha = 20°$，$h_a^* = 1$，$c^* = 0.25$。试求：

（1）标准安装时的中心距、啮合角和顶隙；

（2）该对齿轮传动的重合度 $\varepsilon_\alpha = 1.64$ 时实际啮合线段 $\overline{B_1B_2}$ 的长度；

（3）中心距加大 2 mm 时的啮合角及顶隙。

9-10 一对渐开线直齿圆柱齿轮，已知 $m = 6\text{mm}$，$\alpha = 20°$，$h_a^* = 1$，$c^* = 0.25$，$i_{12} = 1$，且分度圆齿厚等于齿槽宽。又知在正确安装条件下，它们的齿顶圆恰好通过对方的极限啮合点，且重合度 $\varepsilon_\alpha = 1.74$。试求：

（1）两轮的实际啮合线 $\overline{B_1B_2}$ 长；

（2）齿数 z_1 和齿根圆直径 d_{f1}。

9-11　齿轮变速箱中各轮的齿数、模数和中心距如图 9-41 所示，指出齿轮副 z_1、z_2 和 z_3、z_4 各应采用何种变位齿轮传动类型，并简述理由。

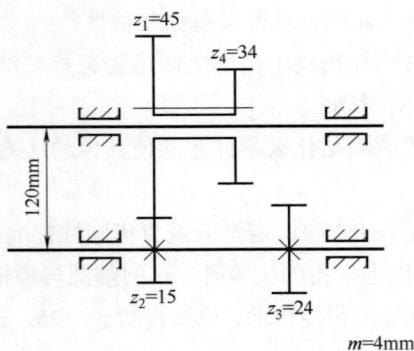

$z_1=45$
$z_4=34$
120mm
$z_2=15$
$z_3=24$
$m=4mm$

图 9-41

9-12　一对斜齿圆柱标准齿轮外啮合传动，已知 $m_n = 4$ mm，$z_1 = 24$，$z_2 = 48$，$h_{an}^* = 1$，$a = 150$ mm，试计算：

（1）螺旋角 β；

（2）两轮的分度圆直径 d_1、d_2；

（3）两轮的齿顶圆直径 d_{a1}、d_{a2}；

（4）若改用 $m = 4$ mm，$\alpha = 20°$，$h_a^* = 1$ 的直齿圆柱齿轮外啮合传动，中心距 a 与齿数 z_1、z_2 均不变，应采用何种类型的变位齿轮传动？

拓展阅读

交错轴圆柱斜齿轮 [图 9-2（d）] 是机械传动领域中常见的一种齿轮传动装置，它也是由两个斜齿轮组成，但因它用于空间两交错轴的传动，所以其斜齿轮的螺旋角可以超出 8°~20° 的范围，在特殊情况下，其中一个齿轮的螺旋角可以为 0°，即为直齿轮。

交错轴斜齿轮传动，就单个斜齿轮而言，它与平行轴斜齿轮传动中的斜齿轮相比，除了螺旋角不受 8°~20° 的限制以外，其余都没有区别。因此，这里斜齿轮的参数和几何尺寸计算，除了中心距和轴交角（见下文叙述）以外，其余与平行轴斜齿轮机构相同。

（1）轴交角 Σ 与两齿轮螺旋角 β_1、β_2 的关系

图 9-42 所示交错轴斜齿轮传动，两齿轮的分度圆柱相切于 P 点。过 P 点作两分度圆柱的公切面，两齿轮轴线在此公切面上投影所夹的角 Σ 称为轴交角。直线 $t\text{-}t$ 为两轮啮合齿廓过 P 点的公切线。当两齿轮的螺旋角 β_1、β_2 旋向相同时（如图 9-42 中两齿轮均为右旋），轴交角为 $\Sigma = \beta_1 + \beta_2$；当两齿轮的螺旋角 β_1、β_2 旋向相反时（如图 9-43 中齿轮 1 均为右旋，齿轮 2 均为左旋），轴交角为 $\Sigma = \beta_1 - \beta_2$。故可写成一般形式：

$$\varSigma = \left| \beta_1 \pm \beta_2 \right|$$

式中，当两轮旋向相同时，取正号；两轮旋向相反时，取负号。

当 $\beta_1 = -\beta_2$ 时，$\varSigma = 0$，即为平行轴斜齿轮传动，因此平行轴斜齿轮传动可以看成交错轴斜齿轮传动的特殊情况。

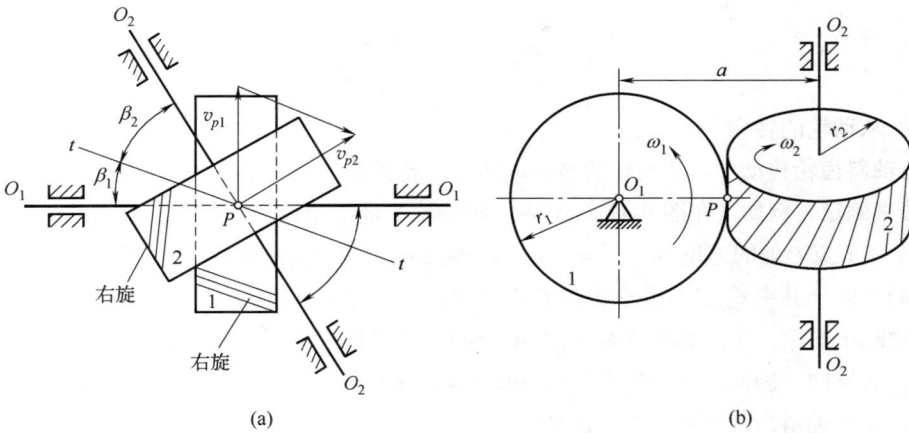

图 9-42　交错轴斜齿轮（右旋、右旋）传动

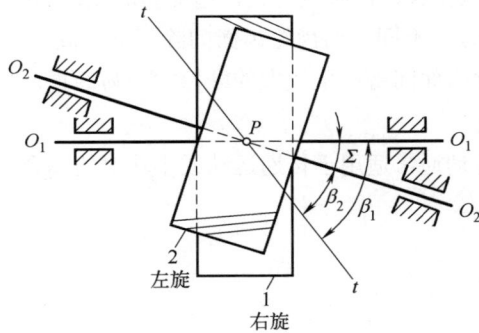

图 9-43　交错轴斜齿轮（右旋、左旋）传动

（2）正确啮合条件

交错轴斜齿圆柱齿轮传动，其轮齿在法向平面内啮合，所以其两轮的法向参数应相等，正确啮合条件为：

$$\begin{cases} m_{n1} = m_{n2} = m_n \\ \alpha_{n1} = \alpha_{n2} = \alpha_n \end{cases}$$

因为 $m_n = m_t \cos\beta$，故当 $\beta_1 \neq \beta_2$ 时，端面模数和压力角不一定相等。

（3）中心距 a

如图 9-42（b）所示，过 P 点作交错轴斜齿轮副轴线的公垂线，其公垂线长度就是交错轴斜齿轮传动的中心距，因此有：

$$a = r_1 + r_2 = \frac{m_n}{2}\left(\frac{z_1}{\cos\beta_1} + \frac{z_2}{\cos\beta_2}\right)$$

（4）传动比

假设两轮的端面模数分别为 m_{t1} 与 m_{t2}，分度圆直径分别为 d_1 与 d_2，则两轮齿数分别为 $z_1 = \frac{d_1\cos\beta_1}{m_n}$ 与 $z_2 = \frac{d_2\cos\beta_2}{m_n}$，因此，两轮的传动比为：

$$i_{12} = \frac{\omega_1}{\omega_2} = \frac{z_2}{z_1} = \frac{d_2\cos\beta_2}{d_1\cos\beta_1}$$

（5）从动轮的转向

交错轴斜齿轮传动中，从动轮的转向取决于两轮螺旋角的大小和方向，它可以通过速度矢量图解法来确定。例如，在图 9-42（a）中，假设轮 1 是主动轮，它在节点 P 处的速度 v_{p1} 方向已知，轮 2 在节点 P 处的速度为 v_{p2}，其方向应与轮 2 的轴线 O_2-O_2 垂直，可以根据 $v_{p2} = v_{p1} + v_{p2p1}$ 确定 v_{p2} 的方向，其中 v_{p2p1} 为齿轮 2 在 P 点对齿轮 1 的相对速度，其方向与两轮齿面在节点 P 处的公切线 t-t 平行。作出如图 9-42（a）所示的速度矢量三角形，便可确定斜齿轮 2 在节点 P 处速度 v_{p2} 的方向。因此，从动轮的转向如图 9-42（b）所示。

（6）交错轴斜齿圆柱齿轮机构的特点

① 交错轴斜齿圆柱齿轮机构容易实现任意交错角的两交错轴之间的传动，由于设计待定参数多（如 z_1、z_2、β_1、β_2、m_n 等），可以灵活满足不同中心距、传动比和从动轮转向的要求。

② 两轮啮合齿面间为点接触，接触应力大，齿面易磨损，承载能力低。

③ 两轮在节点处速度方向不同，两齿轮齿面间除了沿齿高方向存在相对滑动外，沿齿向方向也存在相对滑动，因此齿面间将产生较大的摩擦力，易磨损，传动效率较低。

④ 工作时会产生轴向力。

交错轴斜齿圆柱齿轮传动通常适用于传递运动或小功率的场合。

第 **10** 章 齿轮系及其设计

本章知识导图

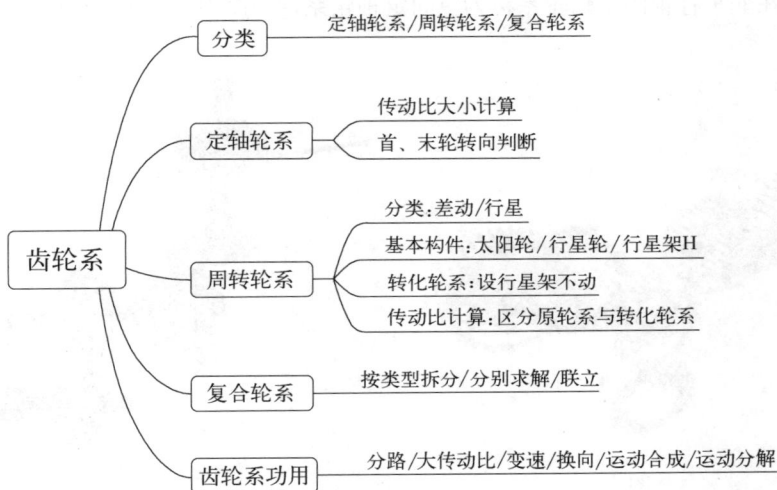

本章学习目标

（1）理解轮系的定义和分类；

（2）掌握定轴轮系和周转轮系的传动比计算方法；

（3）了解复合轮系的传动比计算方法；

（4）了解轮系的应用。

传动装置是绝大多数机器的重要组成部分，齿轮系以其独特的、优越的传动性能，广泛应用于机械、冶金、矿山、建筑、航空、军事等领域，具有深远的现实意义。因此，齿轮系的相关知识是机械工程教学的重点之一。

10.1 齿轮系及其分类

10.1.1 齿轮系的定义

在实际应用的机械中，为了满足各种需要，例如实现分路传动和需要较大的传动比等情况下，仅用一对齿轮组成的齿轮机构往往是不够的，通常需要采用一系列互相啮合的齿轮来组成传动装置。这种由一系列齿轮组成的传动装置称为齿轮系，简称轮系。

10.1.2　齿轮系的分类

根据轮系运动时各齿轮的几何轴线位置相对于机架是否固定，将轮系分为三种基本类型。

（1）定轴轮系

在轮系运转时，所有齿轮的几何轴线都是固定不变的，这种轮系称为定轴轮系。定轴轮系又分为平面定轴轮系和空间定轴轮系。各齿轮的轴线相互平行的为平面定轴轮系，如图10-1（a）所示；其中存在非平行轴的定轴轮系称为空间定轴轮系，如图10-1（b）所示。

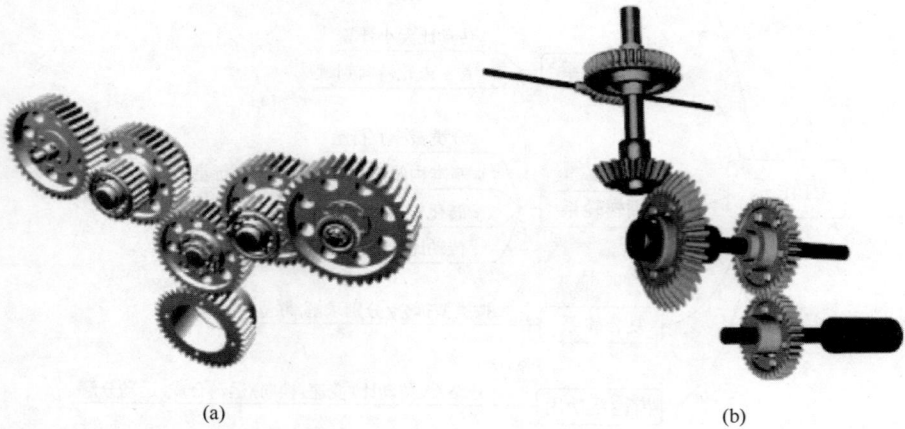

(a)　　　　　　　　　　　　　　(b)

图 10-1　定轴轮系

（2）周转轮系

在轮系运转时，至少有一个齿轮的几何轴线不固定，而是绕着其他齿轮的固定轴线回转的轮系称为周转轮系，如图10-2所示。图中齿轮1和齿轮3绕固定轴线 OO 回转，称为太阳轮。齿轮2绕自身轴线回转，同时通过构件 H 绕固定轴线 OO 做公转，称为行星轮，构件 H 称为行星架或系杆。

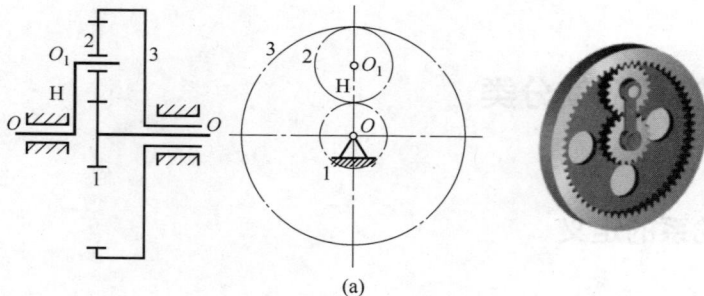

(a)

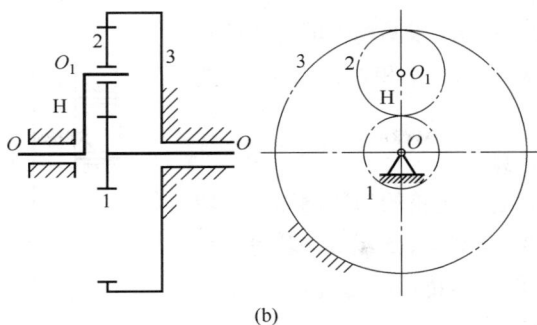

(b)

图 10-2 周转轮系

根据机构自由度的数目不同，周转轮系可分为差动轮系和行星轮系。其中，自由度等于 2 的周转轮系称为差动轮系，如图 10-2（a）所示；自由度等于 1 的周转轮系称为行星轮系，如图 10-2（b）所示。

（3）复合轮系

在实际机械中所用的轮系，往往既包含定轴轮系部分，又包含周转轮系部分［图 10-3（a）］，或是由若干周转轮系组成的齿轮系统［图 10-3（b）］，这种轮系称为复合轮系。

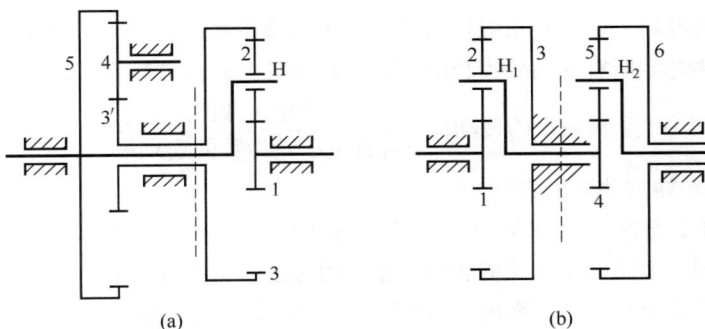

(a)   (b)

图 10-3 复合轮系

10.2 齿轮系的传动比

10.2.1 定轴轮系的传动比

一对齿轮的传动比是指该对齿轮的角速度（或转速）之比。假设齿轮 A 和齿轮 B 相互啮合，ω 为角速度，n 为转速，z 为齿数。则：

$$i_{AB} = \frac{\omega_A}{\omega_B} = \frac{n_A}{n_B} = \frac{z_B}{z_A} \tag{10-1}$$

轮系的传动比是指轮系中首、末两构件的角速度之比。轮系的传动比包括传动比的大小和首、末端构件的转向关系两部分内容。

（1）传动比大小的计算

图 10-4 为定轴轮系，各个齿轮的齿数已知，该轮系由齿轮对 1、2，2、3，3′、4 和 4′、5 组成。若轮 1 为首轮，轮 5 为末轮，则此轮系的传动比为 $i_{15} = \omega_1/\omega_5$。

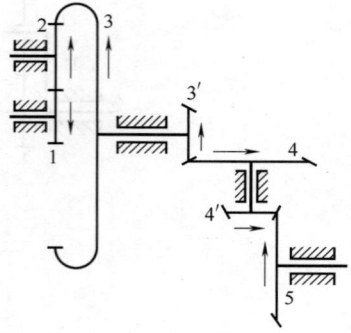

图 10-4　定轴轮系

轮系中各对啮合齿轮的传动比为：

$$i_{12} = \omega_1/\omega_2 = z_2/z_1 \qquad i_{23} = \omega_2/\omega_3 = z_3/z_2$$

$$i_{3'4} = \omega_{3'}/\omega_4 = z_4/z_{3'} \qquad i_{4'5} = \omega_{4'}/\omega_5 = z_5/z_{4'}$$

首轮 1 到末轮 5 之间的传动，是通过上述各对齿轮的依次传动来实现的。将以上各式两边分别连乘后得：

$$i_{12}i_{23}i_{3'4}i_{4'5} = \frac{\omega_1}{\omega_2} \times \frac{\omega_2}{\omega_3} \times \frac{\omega_{3'}}{\omega_4} \times \frac{\omega_{4'}}{\omega_5}$$

因为 $\omega_{3'} = \omega_3$，$\omega_{4'} = \omega_4$，故：

$$i_{15} = \frac{\omega_1}{\omega_5} = i_{12}i_{23}i_{3'4}i_{4'5} = \frac{z_2 z_3 z_4 z_5}{z_1 z_2 z_{3'} z_{4'}} \tag{10-2}$$

由式（10-2）可知，定轴轮系的传动比等于组成该轮系的各对啮合齿轮传动比的连乘积，也等于各对啮合齿轮中所有从动轮齿数的连乘积与所有主动轮齿数的连乘积之比，即：

$$定轴轮系的传动比 = \frac{所有从动轮齿数的连乘积}{所有主动轮齿数的连乘积} \tag{10-3}$$

（2）首、末轮转向关系的确定

在上述轮系中，设首轮 1 的转向已知，并如图 10-4 中箭头所示（箭头方向表示齿轮可见侧的圆周速度的方向），则首、末两轮的转向关系可用标注箭头的方法来确定。因为一对啮合传动的圆锥齿轮在其啮合节点处的圆周速度是相同的，所以标志两者转向的箭头不是同时指向节点，就是同时背离节点。根据此法则，在用箭头标出轮 1 的转向后，其余各轮的转向便可依次用箭头标出。由图 10-4 可见，该轮系首、末两轮的转向相反。

当首、末两轮的轴线彼此平行时，两轮的转向不是相同就是相反。当两者的转向相同时，规定其传动比为"+"，反之为"-"。故图 10-4 所示轮系的传动比为：

$$i_{15} = \frac{\omega_1}{\omega_5} = -\frac{z_3 z_4 z_5}{z_1 z_{3'} z_{4'}} \tag{10-4}$$

但必须指出，若首、末两轮的轴线不平行，则其间的转向关系只能在图上用箭头来表示。

齿轮 2 既是前一对齿轮 1 和 2 中的从动轮，又是后一对齿轮 2 和 3 中的主动轮，故其齿数的多少并不影响传动比的大小，而仅起着中间过渡和改变从动轮转向的作用，故称为过轮（惰轮或中介轮）。

10.2.2　周转轮系的传动比

在周转轮系中，行星轮除绕本身轴线自转外，还随行星架绕固定轴线公转，所以周转轮系的传动比计算不能直接采用定轴轮系传动比的计算公式。但是，根据相对运动原理，假设给整个周转轮系加上一个公共角速度 " $-\omega_H$ "，使之绕行星架的固定轴线回转，这时各构件之间的相对运动仍将保持不变，而行星架的角速度变为 $\omega_H - \omega_H = 0$ ，即行星架 "静止不动"。于是，周转轮系转化成了定轴轮系。这种转化所得的假想的定轴轮系，称为原周转轮系的转化轮系或转化机构。

因转化轮系为一定轴轮系，其传动比可按定轴轮系进行计算，并且可以得出周转轮系中各构件之间角速度的关系，进而求得周转轮系的传动比。现以图 10-5 为例具体说明如下。

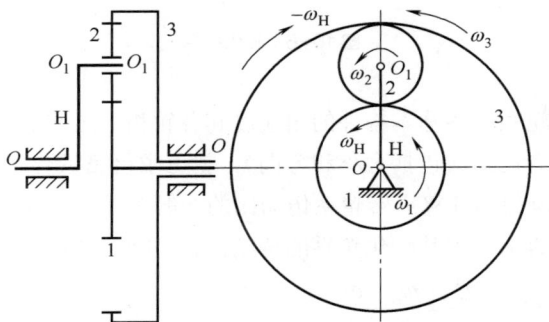

图 10-5 轮系的转化

由图 10-5 可见，当如上述对整个周转轮系加上一个公共角速度 " $-\omega_H$ " 以后，其各构件角速度的变化如表 10-1 所示。

表 10-1 各构件角速度的变化

构件	原有角速度	在转化轮系中的角速度 （即相对于行星架的角速度）
齿轮 1	ω_1	$\omega_1^H = \omega_1 - \omega_H$
齿轮 2	ω_2	$\omega_2^H = \omega_2 - \omega_H$
齿轮 3	ω_3	$\omega_3^H = \omega_3 - \omega_H$
机架 4	$\omega_4 = 0$	$\omega_4^H = \omega_4 - \omega_H = -\omega_H$
行星架 H	ω_H	$\omega_H^H = \omega_H - \omega_H = 0$

由表 10-1 可见，由于 $\omega_H^H = 0$，所以该周转轮系已转化为图 10-6 所示的定轴轮系（即该周转轮系的转化轮系）。三个齿轮相对于行星架 H 的角速度 ω_1^H、ω_2^H、ω_3^H，即转化轮系中的角速度。于是转化轮系的传动比 i_{13}^H 为：

$$i_{13}^H = \frac{\omega_1^H}{\omega_3^H} = \frac{\omega_1 - \omega_H}{\omega_3 - \omega_H} = -\frac{z_2 z_3}{z_1 z_2} = -\frac{z_3}{z_1}$$

式中，齿数比前的 "－" 号表示在转化轮系中轮 1 与轮 3 的转向相反（即 ω_1^H 与 ω_3^H 的方向相反）。

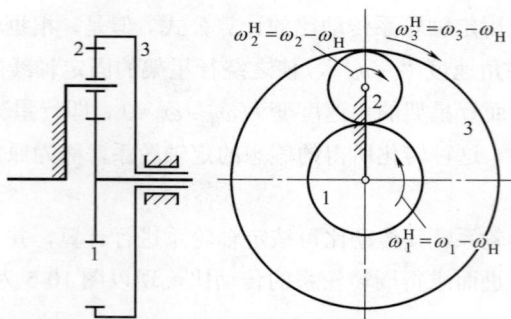

图 10-6 转化轮系

上式中包含了周转轮系中各基本构件的角速度和各轮齿数之间的关系，在齿轮齿数已知时，若 ω_1、ω_3 和 ω_H 中有两者已知（包括大小和方向），就可求得第三者（包括大小和方向）。

根据上述原理，不难得出计算周转轮系传动比的一般关系式。设周转轮系中的两个太阳轮分别为 m 和 n，行星架为 H，则其转化轮系的传动比 i_{mn}^{H} 可表示为：

$$i_{mn}^{H} = \frac{\omega_m^H}{\omega_n^H} = \frac{\omega_m - \omega_H}{\omega_n - \omega_H}$$

$$= \pm \frac{\text{在转化轮系中由} m \text{至} n \text{各从动轮齿数的乘积}}{\text{在转化轮系中由} m \text{至} n \text{各主动轮齿数的乘积}} \tag{10-5}$$

对于已知周转轮系来说，其转化轮系的传动比的大小和"±"号均可定出。在这里要特别注意式中"±"号的确定及其含义。

如果所研究的轮系为具有固定轮的行星轮系，设固定轮为 n，即 $\omega_n = 0$，则式（10-5）可改写为：

$$i_{mn}^{H} = \frac{\omega_m - \omega_H}{0 - \omega_H} = -i_{mH} + 1 \tag{10-6}$$

得到：
$$i_{mH} = 1 - i_{mn}^{H}$$

【例题 10-1】在图 10-7 所示的周转轮系中，设已知 $z_1 = 100$，$z_2 = 101$，$z_{2'} = 100$，$z_3 = 99$，试求传动比 i_{H1}。

解：在图 10-7 所示的轮系中，由于轮 3 为固定轮（即 $n_3 = 0$），故该轮系为一行星轮系，其传动比的计算可根据式（10-6）求得：

$$i_{1H} = 1 - i_{13}^{H} = 1 - \frac{z_2 z_3}{z_1 z_2} = 1 - \frac{101 \times 99}{100 \times 100} = \frac{1}{10000}$$

$$i_{H1} = \frac{1}{i_{1H}} = 10000$$

即当行星架转 10000 转时，轮 1 才转 1 转，且转向相同。

最后尚需说明，上述计算传动比的方法适用于由圆柱齿轮所组成的周转轮系中的一切活动构件（包括行星轮）。例如，在图 10-8 所示的马铃薯挖掘机的行星轮系中，设已知 $z_1 = z_3$ 及行星架的转速 n_H，求行星轮的转速 n_3。由于轮 1 为固定轮（$n_1 = 0$），故由式（10-6）得：

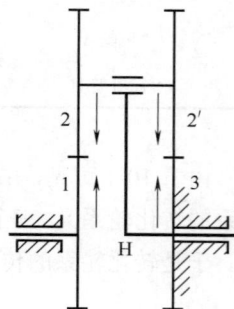

图 10-7 周转轮系

$$i_{3H} = 1 - i_{31}^{H} = 1 - z_1/z_3 = 1 - 1 = 0$$

即：

$$n_3 = 0$$

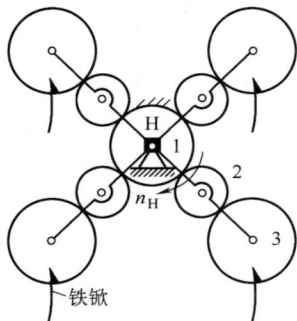

图 10-8　马铃薯挖掘机

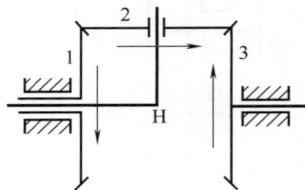

图 10-9　锥齿轮组成的周转轮系

这说明固定于行星轮上的铁锹只做平动，以减少挖掘时对马铃薯的损伤。

但是，对于由锥齿轮组成的周转轮系（图10-9），上述计算方法只适用于该轮系中的基本构件（1、3、H），而不适用于行星轮2。当需要知道 ω_2 时，可应用角速度向量来求解。

10.2.3　复合轮系的传动比

如前所述，在复合轮系中既包含定轴轮系部分，又包含周转轮系部分，或者包含几部分周转轮系。对这样的复合轮系，其传动比的正确计算方法是将其所包含的各部分周转轮系和定轴轮系一一加以分开，并分别列出其传动比计算式，再联立求解。

在计算复合轮系的传动比时，首要的问题是正确地划分轮系中的各组成部分，正确划分的关键是要把其中的周转轮系部分找出来。周转轮系的特点是具有行星轮和行星架，故先要找到轮系中的行星轮和行星架（注意，行星架往往由轮系中具有其他功用的构件所兼任）。每一个行星架，连同行星架上的行星轮和与行星轮相啮合的太阳轮共同组成一个基本周转轮系。在一个复合轮系中可能包含有几个基本周转轮系（一般一个行星架就对应一个基本周转轮系），当将周转轮系全部找出之后，剩下的便是定轴轮系部分了。

【例题 10-2】图 10-10（a）所示为一电动卷扬机的减速器运动简图，设已知各轮齿数，试求其传动比 i_{15}。

解：首先将该轮系中的周转轮系划分出来，由双联行星轮 2-2′、行星架 5（同时又是鼓轮和内齿轮）及两个太阳轮 1、3 组成 [图 10-10 （b）]，这是一个差动轮系，由式（10-5）得：

$$i_{15}^{5} = (\omega_1 - \omega_5)/(\omega_3 - \omega_5) = -z_2 z_3/(z_1 z_{2'})$$

$$\omega_1 = (\omega_5 - \omega_3)z_2 z_3/(z_1 z_{2'}) + \omega_5 \tag{10-7}$$

然后，将定轴轮系分出来，由齿轮 3′、4、5 组成 [图 10-10 （c）]，故得：

$$i_{3'5} = \omega_{3'}/\omega_5 = \omega_3/\omega_5 = -z_5/z_{3'}$$

$$\omega_3 = -\omega_5 z_5/z_{3'} \tag{10-8}$$

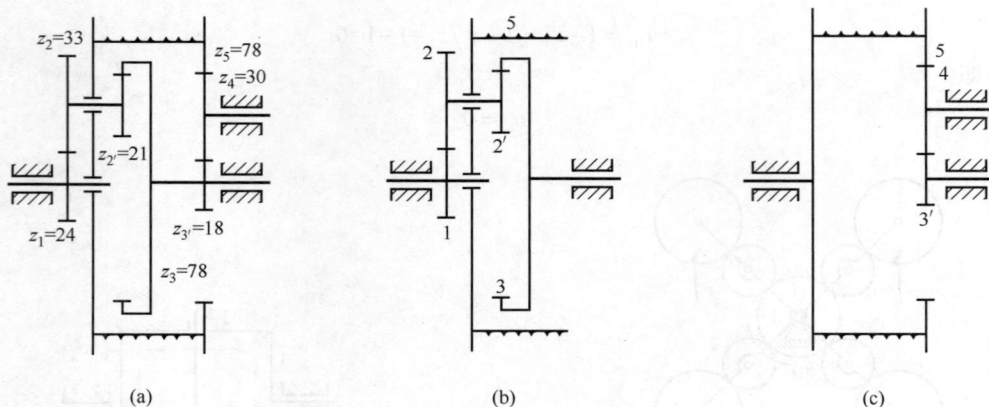

图 10-10 卷扬机减速器

联立式（10-7）、式（10-8）求得：

$$i_{15} = \frac{z_2 z_3}{z_1 z_2}\left(1 + \frac{z_5}{z_{3'}}\right) + 1 = \frac{33 \times 78}{24 \times 21} \times \left(1 + \frac{78}{18}\right) + 1 = 28.24$$

在图 10-10（a）所示的轮系中，其差动轮系部分 [图 10-10（b）] 的两个基本构件 3 及 5，被定轴轮系部分 [图 10-10（c）] 封闭起来了，从而使差动轮系部分的两个基本构件 3 及 5 之间保持一定的速比关系，而整个轮系变成了自由度为 1 的一种特殊的行星轮系，称为封闭式行星轮系。

10.3　齿轮系的功用

在各种机械中，轮系的功用十分广泛，其功用大致可以归纳为以下几个方面：

（1）实现分路传动

利用轮系可以使一个主动轴带动若干个从动轴同时旋转，以带动各个部件或附件同时工作。

（2）获得较大的传动比

一对齿轮的传动比是有限的，当需要大的传动比时应采用轮系来实现，特别是采用周转轮系，可用很少的齿轮、紧凑的结构，得到很大的传动比，图 10-7 即为一例。

（3）实现变速传动

当主动轴转速不变时，利用轮系可使从动轴得到若干种转速，这种传动称为变速传动。在图 10-11 所示的轮系中，齿轮 1、2 为一整体，用导向键与轴 Ⅱ 相连，可在轴 Ⅱ 上滑动。当分别使齿轮 1 与 1′或 2 与 2″啮合时，可得两种速比。

图 10-12 所示为一简单的二级行星轮系变速器，分别固定太阳轮 3 或 6 可得到两种传动比。这种变速器虽较复杂，但可在运动中变速，便于自动变速，有过载保护作用，在小轿车、工程机械等中应用广泛。

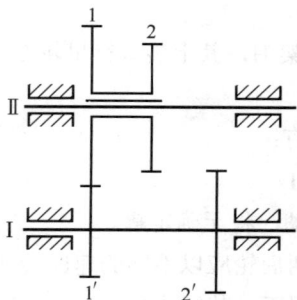

图 10-11 变速器

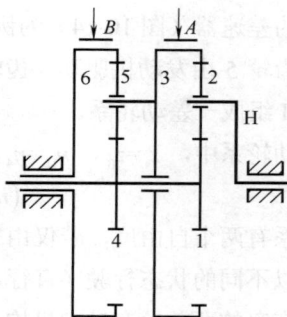

图 10-12 行星变速器

（4）实现换向传动

在主动轴转向不变的条件下，利用轮系可改变从动轴的转向。

图 10-13 所示为车床上走刀丝杠的三星轮换向机构，其中构件 a 可绕轮 4 的轴线回转。在图 10-3（a）所示位置时，从动轮 4 与主动轮 1 的转向相反；如转动构件 a 使其处于图 10-13（b）所示位置时，因轮 2 不参与传动，这时轮 4 与轮 1 的转向相同。

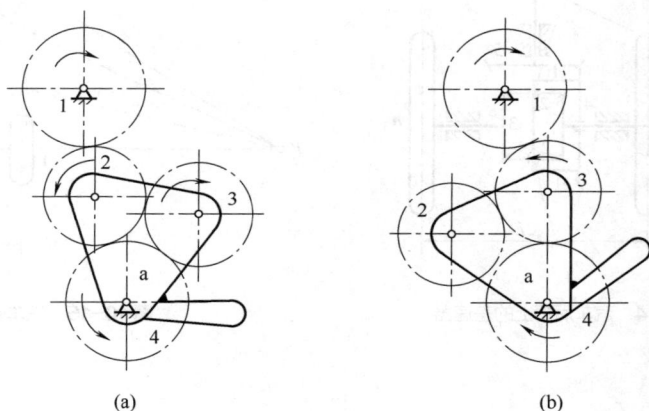

(a)   (b)

图 10-13 三星轮换向机构

（5）用作运动的合成

因差动轮系有两个自由度，故可独立输入两个主动运动，输出运动即为此两运动的合成。如图 10-9 所示的差动轮系，因 $z_1=z_3$，故：

$$i_{13}^{H}=(n_1-n_H)/(n_3-n_H)=-z_3/z_1=-1$$

或：

$$n_H=(n_1+n_3)/2$$

上式说明，行星架的转速是轮 1、3 转速的合成，故此种轮系可用作和差运算。差动轮系可用作运动合成的这种性能，在机床、模拟计算机、补偿调节装置等场景中得到了广泛的应用。

（6）用作运动的分解

差动轮系也可作运动的分解，即将一个主动运动按可变的比例分解为两个从动运动。现以汽车后桥上的差速器（图 10-14）为例来说明。

其中，齿轮 5 由发动机驱动，齿轮 4 上固连着行星架 H，其上装有行星轮 2。齿轮 1、2、3 及行星架 H 组成一差动轮系。

在该差动轮系中，$z_1 = z_3$，$n_H = n_4$，根据式（10-5）有：

$$(n_1 - n_4)/(n_3 - n_4) = -1 \tag{10-9}$$

因该轮系有两个自由度，若仅由发动机输入一个运动，将无确定解。

当汽车以不同的状态行驶（直行、左右转弯）时，两后轮应以不同的速比转动。假设汽车要左转弯，汽车的两前轮在转向机构（图 10-15）的作用下，其轴线与汽车两后轮的轴线汇交于 P 点，这时整个汽车可看作绕着 P 点回转。在车轮与地面不打滑的情况下，两后轮的转速应与弯道半径成正比，由图可得：

$$n_1/n_3 = (r - L)/(r + L) \tag{10-10}$$

式中，r 为弯道平均半径；L 为后轮距的一半。联立式（10-9）、式（10-10）后可求得两后轮的转速。

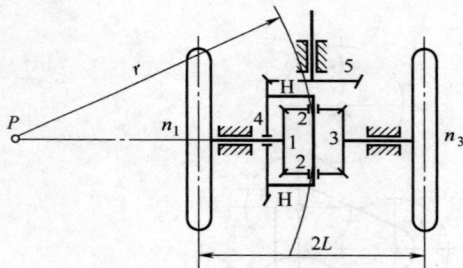

图 10-14 汽车后桥上的差速器

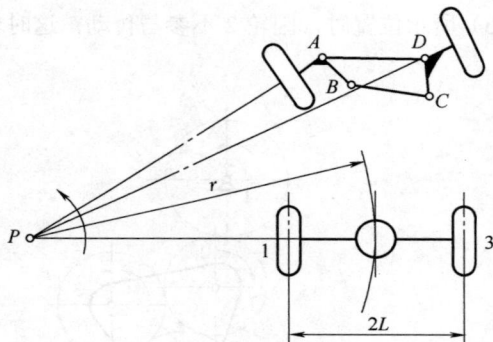

图 10-15 汽车转向机构

本章小结

本章主要介绍了定轴轮系和周转轮系的基本特点以及轮系传动比的计算方法。简单介绍了复合轮系的传动比计算方法及轮系的功用等。学习时需要重点掌握定轴轮系和周转轮系的判断及对应传动比的计算。

本章重点：定轴轮系和周转轮系的传动比计算方法不同。定轴轮系计算传动比时，齿轮的齿数比应按照啮合顺序依次计算，不能随意颠倒。周转轮系在计算传动比时应首先将其转化为转化轮系。

本章难点：复合轮系的拆分。

习题

10-1 在给定轮系主动轮的转向后，可用什么方法来确定定轴轮系从动轮的转向？周转轮系中主动件、从动件的转向关系又用什么方法来确定？

10-2 轮系如何分类？周转轮系又可作几种分类？具体如何进行分类？

10-3 如图 10-16 所示为一钟表传动系统简图。各齿轮的齿数分别为 $z_1 = 72$，$z_2 = 12$，$z_{2'} = 64$，$z_{2''} = z_3 = z_4 = 8$，$z_{3'} = 60$，$z_5 = z_6 = 24$，$z_{5'} = 64$。求：

（1）分针 m 和秒针 s 之间的传动比 i_{ms}；

（2）时针 h 和分针 m 之间的传动比 i_{hm}。

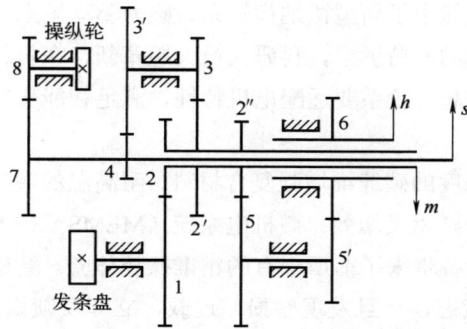

图 10-16

10-4 图 10-17 所示轮系中，已知各轮的齿数 $z_1 = z_3 = 40$，$z_{1'} = z_2 = z_{2'} = 20$，$z_{3'} = 60$，齿轮 1 的转速 $n_1 = 800\text{r/min}$，方向如图 10-17 所示。试求 n_H 的大小和方向。

10-5 如图 10-18 所示为一装配用电动旋具（螺丝刀）的传动简图。已知各轮齿数为 $z_1 = z_4 = 7$，$z_3 = z_6 = 39$。若 $n_1 = 3000\text{r/min}$，试求螺丝刀的转速。

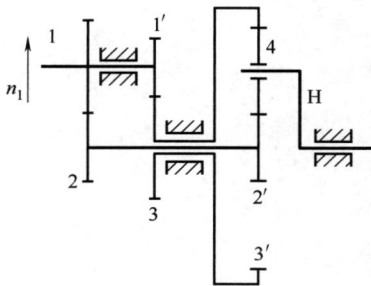

图 10-17

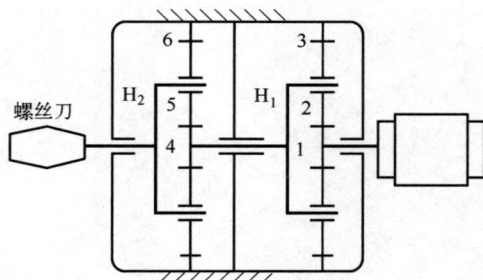

图 10-18

拓展阅读

在机械原理的浩瀚天地里，轮系宛如一颗璀璨夺目的明珠，持续散发着引人探寻的魅力。

回溯历史长河，我国古代机械制造领域成就斐然，轮系早已留下浓墨重彩的一笔。据说早在西汉时期，就出现了指南车，三国时期马钧对其进行了改进，车内精妙的轮系结构使得车上木人手指始终精准指向南方，哪怕车身转向千回。这一发明远超当时的时代认知，凝聚着古代工匠的奇思妙想与超凡技艺，是民族智慧的结晶。从三国时期马钧改良的翻车，依靠巧妙轮系实现灌溉效率的大幅跃升，到北宋的水运仪象台，由水力驱动精密轮系实现报时、天象模拟功能精准运行，先辈们在轮系运用上不断突破，为农业生产、天文观测立下汗马功劳。

机械行业发展日新月异，轮系也从未停止进化的脚步。传统定轴轮系、周转轮系曾撑起工业革命的脊梁，但现代科技催生了新型微纳齿轮系、磁力驱动轮系等前沿成果。面对航空航天对超轻量化、高可靠性传动的严苛诉求，科研人员大胆革新，在材料、结构、驱动方式上另辟蹊径；面对新能源汽车的崛起，轮系要适配电机特性，满足智能变速需求，这也催生出集成式电子控制轮系方案。

材料革新使得轻质高强度的碳纤维增强复合材料、耐高温的陶瓷基材料融入齿轮制造，让轮系在航空航天苛刻环境中减重又增效；微机电系统（MEMS）技术催生了微纳齿轮系，为微型机器人、生物医疗植入设备带来了前所未有的精准操控体验。智能元素更是被大量引入，传感器可实时监测轮系运行状态，一旦发现磨损、过载，立即反馈修正；配合自适应控制算法，轮系能依据工况自主切换传动模式，秒变"节能高手"。

第 11 章　间歇运动机构

本章知识导图

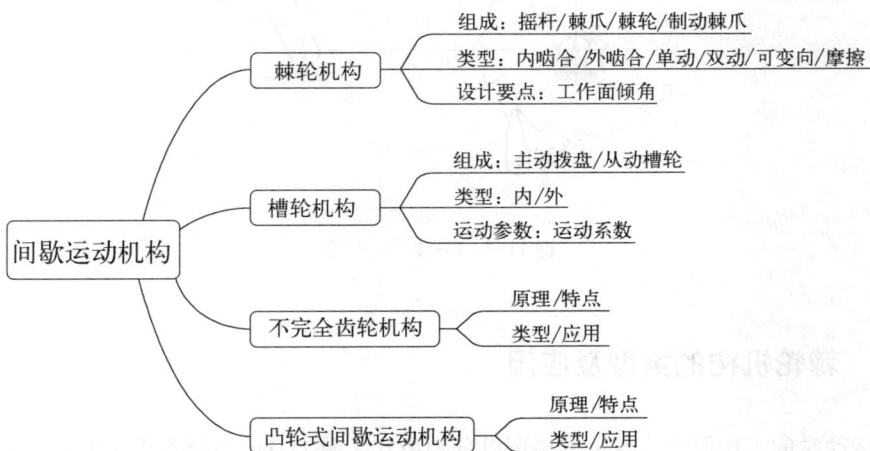

本章学习目标

（1）了解棘轮机构的工作特点、类型和应用，掌握其设计要点；

（2）了解槽轮机构的工作特点、类型和应用，掌握其运动系数计算；

（3）了解凸轮式间歇运动机构和不完全齿轮机构的基本知识。

间歇运动机构是将主动件连续运动转变为从动件做周期性时停时动的机构。间歇运动机构能够实现机械设备转位、步进、计数等功能；能够实现机械运动的节奏化和周期化；同时具有定位自锁作用，能够保持机械构件的稳定位置，防止因惯性导致的位置偏移。因此，在机械中的应用十分广泛。

11.1　棘轮机构

11.1.1　棘轮机构的工作特点

如图 11-1 所示，典型的棘轮机构由棘轮 1、棘爪 2、摇杆 3 和机架组成，摇杆及铰接于其上的棘爪为主动件，棘轮为从动件。当摇杆逆时针摆动时，棘爪嵌入棘轮的齿槽内，推动棘轮沿逆时针方向转过一个角度；当摇杆顺时针摆动时，棘爪在棘轮齿背上滑过，棘轮静止不动。为了阻止棘轮回转，在机构中加入由弹簧 5 限位的制动棘爪 4，当棘轮欲顺时针回转时，由于制动棘爪的存在，棘轮保持不动。摇杆连续做往复摆动时，棘轮只做单向的间歇运动。由于棘轮机构的输入运动是往复摆动，故主动件不能直接连接减速箱输出轴，一般需要由机构（如曲柄摇杆机构 O_1ABO_2）带动。

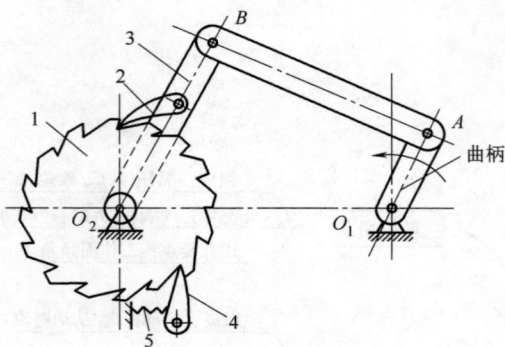

图 11-1　棘轮机构的组成

11.1.2　棘轮机构的类型及应用

按照运动时的工作原理，棘轮机构可以分为齿式（图 11-1）和摩擦式（图 11-2）两类。齿式棘轮机构工作可靠，制造方便，棘轮转动时转角是相邻两齿所夹中心角的整数倍，容易调节，但传动平稳性差且有噪声，传递动力较小，适用于低速、轻载和棘轮转角不大的场合。摩擦式棘轮机构如图 11-2 所示，棘爪与棘轮在 K 处接触，通过两者间的摩擦力来实现传动，棘轮转角可取任意值，工作时噪声较少，但其接触面间容易发生滑动，运动准确性差。为了增加摩擦力，可以将棘轮做成槽形，适用于运动精度要求不高的场合。

按照棘齿在棘轮上的位置，棘轮机构可以分为外啮合（图 11-1）和内啮合两类。内啮合棘轮机构如图 11-3 所示，棘齿在棘轮的内缘。

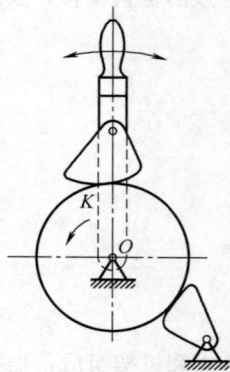

图 11-2　摩擦式棘轮机构

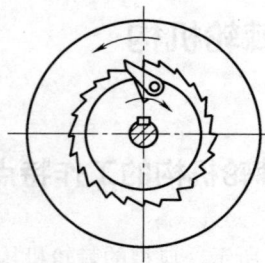

图 11-3　内啮合棘轮机构

　　按照棘轮的运动形式，棘轮机构可以分为单动式（图 11-1）、双动式和可变向式三类。双向运动时，原动件往复摆动都能使棘轮沿同一方向间歇转动，如图 11-4 所示，棘轮齿一般做成锯齿形，驱动棘爪可制成弯钩［图 11-4（a）］或直线［图 11-4（b）］的形式。

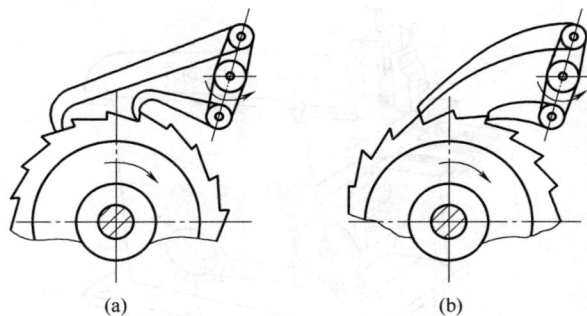

（a）　　　　　　　　（b）

图 11-4　双动式棘轮机构

　　可变向式棘轮机构能够完成双向间歇运动，一般采用具有矩形齿的棘轮和与之相适应的双向棘爪，如图 11-5 所示。图（a）为翻转式，驱动棘爪 1 在实线位置时，棘轮 2 做逆时针方向间歇转动；将棘爪绕 A 点翻转到虚线位置时，棘轮做顺时针方向间歇转动。图（b）为提转式，驱动棘爪 1 按图示位置放置时，棘轮 2 做逆时针方向间歇转动；将棘爪提起绕本身轴线转动 180° 后再插入棘轮齿槽时，棘轮做顺时针方向间歇转动；若将棘爪提起绕本身轴线转动 90°，棘爪将被架在壳体的平面上，轮与爪脱开，当棘爪往复摆动时棘轮静止不动。

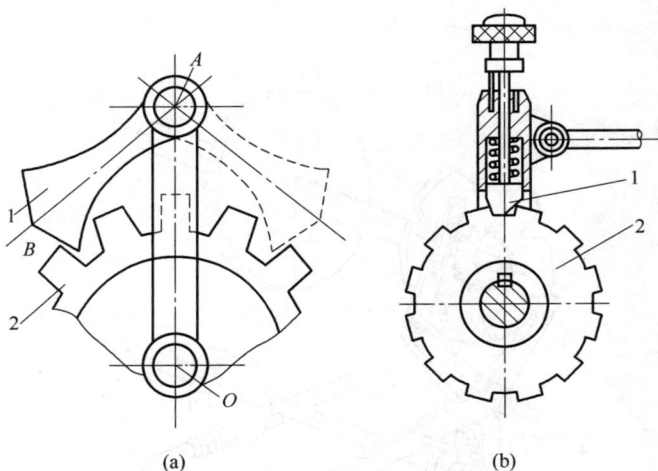

（a）　　　　　　　　（b）

图 11-5　可变向式棘轮机构

　　棘轮机构结构简单，不能传递大的动力，传动平稳性较差，不适用于高速传动，一般用于进给机构、送料机构、转位机构和成型机构等，也可用于牵引设备中作为防止机械逆转的止动器。如图 11-6 所示牛头刨床工作台的横向进给机构中，运动由一对齿轮传到曲柄 1，经连杆 2

带动摇杆 3 做往复摆动；摇杆 3 上装有棘爪，推动棘轮 4 做单向间歇转动；棘轮 4 与螺杆固连，使螺母 5（工作台）做进给运动。如果改变曲柄的长度，就可以改变棘爪的摆角以调节进给量。

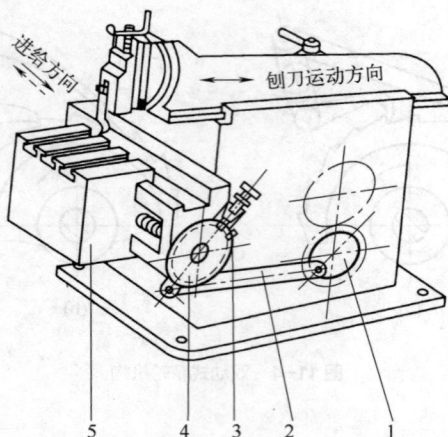

图 11-6 横向进给机构

如图 11-7 所示钻孔攻螺纹机的转位机构中，蜗杆 1 经蜗轮 2 带动分配轴上的定位凸轮 3，使摆杆 4 上的定位块离开定位盘 5 上的 V 形槽，同时分度凸轮 6 推动杠杆 7 带动连杆 8，装在连杆上的棘爪便推动棘轮 9 顺时针方向转动，使工作盘 10 实现转位运动。转位完毕，定位凸轮和拉簧 11 使定位块再次插入定位盘的 V 形槽中进行定位。

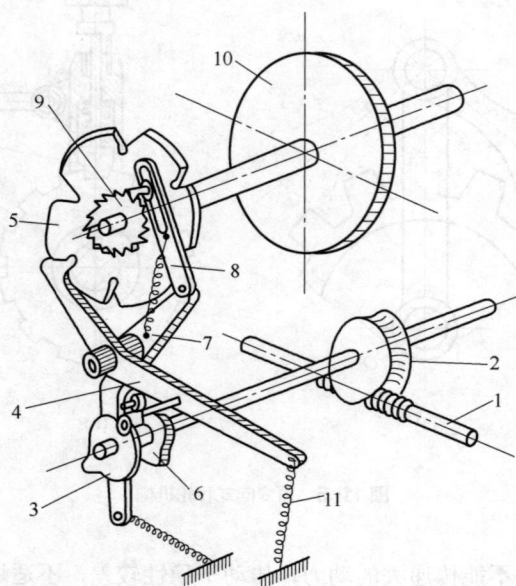

图 11-7 转位机构

如图 11-8 所示调速装置中，运动由蜗杆 1 传到蜗轮 2，通过装在蜗轮 2 上的棘爪 3 使棘轮 4 逆时针方向转动，棘轮与输出轴 5 固连，使轴获得慢速转动。当需要轴快速转动时，可直接逆时针转动手轮，如果手动速度大于蜗轮蜗杆传动的速度，棘爪将在棘轮上打滑，不影响蜗轮蜗杆机构的转动。从动件转速超过主动件转速时运动出现脱离的情况，称为超越运动，能实现超越运动的组件称为超越离合器，广泛应用于自行车等装置中。

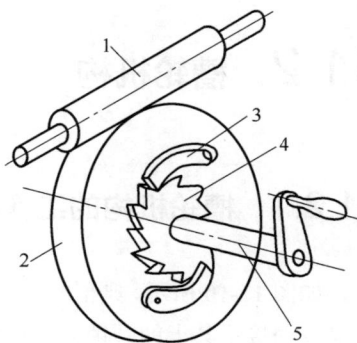

图 11-8　调速装置

11.1.3　棘轮机构的设计要点

在设计棘轮机构时，为保证其工作的可靠性，要求在工作行程中棘爪必须能够顺利地滑入棘轮齿底。

如图 11-9 所示，为使棘爪受载最小且推动棘轮的有效力最大，棘爪回转中心 O_1 应位于棘轮齿顶圆的切线上。当棘爪与棘齿在 A 点接触时，棘齿对棘爪的作用有正压力 N 和阻止棘爪下滑的摩擦力 F，为保证棘爪在此二力作用下仍能向棘齿根部滑动而不从齿槽滑脱，其合力 R 应使棘爪有逆时针回转的力矩。故轮齿工作面相对棘轮半径应有一个负倾角 φ，称为棘齿偏斜角。

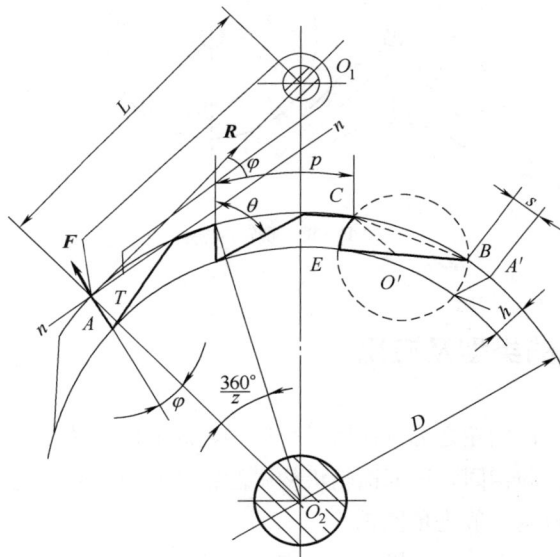

图 11-9　棘轮齿形

按照力学理论推导，棘齿偏斜角 φ 与两接触面摩擦角 ρ 之间应有如下关系：

$$\varphi > \rho \qquad\qquad (11\text{-}1)$$

对于常用的棘轮机构，当棘爪与棘轮之间的摩擦系数为 0.2 左右时，摩擦角约为 11°。为了保证运转安全可靠，一般可取棘齿偏斜角为 20°。

11.2 槽轮机构

11.2.1 槽轮机构的工作特点

如图 11-10 所示,典型的槽轮机构由具有圆销的拨盘 1、具有径向槽的槽轮 2 和机架组成,拨盘及固接于其上的圆销为主动件,槽轮为从动件。拨盘做连续转动,其上圆销 A 尚未进入槽轮径向槽时,槽轮内凹锁止弧被拨盘的外凸圆弧卡住,槽轮静止不动;圆销 A 开始进入槽轮径向槽时,内凹锁止弧被松开,圆销带动槽轮转动;圆销 A 开始脱出槽轮径向槽时,槽轮另一内凹锁止弧又被拨盘的外凸圆弧卡住,槽轮回归静止,直到圆销再次进入另一径向槽时,重复上述的运动循环。在槽轮机构的运动周期中,拨盘做连续转动,槽轮时而转动,时而静止,如此重复循环,使槽轮实现单向间歇转动。

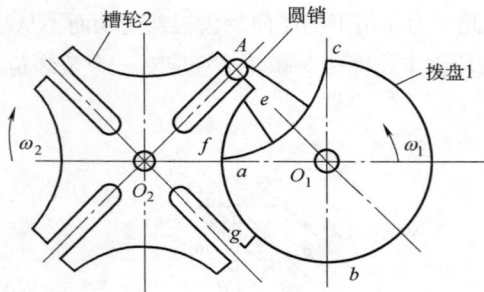

图 11-10 槽轮机构

11.2.2 槽轮机构的类型及应用

槽轮机构有外槽轮和内槽轮之分,均用于平行轴之间的间歇传动,但外槽轮与拨盘的转向相反,内槽轮与拨盘的转向相同。根据槽轮机构中圆销的数目,外槽轮机构可分为单圆销、双圆销和多圆销,内槽轮机构一般为单圆销。

槽轮机构结构简单,工作可靠,机械效率高,在进入和脱离接触时运动较平稳,能准确控制转动的角度,但槽轮的转角不可调节,只能用于定转角的间歇运动机构中,如自动机床、电影机械和包装机械等。

如图 11-11 所示六角车床的刀架转位机构中,刀架上装有六种刀具,与刀架固连的槽轮 2 上开有 6 个径向槽,拨盘 1 上装有单圆销 A,拨盘每转动一周,圆销就进出槽轮一次,驱使槽轮转过 60°,刀架也随之转动 60°,将下一工序的刀具换到工作位置上。

图 11-12 所示电影放映机的卷片机构中,拨盘 1 每转动一周,槽轮 2 就转过 90°,与其固

连的卷轮驱动影片做间歇运动，以适应人眼的视觉暂留现象。

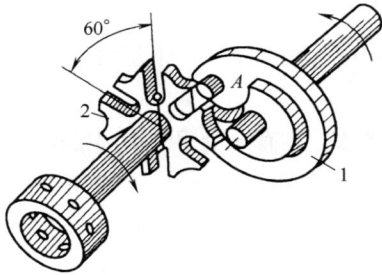

图 11-11　刀架转位机构

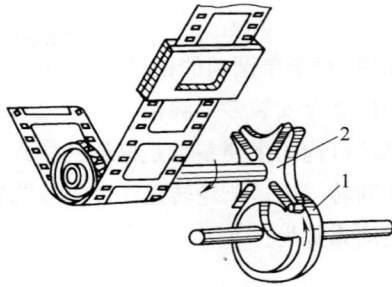

图 11-12　卷片机构

11.2.3　槽轮机构的运动系数

如图 11-13 所示，为使槽轮开始和终止转动的瞬时角速度为零，避免圆销与槽轮发生冲击，圆销进入径向槽或退出径向槽时，径向槽的中心线应切于圆销中心的轨迹。

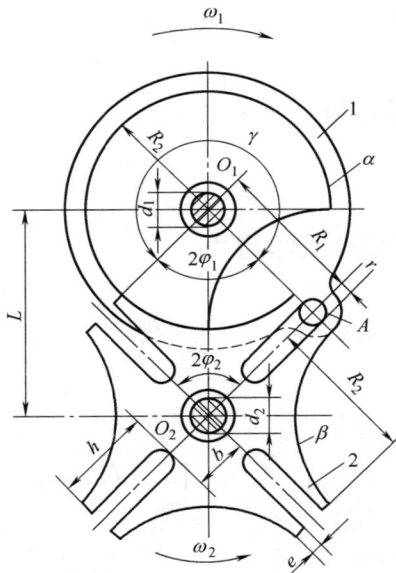

图 11-13　槽轮机构运动系数

设径向槽的数目为 z，当槽轮 2 转过的角度为 $2\varphi_2$ 时，拨盘 1 转过的角度为 $2\varphi_1$，有：

$$2\varphi_1 = \pi - 2\varphi_2 = \pi - \frac{2\pi}{z} \tag{11-2}$$

在一个运动循环内，槽轮 2 运动时间 t_d 与拨盘 1 运动时间 t 的比值 τ 称为运动系数，当拨盘上为单圆销时有：

$$\tau = \frac{t_d}{t} = \frac{2\varphi_1}{2\pi} = \frac{1}{2} - \frac{1}{z}$$ （11-3）

显然，对于单圆销的槽轮机构，槽轮的运动时间始终小于静止时间，如果想增加运动时间，必须在拨盘上安装多个圆销。

槽轮机构的主要参数是槽轮的槽数 z 和拨盘的圆销数 K。具有 z 个槽的单圆销槽轮机构，原动件回转一周，槽轮转过 1/Z 周；圆销数增加为 K 时，原动件回转一周，槽轮转过 K/Z 周，此时运动系数为：

$$\tau = K\left(\frac{1}{2} - \frac{1}{z}\right)$$ （11-4）

运动系数必须大于零，故径向槽的数目应大于或等于 3。运动系数必须小于或等于 1，故拨盘上能够安装的最大圆销数为：

$$K \leqslant \frac{2z}{Z-2}$$ （11-5）

由上式可知，z=3 时，圆销数 K 可取 1~5；z=4 或 5 时，圆销数 K 可取 1~3；z≥6 时，圆销数 K 可取 1 或 2。

当槽轮的槽数超过 9 时，对槽轮的削弱程度变大，转动时的惯性力矩也较大，槽轮容易被破坏，因此槽数一般不超过 8。

11.3　不完全齿轮机构

11.3.1　不完全齿轮机构的工作特点

如图 11-14 所示，不完全齿轮机构是由齿轮机构演变而成的一种间歇运动机构，即在主动

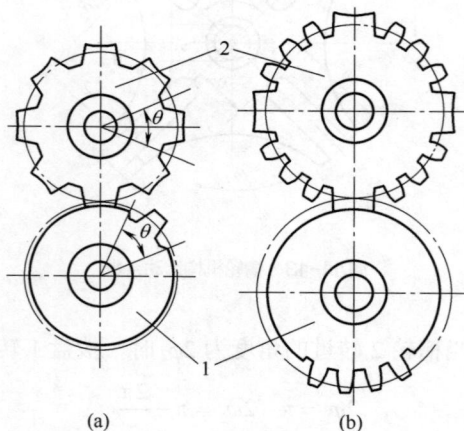

图 11-14　不完全齿轮机构

轮 1 上只做出一部分齿，根据运动时间与停歇时间的要求，在从动轮 2 上做出与主动轮相啮合的轮齿。当主动轮做连续旋转运动时，从动轮做间歇旋转运动，在从动轮停歇期内，两轮轮缘上有锁止弧，起定位作用，防止从动轮游动，其中主动轮上是外凸圆弧，从动轮上是内凹锁止弧。不完全齿轮机构的主动轮上只有一个或数个轮齿，从动轮上的轮齿分布视工作要求而定。图 11-14（a）中主动轮 1 每连续转动一周，从动轮 2 转 1/8 周；图 11-14（b）中主动轮 1 每连续转动一周，从动轮 2 转 1/4 周。

11.3.2　不完全齿轮机构的类型及应用

　　和齿轮传动类似，不完全齿轮机构也可分为外啮合（图 11-14）和内啮合两类。一般采用外啮合式，两轮转向相反。内啮合式如图 11-15 所示，主动轮 1 一般为单齿，从动轮 2 的齿数根据工作要求确定，两轮转向相同。

　　和其他间歇运动机构相比，不完全齿轮机构只要适当地选取齿轮的齿数、锁止弧的段数和锁止弧之间的齿数，就能使从动轮得到预期的停歇次数、停歇时间和每次转过的角度。

　　不完全齿轮机构结构简单，制造容易，工作可靠，设计时从动轮运动时间和静止时间的比例可在较大范围内变化。但不完全齿轮机构在从动轮进入或退出啮合时，存在速度突变，会引起刚性冲击，故一般只用于低速轻载场合，常在计数器和某些间歇进给机构中采用。

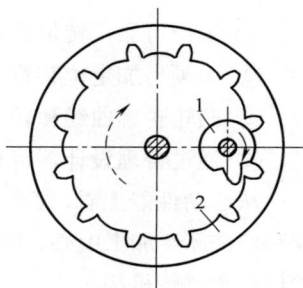

图 11-15　内啮合式不完全齿轮机构

11.4　凸轮式间歇运动机构

11.4.1　凸轮式间歇运动机构的工作特点

　　如图 11-16 所示，凸轮式间歇运动机构由主动凸轮 1、从动转盘 2 和机架组成。主动凸轮的圆柱面上开有两端开口且不闭合的曲线沟槽（或凸脊），从动转盘的端面或圆柱面上固连有均匀分布的圆销 3。当主动凸轮做连续旋转运动时，通过其曲线沟槽（或凸脊）拨动从动转盘上的圆销，使从动转盘做间歇旋转运动。从动转盘的运动完全取决于主动凸轮的轮廓曲线形状，只要设计出适当的凸轮轮廓，就可使从动转盘获得预期的运动规律，同时减小动载荷和避免冲击，使之适应高速运转的要求。凸轮式间歇运动机构结构紧凑，本身具有定位功能，无须采用其他装置就可获得较高的定位精度；其缺点是加工成本高，对装配和调整的要求严格。

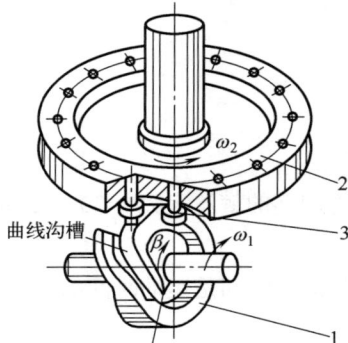

曲线沟槽

图 11-16　凸轮式间歇运动机构

11.4.2 凸轮式间歇运动机构的类型及应用

按照凸轮的结构，凸轮式间歇运动机构主要有圆柱凸轮式（图 11-16）和蜗杆凸轮式两类。圆柱凸轮式间歇运动机构的主动件是具有曲线沟槽（或凸脊）的圆柱凸轮，从动件多为端面均布圆销的转盘；蜗杆凸轮式间歇运动机构的主动件是圆弧面蜗杆凸轮 1，从动件多为周向均布圆销的转盘 2，如图 11-17 所示。

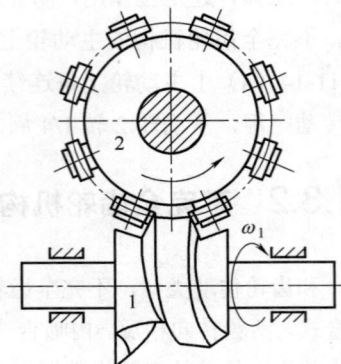

图 11-17 蜗杆凸轮式间歇运动机构

与其他间歇运动机构相比，凸轮式间歇运动机构有以下优点：

① 工作可靠，转位准确。

② 无须另加定位装置，即可实现准确定位。

③ 凸轮轮廓曲线和转盘圆销数两者之间没有直接关系，设计时具有较大自由度。

④ 通过合理设计，可有效地减小动载荷和运动冲击。

从运动性能上看，凸轮式间歇运动机构目前最为理想，能适应高速运动并达到较高精度，在高速冲床、加工中心、印刷机械和包装机械等场合中得到越来越广泛的应用，正逐步取代棘轮机构和槽轮机构。

本章小结

本章主要介绍了棘轮机构、槽轮机构、不完全齿轮机构和凸轮式间歇运动机构这四种间歇运动机构的基本原理和特点。

本章重点：棘轮机构由棘爪、棘轮、摇杆和机架等组成，为了阻止棘轮回转一般会加入制动棘爪，其设计重点是棘齿偏斜角应大于两接触面之间的摩擦角。

本章难点：槽轮机构由具有圆销的拨盘、具有径向槽的槽轮和机架组成，其运动系数取决于拨盘上的圆销数和槽轮上的槽数。

不完全齿轮机构和凸轮式间歇运动机构也能够实现从动件的间歇运动。

习题

11-1　牛头刨床工作台横向进给螺杆的导程是 3mm，与螺杆固连的棘轮齿数 $z=30$。求棘轮的最小转动角度和该牛头刨床的最小横向进给量。

11-2　六角车床外槽轮机构中，已知槽轮的槽数 $z=6$，且槽轮静止时间是运动时间的两倍。求槽轮机构的运动系数和圆销数。

11-3　自动车床利用单圆销六槽外槽轮机构转位，每个工位完成加工所需要的时间为 45s。

求拨盘的转速、槽轮转位的时间和机构的运动系数。

11-4 一台 n 工位的自动机床中，用不完全齿轮机构来实现工作台的间歇转位运动，如果主从动齿轮上补全的齿数（即假想齿数）相等，证明从动轮的运动时间与停止时间之比等于 $1/(n-1)$。

拓展阅读

间歇运动机构在机械中的应用具有广泛性和多样性，能够精确地控制机械的运动节奏和动作顺序，提高机械的工作效率和精度。以下是间歇运动机构一些主要的应用实例。

（1）自动化生产线

在自动化生产线中，间歇运动机构常用于实现工件的间歇性输送、定位和转位。例如，凸轮间歇运动机构可以精确地控制工件在生产线上的移动距离和停歇时间，从而提高生产效率和工作质量。棘轮机构和槽轮机构也常用于自动化生产线中的间歇传动，如装配线上的零件输送和包装线上的产品分拣等。

（2）机床

在机床中，间歇运动机构常用于实现工作台或刀具的间歇性进给和回转。例如，牛头刨床工作台的横向进给运动就采用了间歇运动机构，以实现工件的周期性切削。棘轮机构和槽轮机构也常用于机床中的间歇分度和定位，如钻床和铣床的工作位置控制等。

（3）纺织机械

在纺织机械中，间歇运动机构常用于控制织物的间歇性输送和张紧。例如，凸轮间歇运动机构可以控制纺织机械中的经纱和纬纱的交织运动，从而实现织物的连续编织。棘轮机构和槽轮机构也常用于纺织机械中的间歇传动和定位，如织布机的纬纱插入、自动卷绕机的卷绕控制等。

（4）印刷机械

在印刷机械中，间歇运动机构常用于实现印刷滚筒的间歇性转动和纸张的间歇性输送。例如，凸轮间歇运动机构可以控制印刷滚筒的精确转动角度和停歇时间，从而实现印刷品的精确对位。棘轮机构和槽轮机构也常用于印刷机械中的间歇传动和定位，如胶印机的纸张输入、凹印机的滚筒压印等。

（5）汽车工业

在汽车工业中，间歇运动机构常用于汽车发动机的气阀机构和空调压缩机的活塞机构等，实现汽车运动的节奏化和周期化。例如，凸轮轴通过连续旋转运动驱动气阀开闭，控制燃烧室内气体进出，是发动机中典型的间歇运动机构应用。

此外，间歇运动机构还广泛应用于包装机械和食品加工机械等领域。在包装机械中，间歇运动机构可以实现包装材料的间歇性输送和包装动作的精确控制；在食品加工机械中，间歇运动机构可以控制食品的切割、搅拌和输送等动作。随着机械制造技术的不断发展，间歇运动机构将更加智能化和精细化，成为工业生产中不可或缺的部分。

第 12 章　机械运动系统方案设计

本章知识导图

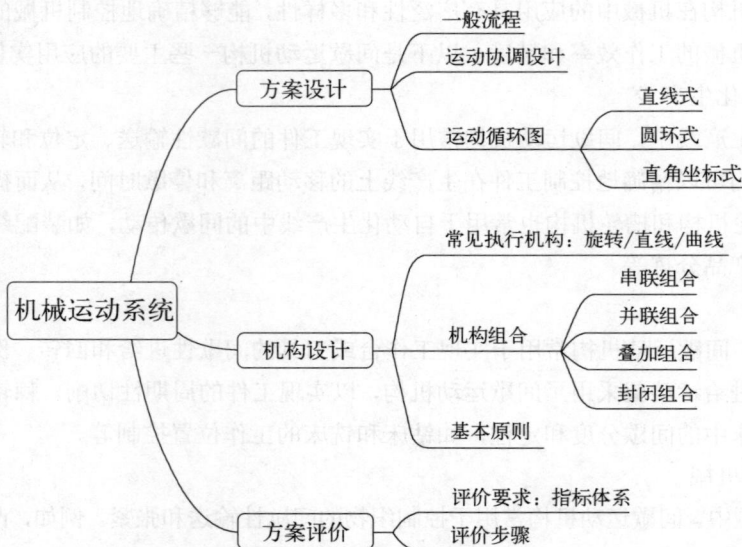

机械运动系统
- 方案设计
  - 一般流程
  - 运动协调设计
  - 运动循环图
    - 直线式
    - 圆环式
    - 直角坐标式
- 机构设计
  - 常见执行机构：旋转/直线/曲线
  - 机构组合
    - 串联组合
    - 并联组合
    - 叠加组合
    - 封闭组合
  - 基本原则
- 方案评价
  - 评价要求：指标体系
  - 评价步骤

本章学习目标

（1）熟练绘制机械工作时的运动循环图；

（2）掌握机构的常见类型和组合方式；

（3）了解机械运动系统方案的评价标准。

从运动学角度考察，机械系统的基本功能是机械运动的生成、传递与变换。在机械系统中，动力系统（即原动机）生成原始的机械运动，然后经传动系统（传动机构）的传递，最后由执行系统（执行机构）变换成为期望的运动形式并输出。操纵系统或控制系统的功能在于使此过程更加有效地进行。一般将传动系统与执行系统称为"机械运动系统"。

12.1 方案设计和运动循环图

12.1.1 方案设计的一般流程

机械运动系统方案设计就是根据设计要求，提出机器的基本功能和机构组成，通过类型和尺度综合及方案优选形成机构运动简图。设计者需要运用理论知识和实践经验，广泛收集相关信息，灵活应用各种技巧，其一般流程如下：

① 从设计任务出发，将机械运动系统的总功能进行分解，建立各功能结构；

② 根据相应的功能选择工作原理，不同的工作原理将形成不同的运动方案；

③ 从工作原理出发，进行工艺动作过程的构思、分解和组合；

④ 选择合适的机构及组合来实现所要求的工艺动作，形成各种备选方案；

⑤ 通过方案评价来选择最佳方案。

对于机械产品而言，其用途或所具有的特定工作能力称为机械产品的功能，一台机器所能完成的全部功能称为机器的总功能。在实际工作中，要设计的机械产品往往比较复杂，难以直接求得满足总功能的功能原理方案。一般采用系统分解的原理进行功能分解，将总功能分解为多个功能元，对这些较简单的功能元分别求解，然后利用组合方法，形成多个对总功能求解的功能原理方案。将机械系统的总功能分解成分功能后，可以再继续分解为不可再分的基本功能（即功能元），总功能、分功能和功能元之间的关系称为功能结构。

在根据机械运动系统功能选择工作原理时，工作原理的选择与产品的批量、生产率、工艺要求、产品质量、市场定位等有密切关系。同一种功能可以应用不同的工作原理来实现，相应的工艺动作过程和运动方案图也必然不同，从而形成若干个备选方案。在选择工作原理时不应墨守成规，而应创新构思，得到最为优良的方案，使机器的结构简单又可靠，执行件的动作巧妙又高效。

机器的功能是通过工艺动作过程来完成的，工艺动作过程可以分解成以一定时间序列表示的若干个工艺动作，简称为执行动作。完成执行动作的构件称为执行构件，实现各执行构件所需执行运动的机构称为执行机构。执行动作的多少、形式以及协调配合等与机械的工作原理和工艺动作过程的分解与集中有着密切关系，构思工艺动作过程的总要求是保证产品的质量和生产率，同时具有结构简单、制造成本低和操作维修方便等优点。

12.1.2　运动协调设计

一部复杂的机械一般会有若干个执行构件来完成不同的工艺动作，是若干个执行机构的组合，这些执行机构必须以一定的次序协调动作和互相配合，以完成机械预定的功能和生产过程。执行系统的运动协调设计，就是要根据工艺动作过程的要求，分析各执行机构应当如何协调和配合，设计出协调配合图，即机械的运动循环图。运动循环图具有指导各执行机构设计、安装和调试的作用，设计时必须满足如下要求。

（1）各执行机构执行动作先后的顺序性要求

执行系统中各执行机构的动作过程必须符合先后顺序性要求，否则会导致功能无法实现。通常以工艺动作过程中某一执行动作开始点作为运动循环（即工作循环）的起点，各执行机构动作按一定顺序进行，保证各执行机构运动循环的时间同步，并使一个执行机构动作结束到另一个执行机构动作起始之间有适当的间隔，避免这两个机构在动作衔接处发生干涉。例如，牛头刨床的刨头和工作台之间的动作，内燃机中进气阀、排气阀与活塞之间的动作，各种自动加工机中送料、加工和装卸工件各机构之间的动作等。

（2）各执行机构在运动速度上的配合要求

对于执行构件运动之间需要保持严格速比关系的机械，应采用具有恒定速比性质的传动机构。例如，按范成法加工齿轮时，刀具与齿坯之间的速度关系；车削螺纹时，主轴转速与刀架走刀速度之间的关系等。

（3）各执行机构在空间布置上的协调性要求

对于有位置限制的机械，为了使执行机构能够完成预期的工作任务，必须进行各执行机构的运动空间协调设计，以保证运动过程中各执行机构之间以及机构与周围环境之间不发生任何干涉。

（4）各执行机构在操作上的协同性要求

当两个或两个以上的执行机构共同作用于同一操作对象时，各执行机构之间的运动必须协同一致。

（5）各执行机构的动作安排应有利于提高生产率

在满足上述要求的同时，应使各执行机构的动作时间尽量重合，工作循环周期尽可能短，以提高机器的生产率。

12.1.3　运动循环图

根据机器所完成功能及其生产工艺的不同，机械运动可根据有无周期性循环分为两大类。无周期性循环的机器，如某些建筑机械和工程机械等，这类机器的工作往往没有固定的周期性循环，随着工作地点和条件的不同随时改变。有周期性循环的机器，如包装机械、数控加工机械和轻工自动机等，这类机器中的各执行构件，每经过一定的时间间隔，其位移、速度和加速度便重复一次，完成一个工作循环。

在生产中大部分机器都具有固定的运动循环，机械的运动循环（又称工作循环）可用其运动循环周期来描述，一般与机器中各执行机构的运动循环相一致。执行机构中执行构件的运动循环至少包括一个工作行程和一个空回行程，有可能还有若干个停歇段，其运动循环可以表示为：

$$T_{执} = t_{工作} + t_{空程} + t_{停歇}$$

为了准确描述各执行机构之间有序的、既相互制约又相互协调配合的运动关系，一般需要借助于机械的运动循环图进行表示。常用的机械运动循环图有三类，其各自的特点和绘制方法见表 12-1。

表 12-1　运动循环图

类型	绘制方法	特点
直线式运动循环图	将机构在一个运动循环中各执行构件各行程区段的起止时间和先后次序，按比例绘制在直线坐标轴上	绘制简单，能清楚表示整个运动循环内各执行构件的相互顺序以及动作和时间（或转角）之间的关系。不能显示各执行构件的运动规律，直观性差

续表

类型	绘制方法	特点
圆环式 运动循环图	以极坐标原点 O 为圆心作若干个同心圆环，每个圆环代表一个执行构件，并由各相应圆环分别引径向直线表示各执行构件不同运动状态的起始位置和终止位置	直观性较强，能显示各个执行构件原动件在主轴或分配轴上的相位，便于各机构的设计、安装与调试。当执行构件较多时，因同心圆环太多，不易看清楚，也不能表明各构件的运动规律
直角坐标式运动循环图	用横坐标表示机械主轴或分配轴转角，以纵坐标表示各执行构件的角位移或线位移，为简明起见，各区段之间均用直线连接	能清楚地表示出各执行构件动作的先后顺序以及各执行构件在各区段的运动规律。类似于执行构件的位移线图，使执行机构的设计非常便利

直角坐标式运动循环图不仅能清楚表示出各执行构件动作的先后顺序，还能描述其运动规律及运动配合关系，直观性最强。和其他两种运动循环图相比，直角坐标式运动循环图更能反映执行机构的运动特征，所以在设计时优先选用。

对于具有固定运动循环的机械，当采用机械方式集中控制时，通常将主轴或分配轴与各执行机构的主动件连接起来，或用分配轴上的凸轮控制各执行构件的主动件。当机械的主轴或分配轴转动一周或若干周，机械将完成一个运动循环，因此机械的运动循环图常以主轴或分配轴的转角为坐标来绘制。选取机械中某一主要执行构件为参考构件，取其有代表性的特征位置作为起始位置（通常以生产工艺的起始点作为运动循环的起始点），由此来确定其他执行机构的运动相对于该主要执行构件的先后次序和配合关系。

一般来说，拟订机械运动循环图的步骤如下：

① 分析加工工艺对执行构件的运动要求（如行程或转角的大小、对运动过程中速度和加速度变化的要求等）以及执行构件相互之间的动作配合要求；

② 确定执行构件的运动规律，即执行构件的工作行程、回程、停歇等与时间或主轴转角的对应关系，同时根据加工工艺要求确定各执行构件工作行程和空回行程的运动规律；

③ 按上述条件绘制机械运动循环草图；

④ 在完成执行机构选型和机构尺度综合后修改机械的工作循环图。

根据初步拟订的机械运动循环草图设计出的执行机构，常常由于布局和结构等方面的原因，其所实现的运动规律与原方案不完全相同，此时应根据执行构件的实际运动规律进行草图的修改。如果执行机构所能实现的运动规律与加工工艺要求相差很大，就表明此执行机构的选型或尺寸参数设计不合理，必须考虑重新进行机构选择或执行机构尺寸和参数设计。

【例题 12-1】 如图 12-1（a）所示金属片（直径和厚度固定）冲制机构，总功能可分解为送料、冲制和退回等分功能，绘制其运动循环图。

解： 执行构件为冲头和送料器，为提高生产率，各执行构件的工作行程允许有局部重叠。以主轴作为定标件，运动循环图如图 12-1（b）所示。

【例题 12-2】 绘制单缸四冲程内燃机的运动循环图。

解： 常见单缸四冲程内燃机主要由连杆机构、凸轮机构和齿轮机构三部分组成。连杆机构由活塞、连杆、曲柄和气缸组成，为机构的主要执行部分。凸轮机构由凸轮和阀门推杆组成，为机构的辅助执行部分。齿轮机构为传动部分，大齿轮与凸轮同轴，带动推杆控制进气阀和排气阀；小齿轮与曲柄同轴，一般加装飞轮以越过死点。以曲柄连接轴（曲轴）作为定标件，其运动循环图如图 12-2 所示。

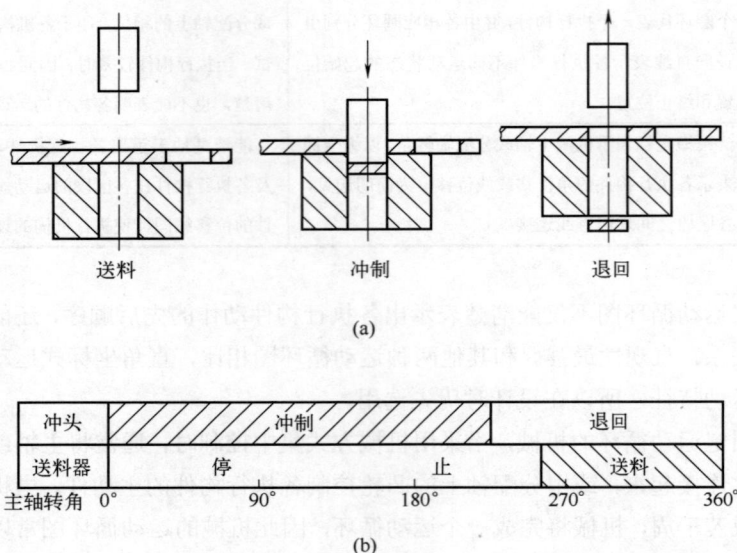

(a)

冲头	冲制		退回	
送料器	停	止	送料	

主轴转角 0°   90°   180°   270°   360°

(b)

图 12-1 金属片冲制机构及其运动循环图

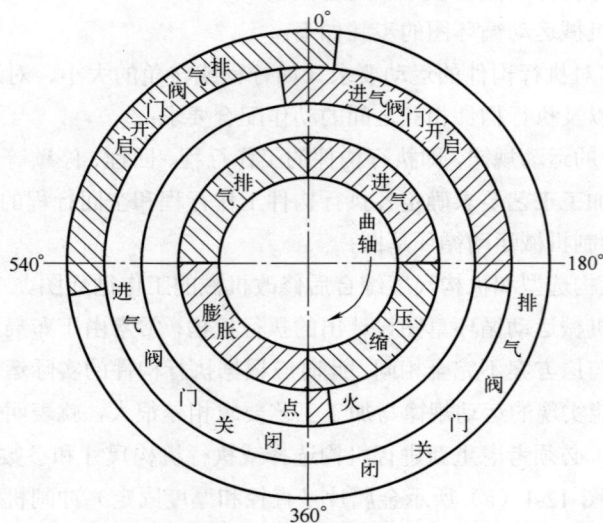

图 12-2 单缸四冲程内燃机运动循环图

【例题 12-3】 如图 12-3（a）所示饼干包装机构，绘制其运动循环图。

解： 执行构件 1 和 4 用以折叠包装纸两侧面，为避免两构件在工作时发生干涉，须保证两构件不能同时位于区域 *MAB* 中。以分配轴作为定标件，其运动循环图如图 12-3（b）所示。

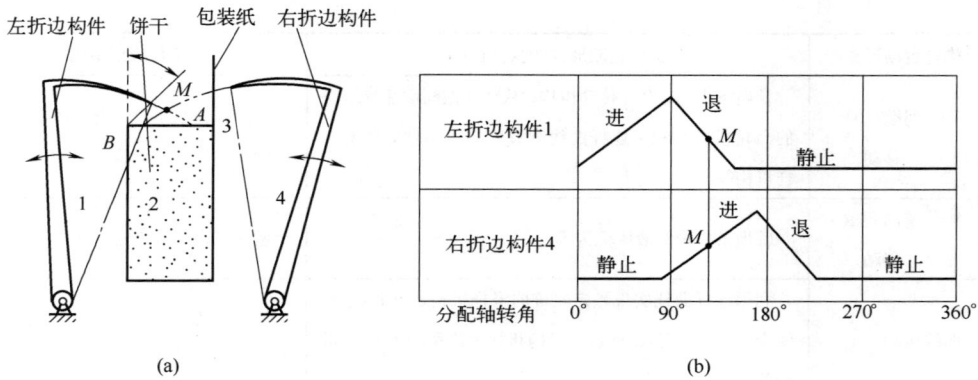

左折边构件　饼干　包装纸　右折边构件

(a)

(b)

图12-3 饼干包装机构及其运动循环图

12.2 机构选型和组合

在机械系统运动方案的设计过程中，根据构思、分解和组合的工艺动作过程，选择合适的执行机构并将其组合来实现所要求的工艺动作，是展现改造和创新能力的重要环节，对机器性能的完善和提高至关重要。

12.2.1 机构选型

机构选型是根据现有机构的功能进行选择，获得初始运动方案，再利用演化或变异方法进行改造与创新，寻求最优解。实现各种运动要求的现有机构类型可以在相关机构手册上获得，常见的执行机构见表 12-2。

表 12-2 常见的执行机构

执行构件运动形式		实现运动形式的执行机构	实际应用举例
旋转运动	连续旋转运动	双曲柄机构、转动导杆机构、齿轮机构、轮系、摩擦传动机构、挠性传动机构、双万向联轴节和某些组合机构等	车磨刨铣类机床的主轴和缝纫机的转动等
	间歇旋转运动	棘轮机构、槽轮机构、不完全齿轮机构和凸轮式间歇运动机构等	自动机床工作台的转位和步进滚轮的步进运动等
	往复摆动	曲柄摇杆机构、曲柄摇块机构、双摇杆机构、摆动导杆机构、摆动从动件凸轮机构和某些组合机构等	颚式破碎机动颚板的打击运动和电风扇的摆头运动等
直线移动	往复移动	曲柄滑块机构、移动导杆机构、正弦机构、正切机构、移动从动件凸轮机构、齿轮齿条机构、螺旋机构和某些组合机构等	压缩机活塞的往复运动、冲床冲头的冲压运动和插齿的切削运动等

续表

执行构件运动形式		实现运动形式的执行机构	实际应用举例
直线移动	间歇往复移动	棘齿条机构、摩擦传动机构、从动件做间歇往复运动的凸轮机构和利用连杆曲线圆弧段实现间歇运动的连杆机构等	齿轮插齿机的让刀运动和自动加工机的间歇供料运动等
	单向间歇移动	棘齿条机构和液压机构等	刨床工作台的进给运动等
曲线运动		利用连杆曲线实现预定轨迹的多杆机构、凸轮-连杆组合机构、齿轮-连杆组合机构和行星轮系-连杆组合机构等	捏面机捏面爪的运动和电影放映机抓片爪的运动等
刚体导引运动		铰链四杆机构、曲柄滑块机构、凸轮-连杆组合机构和齿轮-连杆组合机构等	造型机工作台的翻转运动和折叠椅的折叠运动等

除了表 12-2 中所列执行机构的运动形式外，还有其他（如微动、补偿和换向等）特殊功能的运动形式。具有上述运动形式的机构种类众多，实际应用时可在各种机构设计手册中查阅。利用执行构件的运动形式进行机构选型，十分直观方便，设计者只需要根据给定工艺动作的运动要求，从有关手册中查阅相应的机构即可。若所选机构的型式不能令人满意，还可对机构进行变异或创新，以满足设计任务的要求。常见变异方法有改变构件的结构形状、改变构件的运动尺寸、选不同的构件为机架、选不同的构件为原动件和增加辅助构件等。

利用该方法进行机构选型时，对应于执行构件的每一种运动形式都有很多种机构可以实现，设计者必须根据工艺动作要求、受力大小、使用维修方便与否、制造成本高低和加工难易程度等各种因素进行分析比较，然后择优选取。

12.2.2 机构组合

选定的机构需要以适当方式组合起来，实现执行构件的运动形式和运动参数，满足运动协调关系，改善机械动力特性，完成机械的设计要求。常见的组合方式有如下几种。

（1）串联组合

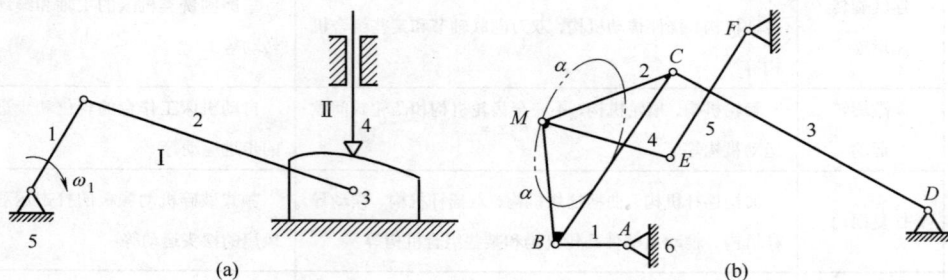

图 12-4 机构的串联组合

前一级机构的输出构件与后一级机构的输入构件刚性连接在一起，称为串联组合，其前置机构和后置机构都是单自由度的机构，如图 12-4 所示。图（a）所示的连接点选在前置机构中做简单平面运动的构件（滑块 3）上，称为一般串联；图（b）所示的连接点选在前置机构中做复杂平面运动的构件（连杆 2）上，称为特殊串联。

（2）并联组合

一个机构产生若干个分支后续机构或者若干个分支机构汇交于一个后续机构，称为并联组合。各分支机构之间无严格运动协调配合关系的称为一般并联，各分支机构可根据各自工况独立设计；各分支机构之间有运动协调配合要求的称为特殊并联，运动协调配合通常为速比要求、轨迹要求或者时序要求等。

（3）叠加组合

将一个机构装载在另一个机构可动构件上的连接方式，称为叠加组合。作为支承的机构称为基础机构，安装在基础机构可动构件上的机构称为附加机构，附加机构可以有多个，依次进行连接。一般情况下各机构分别有动力源，叠加后共同实现较为复杂的运动要求，在挖掘机等工程机械和机械手等开链机构中应用较多。

（4）封闭组合

将一个二自由度机构（称为基础机构）中某两个构件的运动用一个单自由度机构（称为约束机构）连接起来，称为封闭组合，连接后的机构为单自由度机构，如图 12-5 所示。图（a）为将基础机构的两个主动件（曲柄 1 和曲柄 2）用约束机构（齿轮 z_1 和齿轮 z_2）封闭起来，称为一般封闭；图（b）为将基础机构的一个主动件（蜗杆 1）和一个从动件（蜗轮 2）用约束机构（凸轮 2′和推杆 3）封闭起来，称为反馈封闭。

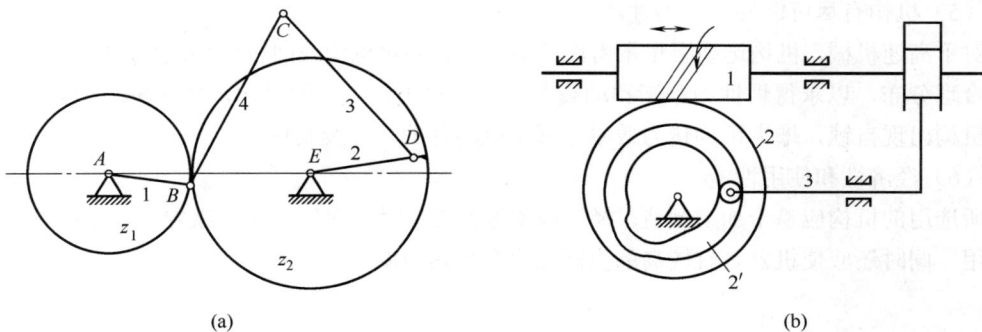

图 12-5　机构的封闭组合

12.2.3　选型和组合的基本原则

在进行机构的选型和组合时，除了要满足机器的工艺动作和运动要求之外，设计者还应遵循下面几项基本原则。

（1）结构最简单，运动链最短

从运动输入的原动件到运动输出的执行件，其间的运动链要最短，构件和运动副的数量要尽可能地少。这样可以减少制造和装配的困难，减轻重量和降低成本，减少机构的累积运动误差，从而提高机械效率和工作可靠性。

（2）充分考虑运动副特点，适当选择运动副类型

运动副作为构件之间的可动连接，其形式直接影响到机器的结构、寿命、效率和灵敏度等性能指标。一般来说，转动副制造简单，效率高，易保证运动副元素的配合精度，当要求将一轴的转动转换成另一轴的转动或摆动时，大多采用带转动副的机构。相比而言，移动副制造困难，效率低，不易保证运动副的配合精度，易发生自锁现象，大多用于直线运动场合。高副机构为点或线接触，更容易实现执行构件的运动规律和轨迹要求，但是高副元素曲面加工制造比较麻烦，且容易因磨损造成运动失真。根据这三种运动副的特点，在机构选型时应优先采用转动副，如有可能应以转动副或高副代替移动副。

（3）原动件的选择有利于简化结构和改善运动质量

目前各种机器的动力源大多为电动机，电力驱动具有电源易取得、无环境污染、响应快、成本低、信号检测传输处理方便、运动精度高和驱动效率高等优点。采用液压缸进行液压驱动则具有体积小、操作力大、传动平稳、动作灵敏、耐冲击、耐振动和防爆性好等优点，缺点是对密封的要求较高，不宜在高温或低温的场合工作，要求的制造精度较高。采用气缸进行气压驱动具有空气来源方便、结构简单、动作迅速、造价低、维修方便、防火防爆和对环境无影响等优点。其缺点是：体积大，操作力小，响应慢，速度不易控制，有冲击时动作不平稳。

（4）机构的虚约束应尽量少

在机构设计中，为了缩小传动机构的体积、保证某些机构运动的确定性或改善受力条件，往往采用虚约束。虚约束对机构制造和装配的精度要求很高，若尺寸不够准确，原来的虚约束会变成实际约束，从而造成卡死现象或引起构件破坏。

（5）机构有尽可能好的动力性能

对于高速机械，机构选型要尽量考虑其对称性，并对机构或回转构件进行平衡调试，使其质量合理分布，以求得惯性力平衡和动载荷减小。对于传力大的机构，要尽量减小其压力角，防止机构出现自锁，增大机构传力效率，减小原动件的功率及其损耗。

（6）经济性和使用性能

所选用的机构应易于加工制造，经济成本低，工作时应保证机器操纵方便、容易调整且安全耐用，同时还应使机器具有较高的生产效率和机械效率。

12.3　机械运动系统方案的评价

机械运动系统方案的拟订和设计，最终要求通过分析比较提供最优方案，方案的优劣需要通过系统综合评价来确定。从全过程来看，评价工作不仅在整个机械运动系统方案完成后是重要的，在设计过程的每一阶段中也是重要的。

12.3.1　评价要求

（1）保证评价的客观性

评价的目的是决策，评价是否客观会影响决策是否正确。为保证评价客观，要求评价资料全面且可靠；为防止评价人员具有倾向性，评价人员组成要有代表性。

（2）保证方案的可比性

各个方案在实现基本功能上要有可比性和一致性，有的方案个别功能特别突出或新颖，只能表明其在这方面的优越之处，不能掩盖其他方面的不足之处。如果陷入"突出一点，不顾其余"的错误，就会失去综合评价的作用，主观片面显然不利于评选最优方案。

（3）要有评价指标体系

评价指标体系是全面反映系统目标要求的一种评价模式，合适的评价指标体系可以保证机械运动系统方案的评价结果准确且有效。评价指标体系应满足的基本要求见表 12-3。

表 12-3　评价指标体系基本要求

序号	基本要求	说明
1	应尽可能全面，又必须抓住重点	不仅要考虑到对机械产品性能有决定性影响的主要设计要求，而且要考虑到对设计结果有影响的主要条件
2	评价指标应具有独立性	各项评价指标应互不相关，即提高方案中某一评价指标评价值的某种措施不应对其他评价指标评价值有明显影响
3	评价指标应进行定量化	对于难以定量的评价指标可以通过分级进行量化，评价指标定量化后有利于对方案进行评价与选优

机械运动系统方案设计中，评价指标体系应主要考虑总功能所涉及的对机械系统各方面的要求和指标，不考虑或少考虑其他方面的要求。体系的建立要依据科学知识和专家经验，体现其科学性、全面性和经验性。机械运动系统方案中较为常用的评价指标见表 12-4。

表 12-4　机械运动系统方案常用评价指标

序号	评价指标	具体内容
1	系统功能	实现运动规律或运动轨迹、实现工艺动作的准确性和特定功能等
2	运动性能	运转速度、行程可调性和运动精度等
3	动力性能	承载能力、增力特性、传力特性和振动噪声等
4	工作性能	效率高低、寿命长短、可操作性、安全性、可靠性和适用范围等
5	经济性	加工难易、能耗大小和制造成本等
6	结构紧凑性	尺寸、重量和结构复杂性等

12.3.2　评价步骤

（1）确定方案的评价指标体系

对于备选的机械运动系统方案，按照常用评价指标确定评价指标体系时，具体内容要与方案密切相关。为保证体系合理可行，应兼顾全面和重点，尽可能广泛地听取这一领域内权威专家的建议和意见。

（2）确定各大类和具体评价指标的加权系数

加权系数均为 1 相当于各评价指标重要程度相同，根据评分标准，直接打分后相加。一般情况下需要先按各评价指标的重要程度确定其加权系数，对应打分均应乘以加权系数后再计入总分。在不同具体用途和使用场合情况下，加权系数的确定相当于对机械运动系统方案评价指标体系进行优化调整，使其有更大的灵活性、广泛性、实用性。例如，重型机械的机械运动方案设计评价指标与轻工机械的机械运动方案设计评价指标就有一定区别，引入加权系数可以适应对这两者进行区别评价的需要。

（3）对各子系统方案进行评价

对机械运动系统方案中各子系统（各执行机构）进行综合评价，并由综合评价值选定若干个机构型式。每一执行动作可能均有若干个机构型式进入备选，其数量不等，各子系统的综合评价是对整个系统进行评价的基础。

（4）对机械运动系统方案进行综合评价

通过形态矩阵将各子系统备选方案组合成若干个机械运动系统方案，在各执行机构评价基础上进行系统综合评价。各子系统在整体中所起的作用大小和重要性程度等不完全一样，在整体系统综合评价前需要对各子系统进行加权，对不同方案求出各自的整体评价值。

（5）确定最优方案

在确定最优方案时，还应考虑制造工厂生产类似产品的情况、加工设备条件和技术力量等，有时总评价值最高的方案不一定被最后选定，就是受这些因素的影响。机械系统运动方案的设计和选择，对设计师而言是极具吸引力和挑战性的工作。

本章小结

设计任务明确之后，需要通过建立功能结构、确定工作原理、工艺动作过程的构思与分解、机构的选型与组合以及方案评价等步骤，形成机械系统运动方案。机械的运动循环图可以准确地描述各执行机构之间有序的、既相互制约又相互协调配合的运动关系，通常优先采用直角坐标式运动循环图。

本章重点：机构选型是选择或创造出满足执行构件运动和动力要求的机构，常见各种机构的工作特点、性能和适用场合可以参考各类机构手册。机构组合是将选定的机构以适当方式组合起来，实现执行构件运动形式、运动参数及运动协调关系，分为串联组合、并联组合、叠加组合和封闭组合四类。

机械运动系统方案设计之后需要通过分析比较选择最优方案。

习题

12-1　简述机械运动方案设计的流程。

12-2　举例说明常见机构的组合方式。

12-3　绘制牛头刨床执行机构的运动循环图。

12-4　绘制六杆冲床执行机构的运动循环图。

拓展阅读

随着交叉学科的发展，机械系统运动方案设计需要综合应用多领域知识，这些知识相互交织支承，共同构成方案设计的坚实基础。除了机械原理和机械设计相关知识外，以下一些领域的知识也极具帮助，甚至不可或缺。

控制理论：了解控制理论在机械系统运动方案设计中的应用，如自动控制和伺服控制等，有助于提升设计方案的智能化和自动化水平。

材料科学：熟悉不同材料的性能和应用范围，选择合适的材料，对于提高机械系统运动方案的可靠性和耐久性至关重要。

制造工艺：掌握制造工艺的基本流程和关键技术，有助于优化系统机械运动方案的生产工艺并降低成本。

新兴技术：关注机械设计领域的新兴技术，如增材制造、仿生设计、VR（虚拟现实）技术和 AR（增强现实）技术等，这些技术带来了全新的设计体验和交互方式，推动机械设计朝着更加高效、精确和智能化的方向发展。

发展趋势：了解机械设计的发展趋势，如模块化、标准化设计和绿色设计等，有助于在设计过程中融入先进理念，提高产品的市场竞争力和可持续发展能力。

参考文献

[1] 孙桓, 葛文杰. 机械原理 [M]. 9版. 北京：高等教育出版社, 2021.

[2] 郭卫东. 机械原理 [M]. 北京：机械工业出版社, 2022.

[3] 郭卫东. 机械原理教学辅导与习题解答 [M]. 2版. 北京：科学出版社, 2013.

[4] 任小鸿. 机械创新能力开发与实践 [M]. 北京：化学工业出版社, 2019.

[5] 谢进, 万朝燕, 杜立杰. 机械原理 [M]. 3版. 北京：高等教育出版社, 2020.

[6] 陈作模. 机械原理学习指南 [M]. 5版. 北京：高等教育出版社, 2013.

[7] 杨可桢, 程光蕴, 李仲生, 等. 机械设计基础 [M]. 7版. 北京：高等教育出版社, 2020.

[8] 成大先. 机械设计手册 [M]. 6版. 北京：化学工业出版社, 2016.

[9] 王三民, 诸文俊. 机械原理与设计 [M]. 北京：机械工业出版社, 2004.

[10] 赵自强, 张春林. 机械原理 [M]. 2版. 北京：高等教育出版社, 2020.

[11] 张策. 机械原理与机械设计 [M]. 北京：机械工业出版社, 2018.

[12] 张南, 高启明, 宿强. 机械设计基础 [M]. 哈尔滨：哈尔滨工业大学出版社, 2020.